Dokumente zur Geschichte der Mathematik
Band 3

Dokumente zur Geschichte der Mathematik

Im Auftrag der
Deutschen Mathematiker-Vereinigung
herausgegeben von Winfried Scharlau

Band 1
Richard Dedekind
Vorlesung über Differential- und Integralrechnung

Band 2
Rudolf Lipschitz
Briefwechsel mit
Cantor, Dedekind, Helmholtz, Kronecker, Weierstrass

Band 3
Erich Hecke
Analysis und Zahlentheorie

Band 4
Karl Weierstrass
Einführung in die Theorie der analytischen
Funktionen
(in Vorbereitung)

Dokumente zur Geschichte der Mathematik
Band 3

Erich Hecke

Analysis
und

Zahlentheorie
Vorlesung Hamburg 1920

bearbeitet von
Peter Roquette

Deutsche Mathematiker-Vereinigung

Friedr. Vieweg & Sohn   Braunschweig/Wiesbaden

CIP-Kurztitelaufnahme der Deutschen Bibliothek

Hecke, Erich:
Analysis und Zahlentheorie: Vorlesung Hamburg
1920/Erich Hecke. Bearb. von Peter Roquette.
Dt. Mathematiker-Vereinigung. — Braunschweig;
Wiesbaden: Vieweg, 1987
   (Dokumente zur Geschichte der Mathematik;
   Bd. 3)

NE: Roquette, Peter [Bearb.]; GT

Prof. Dr. *Peter Roquette*, Mathematisches Institut der Universität Heidelberg

Prof. Dr. *Winfried Scharlau*, Mathematisches Institut der Universität Münster

1987

ISBN-13: 978-3-322-89171-6   e-ISBN-13: 978-3-322-89170-9
DOI: 10.1007/ 978-3-322-89170-9

Inhaltsverzeichnis

Vorwort
von Peter Roquette

Im Jahre 1956 erhielt ich von Herrn B. Schoeneberg ein kleines Heft aus
dem Nachlaß von Erich Hecke. Es enthielt die handschriftliche Aufzeichnung
einer Vorlesung, die Hecke 1920 an der Universität Hamburg gehalten hatte.
Der Titel jener Vorlesung war in der Aufzeichnung nicht vermerkt; aus dem
Inhalt war jedoch zu entnehmen, daß es sich um das Zusammenspiel von
Analysis und Zahlentheorie handelt; ein Thema, das schließlich das gesamte
wissenschaftliche Werk von Hecke geprägt hat.

Ich selbst war damals, als ich das Heft bekam, gerade als junger Privatdozent nach Hamburg gekommen. Ich hatte meine ersten Vorlesungen zu
halten und stand dabei zum ersten Mal vor den Problemen, die mit der Konzeption einer mathematischen Vorlesung verbunden sind. Die Weitergabe
und Vermittlung unserer Wissenschaft vollzieht sich ja in einer Vorlesung
nach anderen Gesichtspunkten als etwa durch ein Lehrbuch oder durch eine
wissenschaftliche Publikation, denn im Hörsaal spielt das gesprochene Wort
und der persönliche Kontakt des Dozenten zum Auditorium eine wichtige
Rolle.

Natürlich hatte ich als Student bei meinen akademischen Lehrern auch
die Kunst der Vorlesung beobachten und studieren können, insbesondere bei
Helmut Hasse, dessen Vorlesungen immer ein besonderes Erlebnis darstell-
ten. Aber erst angesichts der Notwendigkeit, selbst eine Vorlesung halten
zu müssen, wurde es mir deutlich, daß es dabei keine universell gültigen be-
sten Methoden gibt, die jeder anzustreben hätte, sondern daß jeder einzelne
wohl seinen eigenen Stil und die ihm persönlich angemessenen Formen finden müsse, die er im Hörsaal mit einiger Wirkung einsetzen kann. Auf der
Suche nach einem "eigenen Stil" wollte ich natürlich gerne wissen, wie denn
die großen Meister unserer Wissenschaft sich dieser Aufgabe gestellt hatten,
auch diejenigen, die ich nicht mehr selbst im Vortrag habe hören können.

Deshalb kam mir die freundliche Vermittlung der Heckeschen Vorlesung
durch Herrn Schoeneberg sehr gelegen; Hecke galt ja als ein "Meister in der

Kunst des Vortrags". [1] Ich habe diese Vorlesungsausarbeitung mit Interesse studiert. Die Ausarbeitung hat weitgehend den ursprünglichen Vorlesungscharakter bewahrt, der geprägt ist durch den persönlichen Vortragsstil; in den ersten beiden Teilen finden sich sogar Datumsangaben, aus denen das jeweilige Tagespensum der Vorlesung zu entnehmen ist. Wir finden hier also noch nicht die fertige, für eine Publikation aufgearbeitete Form des Heckeschen Zahlentheorie-Buches, das zwar den Titel "Vorlesungen" trägt, aber nach Form, Inhalt und Konzeption eben doch als ein Lehrbuch gemeint ist.

Die Hamburger Vorlesungsausarbeitung gliedert sich in 3 Teile, nämlich:

I. Die Rolle der Exponentialfunktion in der Arithmetik.

II. Die elliptischen Modulfunktionen in der Arithmetik.

III. Die klassische Theorie der Dedekindschen Zetafunktion und die Bestimmung der Klassenzahl.

Von den Teilen I und III finden sich längere Passagen in dem bereits erwähnten späteren Lehrbuch von Hecke. Dagegen hat Hecke den Teil II, der sich mit der Theorie der komplexen Multiplikation befaßt, nicht in das Buch aufgenommen. Die Gründe dafür sind uns nicht bekannt. Vielleicht lag die Theorie der komplexen Multiplikation noch nicht in einer solch fertigen Form vor, wie es Hecke für eine Lehrbuchdarstellung erforderlich erschien. In der Tat hat er sich ja in seinen eigenen Forschungsarbeiten viel damit beschäftigt, eine der komplexen Multiplikation analoge Theorie auch für andere als imaginär-quadratische Grundkörper zu entwickeln.

Es war nun gerade dieses Kapitel II, das mich 30 Jahre später wieder zu dem Heft mit der Heckeschen Vorlesung greifen ließ. Der Anlaß dazu ergab sich aus meiner Beschäftigung mit dem Nachlaß von Helmut Hasse, und dabei mit Hasses richtungweisenden Arbeiten zur komplexen Multiplikation. Ich erinnerte mich, daß ja auch in der Heckeschen Vorlesungsausarbeitung ein Kapitel über komplexe Multiplikation enthalten war.

---

[1] Zitiert nach *J. Nielsen*, Rede zum Gedächtnis an Erich Hecke. Diese Rede ist enthalten in einer vom Mathematischen Seminar der Universität Hamburg 1947 herausgegebenen hektographierten Broschüre mit dem Titel: *Reden gehalten zum Gedächtnis an Erich Hecke*. Die Broschüre enthält außerdem Reden von H. Bohr, W. Maak und H. Zassenhaus. Die Rede von Nielsen ist übrigens auch abgedruckt in Heckes Gesammelten Werken, S.18-20; die Rede von Maak findet sich in den *Abhandlungen aus dem Mathematischen Seminar der Universität Hamburg*, Bd.16.

Es erschien mir durchaus möglich, daß Hasse z.Bsp. während seiner Zeit als Privatdozent in Kiel 1922–1925 Kenntnis von der Ausarbeitung erhalten hatte. Ob das wirklich der Fall war, konnte ich zwar nicht einwandfrei feststellen. Aus dem Briefwechsel zwischen Hecke und Hasse, soweit er uns vorliegt, ist ersichtlich, daß zwischen beiden ein enger wissenschaftlicher und persönlicher Kontakt bestand; vielleicht schon zu Hasses Kieler Zeit, mit Sicherheit jedoch in den folgenden Jahren. Immer wieder geht es in den Briefen um Fragen der komplexen Multiplikation und es ist offensichtlich, daß Hasse bei seinen diesbezüglichen Arbeiten in starkem Maße durch Hecke beeinflußt und bestärkt wurde. [2]) Es liegen jedoch keine definitiven Anzeichen dafür vor, daß Hasse die Hamburger Ausarbeitung der Heckeschen 1920er Vorlesung wirklich gekannt hat. [3])

Was ich jedoch feststellen mußte, war der schlechte äußere Zustand meines Exemplars des Heckeschen Vorlesungsmanuskripts. Im Laufe der Zeit war das Papier brüchig und die Schrift an vielen Stellen verblaßt und unleserlich geworden. Es war klar, daß nach wenigen Jahren diese Ausarbeitung nicht mehr zu lesen sein würde; wenn sie für spätere Mathematikergenerationen zugänglich bleiben sollte, so müßte sie jetzt neu abgeschrieben werden. Zwar enthält die Vorlesungsausarbeitung vom mathematischen Inhalt her keine besonderen Neuigkeiten oder Überraschungen; aus den o.g. Gründen erschien es mir aber wünschenswert, sie als ein Dokument über den *Vorlesungsstil* von Hecke zu bewahren.

Herr Scharlau, dem ich diesen Sachverhalt geschildert hatte, zeigte Interesse daran, die Heckesche Vorlesungsausarbeitung in die von ihm herausgegebene DMV-Buchreihe "Dokumente zur Geschichte der Mathematik" aufzunehmen.

So bin ich also dazu gekommen, eine Vorlesung von Hecke herauszugeben, obwohl ich Hecke selbst nicht mehr habe hören können.

* * *

---

[2]) Hecke wurde von Hasse stets als einer der beiden für seine eigene Entwicklung wichtigsten akademischen Lehrer betrachtet. (Der andere war Kurt Hensel.) Vgl. *C. Meyer*, Automorphe Funktionen und Zahlentheorie, Mitt. Math. Ges. Hamburg 11 (1982) 77-98.

[3]) Im Sommersemester 1920 war Hasse bereits in Marburg immatrikuliert, er hat also die Hamburger Vorlesung von Hecke mit Sicherheit nicht selbst gehört. Ein Jahr vorher jedoch, im Sommersemester 1919, hatte Hasse in Göttingen die Vorlesungen von Hecke über Zahlentheorie und über elliptische Funktionen belegt; vgl. dazu *G. Frei*, Helmut Hasse, Expositiones Math. 3 (1985) 55-69.

$$- \text{X} -$$

Aus dem Vorlesungsverzeichnis der Universität Hamburg des Jahres 1920 ergibt sich, daß Hecke seine Vorlesung unter dem Namen:

ANWENDUNG DER ANALYSIS AUF ZAHLENTHEORIE

angekündigt hat. Sehr wahrscheinlich wurde dieser Titel in Anlehnung an den Titel von Dirichlets großer Arbeit:

RECHERCHES SUR DIVERSES APPLICATIONS DE L'ANALYSE
INFINITÉSIMALE À LA THÉORIE DES NOMBRES

im Crelleschen Journal (Bde.19 und 21) gewählt. [4]

Es ist schwierig, abzuschätzen, an welche Art von studentischen Hörern sich Hecke in dieser Vorlesung wandte. Explizit wird in der Einleitung gesagt, daß bei dem Hörer die Bekanntschaft mit den *Grundzügen der Theorie der elliptischen Funktionen* vorausgesetzt wird; ebenso die *Elemente der Theorie der algebraischen Zahlkörper*. Für die letzteren werden zu Beginn der Vorlesung die grundlegenden Begriffe und Sätze zusammengestellt; für die Beweise wird auf den Zahlbericht von Hilbert verwiesen sowie auf Band III des Weberschen Algebra-Lehrbuches.

Legen wir unsere heutigen Maßstäbe an, so würden wir sagen, daß sich die Vorlesung nicht an Durchschnitts-Studenten gewendet haben kann; nur von den besonders interessierten und engagierten Mathematikstudenten ist zu erwarten, daß sie Hilbert oder Weber III gelesen haben oder lesen, und daß sie sich sowohl in Funktionentheorie als auch in algebraischer Zahlentheorie gut auskennen. Vielleicht sollen und können wir jedoch nicht die Verhältnisse an unseren heutigen Universitäten, mit ihrem Massenunterricht in Mathematik, vergleichen mit den Verhältnissen vor 65 Jahren. Mathematik als eigenständige Disziplin (abgesehen von ihrer Rolle als Hilfswissenschaft für Physik, Technik und Wirtschaft) galt damals als ein *Bildungsfach*; ein Berufsziel als Mathematiker außerhalb der Hochschule oder des Gymnasiums war praktisch nicht vorhanden (es gab noch kein Mathematik-Diplom). Wer sich damals als Mathematikstudent einschrieb, bei dem konnte man wohl besonderes Interesse und Engagement für diese Wissenschaft voraussetzen.

Demnach kann angenommen werden, daß damals auch der "Durchschnittsstudent" sich sowohl in Funktionentheorie als auch in algebraischer Zahlentheorie ausgekannt hat, jedenfalls so weit, daß er der Heckeschen Vorlesung im Prinzip hätte folgen können. Aber solche Studenten fanden sich

---

[4]   Nach Mitteilung von Herrn Schoeneberg.

doch wohl nur an denjenigen Universitäten, die eine längere mathematische Tradition in der studentischen Ausbildung aufweisen konnten, vielleicht in Göttingen, oder Berlin, Königsberg etc. Die Hamburgische Universität war dagegen im Jahre 1920 noch jung, eben erst gegründet; Hecke war einer der ersten dorthin berufenen Mathematiker und konnte nicht erwarten, daß er in Hamburg bereits eine in Mathematik gut ausgebildete Studentenschaft vorfand.

So hat die Heckesche Hamburger Vorlesung 1920 wohl vornehmlich einen *programmatischen* Charakter gehabt: als die Vorstellung einer mathematischen Disziplin, die in Hamburg eben noch nicht vertreten war, und für die Hecke sozusagen werben wollte. Demgemäß wird die Hörerschaft wohl nur relativ klein gewesen sein. Sicherlich befand sich J. Nielsen unter den Hörern, denn dieser war, wie er sagt, Hecke nach Hamburg gefolgt und dort "in den folgenden Jahren Zeuge des Aufblühens der Mathematik an der neuen Universität." [5] Mit einiger Wahrscheinlichkeit dürfen wir H. Behnke unter der Hörern vermuten, vielleicht auch A. Ostrowski und K. Reidemeister. [6]

$$* * *$$

Schon die weitgespannte Einleitung, vorgetragen am 4. Mai 1920, zeigt, daß Hecke bei seinen Hörern einen ziemlich weiten mathematischen Horizont voraussetzt. Er schildert die Entwicklung der Funktionentheorie, die von dem Studium spezieller Funktionen ausging und sich daraus zu einer Theorie von allgemeinen *Funktionenklassen* entwickelt hat. Er schlägt die Brücke zwischen mathematischer Physik und Zahlentheorie als den beiden Quellen, die der Funktionentheorie ihren Vorrat an speziellen, "bekannten" Funktionen liefern und damit die Problemstellungen und die Entwicklungsrichtung der Analysis bestimmen. Für die Funktionentheorie, so sagt Hecke, ist die Zahlentheorie unentbehrlich; umgekehrt zieht aber auch die Zahlentheorie Nutzen aus der Verbindung mit der Funktionentheorie.

Und damit kommt er zu dem eigentlichen Thema der Vorlesung, nämlich der Rolle von speziellen Funktionen in der Zahlentheorie. Die drei Funktionen, die im Blickpunkt dieser Vorlesung stehen und deren zahlentheoretische Bedeutung je in den drei o.g. Kapiteln besprochen werden, sind:

I. die Exponentialfunktion $e^{2\pi i z}$ mit den ganzen Zahlen als Perioden; die Werte dieser Funktion an den "singulären" Stellen $z = \frac{1}{2}, \frac{1}{3}, \frac{1}{4}, \ldots$ führt zur Erzeugung der absolut abelschen Körper;

---

[5] loc.cit. [1]

[6] Vgl. *H.Behnke*, Semesterberichte, Vandenhoeck und Ruprecht 1978, S.46 und 53.

II. die elliptische Modulfunktion $j(\tau)$, die gegenüber der Modulgruppe invariant ist; hier führen die "singulären" Werte zur Erzeugung abelscher Erweiterungskörper von imaginär-quadratischen Körpern;

III. die Riemannsche Zetafunktion $\varsigma(s)$ und ihre Verallgemeinerung $\varsigma_k(s)$ im Sinne von Dedekind, für einen algebraischen Zahlkörper k. Die Untersuchung dieser Funktion an der "singulären" Stelle $s = 1$ führt zu den Formeln zur Berechnung der Klassenzahl von k. Hecke betont, daß das Studium der Dedekindschen Zetafunktionen $\varsigma_k(s)$ *mit innerer Notwendigkeit* auf die Exponential- und Modulfunktionen in I. und II. hinführt; die letzteren sind also auch von der Arithmetik her zu gewinnen und verdanken ihr Dasein nicht nur einem funktionentheoretischen Zufall.

Es ist nun nicht meine Absicht, hier eine ins einzelne gehende Besprechung der Heckeschen Vorlesungsausarbeitung in ihren drei Teilen zu geben. Der Leser wird sich nach einer Orientierung anhand des Inhaltsverzeichnisses direkt die ihn interessierenden Abschnitte ansehen; es ist durchaus möglich, die Lektüre irgendwo zu beginnen, auch ohne daß man die vorangehenden Ausführungen alle kennt. Im folgenden sollen lediglich einige Beobachtungen und Überlegungen geschildert werden, die uns bei der Arbeit an der Herausgabe des Manuskripts gekommen sind.

* * *

Der oben erwähnte programmatische Charakter der Vorlesung äußert sich nicht nur in der Auswahl des Stoffes, sondern auch in der Art der Darstellung. An vielen Stellen der Vorlesung finden wir, daß die Beweise nicht in voller Allgemeinheit geführt werden, sondern nur in besonderen Spezialfällen. Betrachten wir zum Beispiel die Diskussion der abelschen Körper in Teil I. Diese wird in den wesentlichen Teilen fast ausschließlich auf *zyklische* Körper beschränkt, und auch dort meist nur auf den Fall eines Körpers von *Primzahlgrad* l; oft genug wird dabei angenommen, daß der Körper *zahm verzweigt* ist (wie man heute sagen würde), daß also l nicht in der Diskriminante des Körpers aufgeht; dann manchmal noch zusätzlich, daß die *Diskriminante nur einen einzigen Primteiler* p besitzt, d.h. der zu untersuchende Körper ist enthalten im Körper der p-ten Einheitswurzeln. Und manchmal wird zur Illustration angenommen, daß $l = 3$.

Die Methode des Beweises allgemeiner Sätze anhand von Spezialfällen ist ein bewährtes didaktisches Hilfsmittel, um dem Hörer die wesentlichen

Gedanken und Einsichten auch ohne einen zu umfangreichen Begriffsapparat vermitteln zu können. Heute ist diese Methode etwas in Mißkredit geraten, aber in früherer Zeit wurde sie oft und mit Selbstverständlichkeit verwendet. Uns will es heute scheinen, daß es Hecke ohne größere Mühe möglich gewesen wäre, die Diskussion auf allgemeinerem Niveau zu führen. Offenbar hat Hecke jedoch keinen Wert darauf gelegt; es war sein Ziel, dem Hörer in anschaulicher und konkreter Form über die Problemstellungen und ihre möglichen Lösungen zu berichten. Das bedeutete natürlich eine besondere Anforderung an den Hörer, aber wohl auch Ansporn: der Hörer mußte sich nämlich aufgrund der in der Vorlesung gegebenen Anregungen dann selbständig mit der Literatur bekanntmachen und viel Eigeninitiative aufwenden, um die allgemeinen Gesetzmäßigkeiten aus den von Hecke vorgeführten Spezialfällen abzuleiten. Für den, der sich diesen Anforderungen stellte, konnte das einen größeren Gewinn bedeuten als das Hören einer polierten und systematisch aufgearbeiteten Vorlesung, bei welcher die Rolle des Hörers ja zunächst nur passiv sein kann.

Wir können dabei annehmen, daß diese Unterrichtsmethode, nämlich die Betonung der Diskussion von Spezialfällen ohne dabei die allgemeinen Gesetzmäßigkeiten aus den Augen zu verlieren, durchaus Heckes eigener Denkungsart entsprach. Maak berichtet von Heckes "Abneigung gegenüber zu weit getriebener Eleganz in der Mathematik, und seiner Abneigung gegenüber der reinen Axiomatik." [7] Diese kommt ja auch in Heckes mathematischen Publikationen zum Vorschein: auch dort geht er (oft nach einer großartigen Einleitung allgemeiner Natur) meist von Spezialfällen aus und bringt sorgfältig ausgesuchte Beispiele. Die Heckesche Unterrichtsmethode war also nicht ein von ihm kunstvoll angewandtes didaktisches Hilfsmittel, sondern nur auf diese Weise konnte er den Hörern sein eigenes, persönliches Engagement für das ihm vorrangig am Herzen liegende mathematische Gebiet nahebringen, nämlich das *Grenzgebiet zwischen Analysis und Zahlentheorie*. Dieser Fähigkeit, in der Vorlesung sein eigenes Engagement für die Sache zum Ausdruck zu bringen und sie auf die Hörer zu übertragen, ist wohl der Erfolg der Heckeschen Wirksamkeit in Hamburg zu einem guten Teil zu verdanken.

Die Übermittlung des mathematischen Wissens vom Lehrer an den Schüler ist, wie Maak sagt, "das Fluidum, durch das der Lehrer dem Schüler Mitteilung macht von seiner Wesensart". [7] Für uns, die wir Hecke nicht mehr gekannt haben, kann demnach diese Vorlesungsausarbeitung eine Gelegenheit bieten, etwas über die Wesensart Heckes zu erfahren. Im Lichte des Maakschen Zitats wäre es reizvoll, den Vorlesungsstil von Hecke zu vergleichen mit

---

[7] *W.Maak*, Rede zum Gedächtnis an Erich Hecke, loc.cit. [1]

dem der beiden anderen großen Zahlentheoretiker, die die Tradition des Hamburgischen Mathematischen Seminars geprägt haben: E.Artin und H.Hasse. Die Vorlesungen von Artin zeichneten sich aus durch äußerste Eleganz und und kristallklare Schönheit, sparsame Methoden und angemessene Axiomatik. Hasse legte in seinen Vorlesungen Wert auf eine systematische, organische und vollständige Durchdringung der zu erforschenden Gegenstände; die Untersuchungsmethoden mussten dem Sachverhalt in jedem Falle angemessen sein, bis hin zu der verwendeten Terminologie und den Bezeichnungen. (Vielleicht könnten später einmal auch Vorlesungsausarbeitungen von Artin und Hasse in diese Buchreihe "Dokumente zur Geschichte der Mathematik" aufgenommen werden?)

* * *

Im einzelnen konnte die Heckesche Vortragsart wohl auch zu Ungenauigkeiten im Detail führen. Wenn nach der ausführlichen Diskussion von Spezialfällen der allgemeine Fall nur summarisch und berichtweise behandelt wurde, so konnte es wohl vorkommen, daß sich dabei fehlerhafte Formulierungen einstellten, sei es, weil der Vortragende selbst in Eile und im Eifer etwas übersehen hatte, oder weil der Protokollant nicht mehr so schnell alles mitbekam und daher bei der Niederschrift Fehler machte. Übrigens hatte es der Protokollant wohl auch nicht einfach. Zassenhaus berichtet über den Heckeschen Vorlesungsstil wie folgt: [8]

> "Die Vorlesungen Heckes geben ein lebendiges Zeugnis seiner fruchtbaren Tätigkeit als Forscher. Es ist keineswegs leicht, ihnen zu folgen. Die Technik des ständigen Löschens von Formeln mitten in einem gewaltigen Apparat ist für den Zuschauer verwirrend, ja geradezu beängstigend. Aber dazwischen kommen immer wieder Hinweise, die den Hörer in die ganze Tiefe der Problematik hineinführen, ihn mitten vor die Schwierigkeiten stellen. Man darf sagen, es handelt sich um eine dramatisch bewegte Erzählung."

Herr Schoeneberg hat mich zwar darauf hingewiesen, daß diese Schilderung von Zassenhaus übertrieben ist:

---

[8] *H.Zassenhaus*, Rede zum Gedächtnis an Erich Hecke, loc.cit. [1]

"Hecke hat sich auf seine Vorlesungen intensiv vorbereitet und gerade schwierigeren Fragen sehr geglückte Einleitungen und Übersichten vorausgeschickt."

Jedenfalls können wir dem protokollierenden Hörer gute Arbeit bescheinigen dafür, daß er ein solch umfangreiches und wohl auch ziemlich getreues Manuskript fertiggestellt hat. Übrigens handelt sich wahrscheinlich um mehrere Protokollanten; im dritten Teil sind jedenfalls verschiedene Handschriften auszumachen.

Immerhin haben wir bei der Durchsicht eine Reihe von Ungenauigkeiten festgestellt. Ich meine dabei nicht offensichtliche Schreibfehler; diese wurden selbstverständlich sofort korrigiert, wenn sie bemerkt wurden. Aber auch bei denjenigen Ungenauigkeiten, die nicht als reine Schreibfehler angesehen werden können, haben wir uns schließlich entschlossen, eine Berichtigung direkt im Text vorzunehmen. Solche Stellen sind uns insbesondere in Teil III aufgefallen; es scheint so, daß der Teil III mit weniger Sorgfalt als die beiden ersten Teile aufgeschrieben wurden. In jedem der von uns gefundenen Fehler-Vorkommen war es klar, wie die mathematisch richtige Formulierung heißen müßte. Bei der Formulierung der Berichtigungen haben wir uns bemüht, uns an den Heckeschen Stil zu halten; in einigen Fällen wurden die entsprechenden Fassungen aus dem Heckeschen Lehrbuch zum Vergleich herangezogen. Natürlich wäre es möglich gewesen, den Text der Ausarbeitung ungeändert zu lassen und in Anmerkungen auf die Fehler und ihre Korrektur hinzuweisen. Dazu waren uns aber die Fehler nicht gewichtig genug; es erschien uns in diesem Falle nicht angebracht, um des Prinzips der historischen Genauigkeit willen einen inkorrekten Text zu publizieren. In drei Fällen sind wir allerdings von diesem Vorgehen abgewichen: vgl. die Anmerkungen auf den Seiten 231-232.

Der Leser wird bemerken, daß die von Hecke verwendete *Terminologie* in einigen Punkten von der heute üblichen Terminologie abweicht. Zum Beispiel wird schlicht von einem "Körper" gesprochen, wenn es sich um einen "algebraischen Zahlkörper endlichen Grades" handelt; eine "Basis" bedeutet stets "Ganzheitsbasis" dieses Körpers; eine "Zahl" des Körpers ist meist eine "ganze Zahl", wenn nicht ausdrücklich gesagt wird, daß auch gebrochene Zahlen mit in den Kreis der Betrachtung einbezogen werden. Diese Terminologie war damals durchaus üblich und bereitet wohl auch dem heutigen Leser keine Schwierigkeiten.

Etwas problematischer erscheint uns, daß die in dem Skriptum verwendeten *Bezeichnungen* nicht sehr systematisch und nicht immer konsequent benutzt werden; das hat uns, zugegeben, manches Mal irritiert. Es kommt mehrmals vor, daß ein Symbol zunächst ohne Erklärung verwendet wird, bevor es (einige Seiten später) tatsächlich definiert wird. Gelegentlich wird eine Bezeichnung ohne Vorwarnung geändert und der Leser muß aus dem Zusammenhang entnehmen, was nun tatsächlich gemeint ist. Öfters findet man im gleichen Kontext dasselbe Symbol für verschiedene mathematische Größen verwendet. Solche Inkonsistenzen sind in einer *Vorlesung* durchaus akzeptabel, weil ja der Vortragende mündlich auf die jeweils aktuelle Bedeutung der verwendeten Bezeichnung hinweisen kann. In einem *schriftlichen Text* sollten sie jedoch tunlichst vermieden werden, jedenfalls dann, wenn dieser Text einer breiteren mathematischen Öffentlichkeit zugänglich wird und damit auch solchen Lesern, die die Vorlesung nicht gehört haben. Dennoch haben wir der Versuchung widerstanden, die Bezeichnungen zu systematisieren und entsprechend abzuändern. Überall dort, wo nach unserer Meinung der Sinn aus dem Zusammenhang eindeutig hervorgeht, haben wir die Bezeichnungen in der originalen Form belassen. Dies erschien uns angebracht und auch erwünscht, um die unmittelbare Wirkung des Textes als *Vorlesung* beizubehalten. Wir glauben, daß Hecke selbst dieses unser Vorgehen gebilligt haben würde. Hecke hat, wie es heißt, seine Hörer stets als "geborene erwachsene Mathematiker" angesehen, also als im Grunde gleichgesetzte Gesprächspartner, denen er berichtete und die weder einer Einführung noch einer Führung bedurften.

* * *

Der Umfang des dargebotenen Vorlesungsstoffes ist erstaunlich groß. Im Sommersemester 1920 wurden sowohl der Teil I (abelsche Körper) als auch Teil II (komplexe Multiplikation) behandelt. Das letzte eingetragene Datum ist der 23. Juli 1920; die Vorlesung in jenem Semester endete mit dem Hauptsatz der komplexen Multiplikation für Ringklassenkörper. Es erscheint uns bemerkenswert, daß Hecke in den knapp drei Monaten eines Sommersemesters in einer 4-stündigen Vorlesung ein solch reichhaltiges und abwechslungsreiches Programm bieten konnte. Dabei ist noch zu bedenken, daß viele elementare Tatsachen aus Algebra und Zahlentheorie, die wir heute zu den Grundbegriffen und selbstverständlichen Voraussetzungen einer solchen Vorlesung rechnen würden, offenbar nicht als bekannt angenommen werden konnten; daher mußte sich Hecke immer wieder im Laufe der Vorlesung mit der Diskussion solcher, nicht zum eigentlichen Thema gehörenden Dinge abgeben. Und das alles bei einem Vorlesungsstil, der wie gesagt keine aufs allgemeine ausgerichtete Systematik enthielt, sondern auf die Diskussion ausgesuchter Spezialfälle und Rechnungen ausgerichtet war. Oder war es vielleicht gerade dieser Vorlesungsstil, der die Behandlung eines solch reichhaltigen Stoffes erst ermöglichte?

Der Teil III der Vorlesung (über die Dedekindsche Zetafunktion eines algebraischen Zahlkörpers) ist nicht mehr im Sommermester 1920 vorgetragen worden. Im darauffolgenden Wintersemester 1920/21 hatte Hecke keine Fortsetzungsvorlesung angekündigt; dagegen findet sich im Vorlesungsverzeichnis für das Sommersemester 1921 eine Ankündigung mit dem gleichen Titel: "Anwendung der Analysis auf Arithmetik." Und zwar diesmal 2-stündig. Wir können daher wohl annehmen, daß der Teil III im Sommersemester 1921 gelesen wurde. Allerdings fehlen in diesem Teil III die Datumsangaben, sodaß der Zeitpunkt des Vortrags für diesen Teil nicht mehr direkt aus der Ausarbeitung entnommen werden kann.

Einige der Hörer aus dem Jahr 1920 werden wohl auch 1921 dabei gewesen sein; jedenfalls wird gelegentlich auf die früheren Teile I und II der Vorlesung verwiesen. Andererseits hat Hecke wohl auch auf neu hinzugekommene Hörer Rücksicht genommen; es ist zu bemerken, daß der Teil III, ungeachtet einiger Rückverweise, insgesamt in sich abgeschlossen und ziemlich eigenständig aufgebaut ist. Es ist durchaus möglich, dem Gang der Vorlesung in Teil III zu folgen, ohne genauere Kenntnis der beiden ersten Teile zu besitzen.

In diesem Teil III, bei der Diskussion der Dedekindschen Zetafunktionen, kommt Hecke seinen eigenen Forschungsarbeiten am nächsten und aus der Lektüre gewinnt man den Eindruck, daß er diesen Teil mit besonderer innerer Anteilnahme vorgetragen hat. Zwar wird die von Hecke erst wenige Jahre zuvor bewiesene Funktionalgleichung der Zetafunktion nicht behandelt; das hätte wohl auch den ziemlich elementaren Rahmen der Vorlesung gesprengt. Doch auch bei den hier behandelten Themen: der analytischen Klassenzahlformel und der Kroneckerschen Grenzformel, kann Hecke in extenso das aufzeigen, was ihn offenbar Zeit seines Lebens am meisten fasziniert hat, nämlich *die beherrschende Rolle der Analysis im Zusammenhang mit der Theorie der algebraischen Zahlen.*

Auch bei den Themen aus den früheren Teilen I und II spielte natürlich die Analysis eine wichtige Rolle, und Hecke hatte jede Gelegenheit benutzt, besonders darauf hinzuweisen, wenn eines der dargebotenen Resultate auf transzendentem Wege gewonnen worden war. Aber jetzt, bei der Diskussion der Zetafunktion und der damit zusammenhängenden Dirichletschen Reihen, tritt die Analysis in besonders deutlicher Form nicht nur als wichtiges Hilfsmittel, sondern als eine der Zahlentheorie gleichberechtigte Disziplin hervor.

Und das ist wohl, man merkt es der Diktion dieses Teiles an, so ganz nach Heckes Geschmack.

Beim Studium des Heckeschen Werkes legt man sich oft die Frage vor, ob er denn vornehmlich als Zahlentheoretiker anzusehen sei oder mehr als Funktionentheoretiker. Er selbst pflegte auf Befragen zu antworten, seine Arbeitsgebiete seien Arithmetik, Algebra und Funktionentheorie; so wird uns von Zassenhaus berichtet. [8]) Das Eigentümliche an der Heckeschen Arbeitsweise ist (so sagt Zassenhaus weiter), daß zwar die zahlentheoretischen Feststellungen im Mittelpunkt seiner Arbeiten stehen, daß er aber diese "aus der Betrachtung funktionentheoretischer Identitäten hervorzaubert". Für einen Mathematiker der heutigen Zeit, der gewohnt ist, seine Gedanken im Rahmen der Begriffswelt der sog. *Strukturen* zu formulieren, sieht die Heckesche Argumentation vielleicht manchmal wie "Zauberei" aus. Hecke selbst wird jedoch wohl anders empfunden haben. Wir können zwar glauben, daß er besonderes Vergnügen daran fand, zahlentheoretische Sachverhalte als Folge von funktionentheoretischen Gesetzmäßigkeiten zu erkennen. So wie es eben in diesem dritten Teil geschieht, angefangen von der Formel für die Eulersche φ -Funktion bis hin zur Klassenzahlformel und zur Kroneckerschen Grenzformel. Aber die Funktionentheorie war doch wohl für Hecke nicht nur ein Hilfsmittel zum "Hervorzaubern" zahlentheoretischer Gesetzmäßigkeiten. Wenn er, wie uns Zassenhaus berichtet hat, von seinen Arbeitsgebieten Arithmetik, Algebra und Funktionentheorie spricht, so haben wir das wohl so aufzufassen, daß Hecke diese drei Gebiete nicht getrennt sehen möchte sondern zu einer Einheit verbunden. In diesem Sinne führte Hecke die Tradition der großen Meister des vergangenen Jahrhunderts weiter, wobei er insbesondere seinem akademischen Lehrer D. Hilbert folgt. In der Formulierung seines 12. Problems beschreibt Hilbert die drei grundlegenden Disziplinen der Mathematik, nämlich die Zahlentheorie, Algebra und Funktionentheorie, als "in die innigste gegenseitige Berührung" miteinander tretend. Wir können wohl annehmen, daß die Äußerung von Hecke dort ihren Ursprung und Interpretation besitzt.

Am Schluß der Vorlesung macht Hecke seine Hörer mit eben diesem 12. Hilbertschen Problem bekannt. Er referiert, wenn auch nur kurz, über die diesbezüglichen Arbeiten von Blumenthal und von ihm selbst. Er wirft die Hilbertsche Frage auf, ob nicht auch in anderen Fällen, für andere algebraische Zahlkörper, diese Körper mit Hilfe von analytischen Funktionen aufzubauen seien. Und diese Funktionen, so sagt Hecke, *sollten aus der Zetafunktion des betr. Körpers gewonnen werden*. Damit schließt Hecke seine Vorlesung mit einem Ausblick auf die von ihm als wichtig erachtete Richtung der zukünftigen Forschung; er hat seine Hörer an die Fragen herangeführt, denen er selbst einen erheblichen Teil seiner Arbeiten gewidmet hat.

* * *

Das Mathematische Seminar in Hamburg hatte sich bereits in den ersten Jahren seines Bestehens einen hohen Rang unter den deutschen und auch den ausländischen mathematischen Institutionen erwerben können. Das kam nicht von ungefähr, sondern war die Folge einer wohlüberlegten und erfolgreichen Berufungspolitik, der es von vornherein gelang, hervorragende Mathematiker nach Hamburg zu holen. Was dabei die Rolle von Erich Hecke betrifft, so äußert sich H.Bohr wie folgt: [9]

"Wenn es gelang, sozusagen aus dem Nichts und in verblüffend kurzer Zeit in Hamburg ein blühendes wissenschaftliches Zentrum zu erschaffen, das nicht nur Großes für die Zukunft versprach, sondern gleichzeitig tiefe Wurzeln in der Vergangenheit zu haben schien, so war dies nicht im wenigsten Heckes energischem und freudigem Einsatz zu verdanken und den reichen Traditionen, die er mit sich brachte."

Die vorliegende Vorlesungsausarbeitung legt uns Zeugnis ab von dem Beginn dieser, uns durch H.Bohr so eindringlich vor Augen geführten fruchtbaren Tätigkeit von Hecke in Hamburg.

* * *

---

[9] *H. Bohr*, Rede zum Gedächtnis an Erich Hecke, loc.cit. [1]

An dieser Stelle möchte ich mich bedanken bei denjenigen Freunden und Kollegen, die mir bei der Vorbereitung dieser Ausgabe ihren Rat und Hilfe zur Verfügung gestellt haben: B. Schoeneberg (Hamburg); W. Maak (Göttingen); C. Meyer (Köln); Frau S. Böge (Heidelberg); M.Kneser (Göttingen); W. Purkert (Leipzig); O.Riemenschneider (Hamburg). Frau E. Grüner hat das handschriftliche, schwer lesbare Manuskript mit anerkennenswerter Sorgfalt und in hervorragender Qualität in Maschinenschrift übertragen.

Das vorangestellte fotografische Porträt Heckes stammt aus den Jahren vor 1922, also aus etwa der Zeit der Hamburger Vorlesung. Das Original befindet sich im Göttinger Universitätsarchiv und wurde uns freundlicherweise durch Herrn M. Kneser vermittelt. Außer diesem Porträt haben wir noch einen handschriftlichen Brief Heckes in Faksimile abgedruckt. Er stammt zwar aus einem späteren Jahr, nämlich 1926. Es handelt sich um einen Brief an Hasse, die komplexe Multiplikation betreffend.

Heidelberg, am 24. April 1987 .

Fotografisches Porträt Heckes, wohl mit eigenhändiger Unterschrift; die Jahreszahlen bezeichnen vielleicht seine Zeiten in Göttingen. Aus einem Fotoalbum, angefertigt von Hilberts Schülern und Freunden zu dessen 60. Geburtstag (1922). Nachlaß D. Hilbert, Handschriftenabteilung UB Göttingen.

Prof. Dr. E. Hecke
HAMBURG 13
Rothenbaumchaussee 21
Mathematisches Seminar
der Universität

Den 6. II. 19 26

Lieber Herr Hasse,

Weihnachten, eine Reise und die Bohr-Woche hier in Hamburg haben mich verhindert, Ihnen für Ihren freundlichen Brief zu danken und, ... zu beantworten was ich nun mit der Bitte um Entschuldigung nachhole.

Die endliche Abrundung der Theorie der kompl. Multipl., die noch ausstand, ist durch Ihre schöne u. sehr ein-leuchtende Theorie nun geleistet. Ich finde die Sache so wichtig, dass Sie die Arbeit doch recht bald und vollständig und nachdrücklich publizieren sollten, um das nachträgliche Fortsetzung Buch zu kompensieren. Ihr Ansatz ist doch so allgemein, dass ich nicht zweifle, dass seine Grund-gedanken auf die höheren Fälle (2 u. mehr Variable) auch passen werden; die Schwierigkeiten bei $n = 2$ liegen aber auf anderen Gebiete, da ich meine Theorie nur für eine ungerade Klassenzahl des Körpers 4. Grades auf-bauen konnte. Die graden Faktoren der Klassenzahl machen mehrere entscheidende Schlüsse hinfällig — und wenn Sie den Strahlklasse nehmen, lassen sich je Faktoren 2 gemischt vermeiden. Es fehlt aber noch etwas Wesentliches bei mir, ehe Ihr Ansatz in Frage kommt. — Die anderen Fragen, die Sie für die kompl. Multipl. stellen, sind

Prof. Dr. E. Hecke
HAMBURG 13
Rothenbaumchaussee 21
Mathematisches Seminar
der Universität

Den 6. II. 1926

Lieber Herr Hasse,

Weihnachten, eine Reise und die Bohr-Woche hier
in Hamburg haben mich verhindert, Ihnen für Ihren
freundlichen Brief zu danken und ihn zu beantworten,
was ich nun mit der Bitte um Entschuldigung nachhole.

Die endliche Abrundung der Theorie der kompl. Multipl.,
die noch ausstand, ist durch Ihre schöne und sehr ein-
leuchtende Theorie nun geleistet. Ich finde die Sache so
wichtig, daß Sie die Arbeit doch recht bald und vollständig
und nachdrücklich publizieren sollten, um das nachlässige
Fuetersche Buch zu kompensieren. Ihr Ansatz ist doch
so allgemein, daß ich nicht zweifle, daß seine Grund-
gedanken auf die höheren Fälle (2 und mehr Variable) auch
passen werden; die Schwierigkeiten bei $n = 2$ liegen
aber auf anderem Gebiete, da ich meine Theorie nur
für eine ungerade Klassenzahl des Körpers 4. Grades aufbauen konnte. Die graden Faktoren der Klassenzahl machen
mehrere entscheidende Schlüsse hinfällig — und wenn Sie
dann Strahlklassen nehmen, lassen sich ja Faktoren 2
garnicht vermeiden. Es fehlt aber noch etwas Wesentliches
bei mir, ehe Ihr Ansatz in Frage kommt. — Die anderen
Fragen, die Sie für die kompl. Multipl. stellen, sind

mir seit der Zeit vor 15 Jahren, als ich die Dinge zu
lernen versuchte, wohlbekannt; ich konnte und kann
darüber aber nichts Neues sagen.

Ätzen ist übrigens über Ihre Arbeit auch sehr entzückt,
ich habe sie ihm zur Einsicht gegeben, in der Erwartung,
daß Sie damit ganz einverstanden sein werden.

Hilbert hat mich eben benachrichtigt, daß er Ende Juli
zu 2 Vorträgen nach Hamburg kommen will. Es wird
wahrscheinlich mit Carathéodory auch kommen — also ein
kleiner unterhaltsamer und nicht anstrengender Kongreß
hier zustande kommen. Wir freuen uns sehr, wenn
Sie auch herkämen.

Meine Entscheidung über Leipzig schwebt übrigens noch
und wird wohl in diesen Tagen erfolgen.

Herzliche Grüße

Ihr

E. Hecke.

mir seit der Zeit vor 15 Jahren, als ich die Dinge zu
lernen versuchte, wohlbekannt; ich konnte und kann
darüber aber nichts Neues sagen.

Artin ist übrigens von Ihrer Arbeit auch sehr entzückt,
ich habe sie ihm zur Einsicht gegeben, in der Annahme,
daß Sie damit ganz einverstanden sein werden.

Hilbert hat mich eben benachrichtigt, daß er Ende Juli
zu 2 Vorträgen nach Hamburg kommen will. Es wird —
wahrscheinlich wird Caratheodory auch kommen — also ein
kleiner, unterhaltsamer und nicht anstrengender Kongreß
hier zustande kommen. Wir freuten uns sehr, wenn
Sie auch herkämen.

Meine Entscheidung über Leipzig schwebt übrigens noch
und wird wohl in diesen Tagen erfolgen.

      Herzliche Grüße
          Ihr
          E. Hecke.

Erich Hecke

Analysis
und
Zahlentheorie

Vorlesung Hamburg 1920

Einleitung

[4.V.20].   Der Gegenstand dieser Vorlesung ist die Behandlung eines Grenzgebietes. Über die Natur der Beziehungen zwischen Analysis und Zahlentheorie und die Art der Probleme mag eine Vorbemerkung Platz finden.

In der Funktionentheorie kommen als wesentliche Bausteine Überlegungen zahlentheoretischer Art vor. Den Anstoß zur Entwicklung einer Theorie der Funktionen komplexer Variabler gab die Betrachtung gewisser bestimmter (individueller) Funktionen. Die Exponentialfunktion, bestimmte Integrale, die Theorie der elliptischen Integrale und ihrer Umkehrfunktionen führten zur Entwicklung der allgemeinen Begriffe, insbesondere durch <u>Cauchy</u>, <u>Riemann</u>, <u>Poincaré</u>, <u>Klein</u>. Die moderne Funktionentheorie ist eine Theorie der Funktions<u>typen</u> oder -<u>klassen</u> geworden. Gewisse Sätze umfassen etwa alle Funktionen mit einer bestimmten Art und Anzahl der Singularitäten u. dgl. Man kann wohl sagen, daß die allgemeinen Anregungen, die von diesen speziellen Funktionen ausgingen, jetzt in ihren Folgen überblickbar sind. Sie haben in der Theorie der automorphen Funktionen und der Uniformisierungstheorie durch <u>Koebe</u> einen ersten Abschluß gefunden.

Solche individuellen Funktionen, die in dieser Weise den Anstoß zu allgemeinen Entwicklungen geben, stammen im wesentlichen aus zwei Quellen. <u>Erstens</u> aus der <u>mathematischen Physik</u>. Deren Probleme erfordern die Erforschung spezieller Funktionen, die in der mathematischen Behandlung dann sofort zu Funktionenklassen werden, insofern die betreffenden Funktionen überhaupt mathematisches Interesse beanspruchen. So führen z.B. die Besselschen Funktionen zu einer Theorie der linearen Differentialgleichungen. Eine <u>zweite</u> Gattung solcher individueller Funktionen entstammt der <u>Zahlentheorie</u> einschließlich Algebra und Theorie der algebraischen Zahlkörper. Auch wenn man die Funktionen oft anders definieren kann, so liegt doch der eigentliche Zugang zu ihrem Verständnis in irgend einer Beziehung zu ganzen Zahlen; z.B. für die Exponentialfunktion:

$$f(z) = e^{2\pi i z} = \sum_{n=0}^{\infty} \frac{(2\pi i z)^n}{n!} \ .$$

Wesentlich ist dabei die Periodizitätseigenschaft

$$f(z+n) = f(z)$$

wo n eine ganze rationale Zahl ist. Die Funktion f(z) erscheint also als <u>Invariante der ganzen Zahlen</u>. Wenn man zu dieser Eigenschaft noch die Forderung hinzunimmt, daß sie im Periodenstreifen jeden Wert genau einmal annimmt, so ist die Funktion im Wesentlichen bestimmt.

Analoges gilt für die mit der Exponentialfunktion verwandten Funktionen sin x, cos x u.dgl. Die Gleichung

$$\frac{1}{\sin^2(\pi z)} = \sum_{n=-\infty}^{+\infty} \frac{1}{(z+n)^2}$$

setzt die Beziehung zu den ganzen Zahlen in Evidenz.

Dieser formale Ansatz läßt sich nun auch auf mehrfach periodische Funktionen verallgemeinern. So ist die Weierstraßsche Funktion $p(u)$ aus der Theorie der elliptischen Funktionen abgesehen von gewissen, die Singularitäten betreffenden Bedingungen bestimmt durch die Beziehung

$$p(u+m_1\omega_1+m_2\omega_2) = p(u)$$

wo m_1 und m_2 ganz rational sind. Hier liegt eine Beziehung zu <u>Paaren</u> ganzer Zahlen vor, welche sich wiederfindet in der Darstellung durch die (bedingt konvergente) Reihe:

$$p(u) = \sum_{m,n=-\infty}^{+\infty} \frac{1}{(u+m\omega_1+n\omega_2)^2} \; .$$

Am deutlichsten tritt im Gebiet der elliptischen Modulfunktionen die Beziehung zu den ganzen Zahlen durch Betrachtung von $j(\tau)$ hervor. Die Funktion erfüllt die Gleichung

$$j(\frac{a\tau+b}{c\tau+d}) = j(\tau)$$

wo a, b, c, d ganz rational sind und ad - bc = 1 ist. $j(\tau)$ ist also gegenüber Substitutionen der <u>Modulgruppe</u> invariant, die doch von vorneherein als ein rein zahlentheoretischer Gegenstand erscheint. Das führt dazu, in der gleichen Weise nach anderen Funktionen zu fragen, die andere vorgegebene Substitutionen gestatten. Das gab den Anstoß zur Entwicklung der Theorie der automorphen Funktionen. Alle feineren Aussagen über j(τ), die über die allgemeinen Sätze für automorphe Funktionen hinausgehen und welche diese Funktion zu einer "bekannten" machen, kommen nur insoweit zu Stande, als jene Substitutionengruppe hinsichtlich ihrer ganz besonderen arithmetischen Eigenart auch wirklich benutzt wird.

Ebenso führt die Betrachtung von Abelschen Integralen und ihrer Umkehrfunktionen auf Funktionen höherer Periodizität. Doch sind diese erst in sehr unvollkommener Weise erforscht.

Es wäre unberechtigt, den im Grunde arithmetischen Charakter dieser Funktionen darum zu verkennen, weil sie auch anderweitig bekannt sind und ihre Beziehung zu ganzen Zahlen also scheinbar nur ihre eine Seite ist. Deutlicher tritt noch die Wichtigkeit arithmetischer Definitionen bei solchen Funktionen hervor, welche bei dem gegenwärtigen Stande der Wissenschaft überhaupt noch nicht auf anderem Wege zu erhalten sind. Das bekannteste Beispiel ist die Funktion

$$\zeta(s) = \sum_{n=1}^{\infty} \frac{1}{n^s} = \prod_p \frac{1}{1 - \frac{1}{p^s}}$$

wo p alle rationalen Primzahlen durchläuft. <u>Riemann</u> wurde von der Zahlentheorie her auf diese ganz bestimmte analytische Funktion geführt, als er Untersuchungen über die Verteilung der Primzahlen anstellte. Er fand, daß die Funktion bei s = 1 einen Pol 1. Ordnung und sonst keine Pole hat, ferner, daß sie bei s = -2, -4, ... verschwindet und einer gewissen Funktionalgleichung genügt. Es bezeichne $R(s)$ den reellen Teil von s. In dem Gebiet $R(s) > 1$ und $R(s) < 0$ liegen außer diesen "trivialen" Nullstellen keine weiteren. Weitere können also nur noch im "kritischen Streifen" d.h. dem Gebiet $0 \leq R(s) \leq 1$ liegen. Aus der Beziehung der Funktion $\zeta(s)$ zur Verteilung der Primzahlen konnte Riemann aber durch ein mehr oder weniger heuristisches Verfahren erkennen, daß unendlich viele Nullstellen in kritischen Streifen vorhanden sein müssen. Dieses Problem bildete den Anlaß zu Untersuchungen <u>Hadamards</u>, aus denen eine Theorie der ganzen transzendenten Funktionen erwuchs, deren Ergebnisse in den Besitz der heutigen mathematischen Generation übergegangen sind.

Die "Riemannsche Vermutung", daß alle Nullstellen von $\zeta(s)$ auf der Geraden liegen, für welche $R(s) = \frac{1}{2}$ ist, steht heute im Mittelpunkt des Interesses, ohne daß man doch die geringste Möglichkeit hat, sie zu beweisen. Diese Funktion gibt also Anlaß zu neuen Fragestellungen, die die Funktionentheorie noch nicht beantworten kann. Diese wird also darauf hingewiesen, neue Methoden zu entwickeln. Darin liegt die Fruchtbarkeit des Prinzips. Solche neuen Methoden werden dann neue <u>Klassen</u> von Funktionen der Behandlung zugänglich machen. - Um weitere Fortschritte in der Theorie der Funktionen mehrerer Variabler zu erzielen, scheint mir wieder die nähere Kenntnis einzelner Funktionen nötig zu sein, an der es bisher noch mangelt. Die Anfänge, welche dazu z.B. im Gebiete der hyperelliptischen Funktionen vorliegen [Hermite, Burkhardt, Humbert] rücken wieder die arithmetischen Beziehungen in den Vordergrund. Denn nicht alle Funktionen sind gleich wertvoll. Es wird im Allgemeinen kein Interesse darbieten, irgend welche willkürlich gebildeten Funktionen der Untersuchung zu unterwerfen. Hier lehrt auch die Zahlentheorie Wichtiges von Unwichtigem zu unterscheiden. Wenn eine neue Funktion in der Zahlentheorie Bedeutung hat, so läßt sich auch eine fruchtbare Verwendung für die Funktionentheorie erhoffen. So hat man in der Zahlentheorie gewisse Verallgemeinerungen von $\zeta(s)$ gefunden, von denen ausführlich die Rede sein wird.

Funktionentheorie kann also Zahlentheorie nicht entbehren. Die Funktionen, welche man wirklich beherrscht, beherrscht man nur, insofern die ganze Zahl dabei in Frage kommt. Die allgemeinen Theoreme über automorphe Funktionen z.B. sind unter Zugrundelegung des Begriffs einer vorgegebenen Substitutionengruppe abgeleitet. Aber sie ermangeln der Anwendung im einzelnen Fall, da man nur ganz wenige solcher Gruppen wirklich kennt. Die Theorie ist von solcher Allgemeinheit, daß sie die ihr unterworfenen Objekte nur in ganz allgemeinen Umrissen anzugeben braucht. Wir "kennen" aber in Wirklichkeit zur Zeit nur sehr wenige von ihnen. Erst durch Angabe einer bestimmten Gruppe, die man nicht nur hinsichtlich ihrer abstrakten Struktur beherrscht, sondern für die man auch die zu ihr gehörigen Substitutionen angeben, d.h. zahlentheoretisch charakterisieren kann, also eines zahlentheoretischen Objekts, wird ihr ein wirklicher Gegenstand gegeben. Man wird dabei an den bekannten Ausspruch Kroneckers denken: "Die ganzen Zahlen schuf der liebe Gott; alles übrige ist Menschenwerk."

Natürlich zieht nun aber auch **umgekehrt** die Zahlentheorie Nutzen aus der Verbindung mit der Funktionentheorie. Es wurde schon gesagt, daß $\zeta(s)$ in Beziehung zur Verteilung der Primzahlen steht. Ein anderes Beispiel dafür ist die folgende Klasse von Problemen:

Man fragt etwa nach Gleichungen, deren Gruppe eine bestimmte Struktur hat und deren Koeffizienten einem bestimmten Rationalitätsbereich angehören, z.B.: "Es sollen alle Abelschen Gleichungen im Grundbereich der rationalen Zahlen aufgestellt werden." Oder nehmen wir einen noch einfacheren Spezialfall und fragen nach einer zyklischen Gleichung. Eine solche ist

$$x^2 - a = 0 \ .$$

Das ist also eine Abelsche Gleichung mit zyklischer Gruppe. Aber schon für

$$x^3 - a = 0$$

ist das nicht mehr der Fall. Man weiß aber seit Gauss, daß andere Arten von Gleichungen diese Forderungen befriedigen:

$$x^5 - 1 = 0$$

ist im Bereich der rationalen Zahlen reduzibel, aber

$$(1) \qquad \frac{x^5 - 1}{x - 1} = x^4 + x^3 + x^2 + x + 1 = 0$$

ist irreduzibel; das ist eine abelsche Gleichung, deren Gruppe die zyklische Gruppe 4. Ordnung ist. Dasselbe gilt für

$$\frac{x^n - 1}{x - 1} = x^{n-1} + x^{n-2} + \ldots + x + 1 = 0$$

falls n eine Primzahl ist. Man hat also unendliche viele Gleichungen der geforderten Eigenschaft. Woher weiß man nun, daß die Gruppe dieser Gleichungen zyklisch ist? Wir kennen eine **analytische Funktion**, die das zeigt. Es sei gesetzt

$$f(z) = e^{2\pi i z} \ .$$

Die Werte dieser Funktion für $z = \frac{1}{5}, \frac{2}{5}, \frac{3}{5}, \frac{4}{5}$ sind die Wurzeln von (1).

Auf Grund der Funktionaleigenschaften von $f(z)$ erkennen wir, daß die Gruppe der algebraischen Gleichung (1) wirklich zyklisch ist. Durch eine analytische Funktion erfahren wir also etwas über algebraische Zahlen von bestimmten Eigenschaften. Nun sagt aber der <u>Satz von Kronecker</u>, daß eine beliebige rationale Verbindung von Einheitswurzeln, - also bestimmten Werten von $f(z)$, - die allgemeinste Lösung einer im Bereich der rationalen Zahlen gebildeten abelschen Gleichung ist. Diese Umkehrung ist also die völlige Lösung des Problems; hier erst zeigt dieser Zusammenhang seine ganze Harmonie. - Der nächst höhere Fall ist, daß man den Grundbereich allgemeiner wählt, etwa als imaginär quadratischen Körper $K(\sqrt{-3})$. Wie findet man alle abelschen Gleichungen in Bezug auf diesen Körper? Die Antwort lautet: $j(a + b\sqrt{-3})$ ist für rationales a,b Wurzel einer algebraischen Gleichung, deren Koeffizienten $K(\sqrt{-3})$ angehören und deren Gruppe abelsch ist, die also durch Wurzelziehen auflösbar ist; und auf diesem Wege erhält man <u>alle</u> Gleichungen dieser Art. *)

Man kann die Frage auch in anderer Beleuchtung sehen. (1) hat 4 von einander verschiedene Wurzeln. Man kann nun eine ganze Reihe von Aussagen machen, ohne diese 4 Lösungen einzeln zu unterscheiden, nämlich solche Aussagen, die als Aussagen über die Gruppe der Gleichung formuliert werden können. Aber wie kann man die vier Wurzeln unterscheiden, eine bestimmte aussondern, jede einzelne individualisieren? Wenn sie reell sind, kann man sie etwa der Größe nach ordnen. Wenn imaginäre vorkommen, kann man ein mehr oder weniger kompliziertes Ordnungsprinzip nach der Größe des reellen und imaginären Teiles aufstellen. Man kann dazu aber auch einfacher die Funktion $f(z)$ verwenden. Die Wurzeln sind ja $f(\frac{1}{5})$, $f(\frac{2}{5})$, $f(\frac{3}{5})$, $f(\frac{4}{5})$. Dadurch sind sie individualisiert, man kann jede einzeln gesondert angeben. Man kann dies Verfahren etwa als eine "Uniformisierung" der algebraischen Zahlen in Analogie mit der Uniformisierung der algebraischen <u>Funktionen</u> einer Variablen auffassen.

---

*) siehe Anmerkung 1.

Sätze über algebraische Zahlkörper (Zusammenstellung)

In den Vorlesungen wird die Bekanntschaft mit den Grundzügen der Theorie der elliptischen Funktionen vorausgesetzt,
ebenso die Elemente der Theorie des algebraischen Zahlkörpers.
Für diesen werden im Folgenden noch kurz die grundlegenden Begriffe und Sätze zusammengestellt. [Man vergleiche etwa Weber,
Bd. III der "Algebra"; Hilbert, Bericht über algebraische Zahlkörper; Jahresbericht d.d.M.V. Bd. IV; Bachmann, Zahlentheorie
5. Teil: Allgemeine Arithmetik der Zahlkörper; Fueter, synthetische Zahlentheorie; sowie zahlreiche Einzelarbeiten.]

1) Körper.

Es sei ein algebraischer Zahlkörper n. Grades gegeben. Wir
werden die in ihm enthaltenen ganzen algebraischen Zahlen betrachten. Der Begriff der ganzen Zahl hat absolute Bedeutung,
ist also nicht etwa mit Bezug auf den zu Grunde liegenden
Körper definiert. Es gibt im Körper eine Basis, d.h. n ganze
Zahlen $\omega_1, \omega_2, \ldots, \omega_n$, so daß jede ganze Zahl des Körpers und
nur diese durch $x_1\omega_1 + x_2\omega_2 + \ldots + x_n\omega_n$ mit ganzen rationalen
x_i darstellbar sind. Mit $\omega^{(i)}$ seien die Konjugierten zu ω bezeichnet.

$$\Delta(\omega_1, \omega_2, \ldots, \omega_n) = \begin{vmatrix} \omega_1 & \omega_2 & \ldots & \omega_n \\ \omega_1' & \omega_2' & \ldots & \omega_n' \\ \vdots & \vdots & & \vdots \\ \omega_1^{(n-1)} & \omega_2^{(n-1)} & \ldots & \omega_n^{(n-1)} \end{vmatrix}^2 = d \neq 0$$

ist eine ganze rationale Zahl, die dem Körper als solchem, unabhängig von der besonderen Wahl der Basis, zukommt: die Diskriminante des Körpers. Sie ist stets durch mindestens eine
Primzahl teilbar, also $\neq \pm 1$.

2) Ideal.

Wir können eine ganze Zahl α hinsichtlich ihrer Zerlegung in
ein Produkt aus anderen ganzen Zahlen untersuchen, d.h. fragen,

ob eine Gleichung $\alpha = \beta \cdot \gamma$ möglich ist oder nicht, wobei β und γ auch ganz sein sollen. Es gibt im Körper stets solche ganze Zahlen ε, deren Reziproke $\frac{1}{\varepsilon}$ auch ganz ist: Einheiten; und zwar im Allgemeinen unendlich viele. Also ist stets eine (triviale) Zerlegung $\alpha = \frac{\alpha}{\varepsilon} \cdot \varepsilon$ möglich. Läßt α keine Zerlegung im Körper außer solchen trivialen zu, so heißt α <u>Primzahl</u>. Jede ganze Zahl läßt sich multiplikativ in Primzahlen zerlegen, aber im Allgemeinen nicht auf eindeutige Weise, auch dann nicht, wenn man von der Unbestimmtheit durch Einheitsfaktoren und durch die Reihenfolge absieht. Diese Schwierigkeit wurde erst von <u>Kummer</u> überwunden.

Als <u>Ideal</u> bezeichnet man den Inbegriff eines Systems von ganzen Körperzahlen, wenn mit den Zahlen α und β auch $\lambda\alpha + \mu\beta$ dem System angehört, wo λ und μ irgend zwei ganze Körperzahlen sind. Dann gibt es auch für das Ideal eine <u>Basis</u> $\alpha_1, \alpha_2, \ldots, \alpha_n$, so daß alle Zahlen des Ideals und nur diese durch $\sum x_i \alpha_i$ mit ganzen rationalen x_i darstellbar sind. Dabei ist

$$(2) \qquad \Delta(\alpha_1, \ldots, \alpha_n) = d \cdot N^2$$

N ist ganz rational, und sind ganze rationale Koeffizienten c_{ik} so bestimmt, daß $\alpha_i = \sum_k c_{ik}\omega_k$ ist, so ist $N = |c_{ik}|$ die Determinante dieses Koeffizientensystems.

Sind $\beta_1, \ldots, \beta_r$ ganze Körperzahlen, so ist das Ideal $a = (\beta_1, \ldots, \beta_r)$ der Inbegriff aller Zahlen von der Gestalt $\lambda_1\beta_1 + \ldots + \lambda_r\beta_r$, wo die λ_i ganze Körperzahlen sind, also der <u>Wertevorrat dieser linearen Form</u>, deren Koeffizienten die β_i sind. Ist noch $c = (\gamma_1, \ldots, \gamma_s)$ so ist $a \cdot c = (\ldots, \beta_i\gamma_k, \ldots)$ unabhängig von der besonderen Art der Erzeugung der Faktorideale. Es ist $a \cdot c = c \cdot a$. Ist $a = b \cdot c$, so sagt man $b | a$, d.h. a ist <u>teilbar</u> durch b. Was hat das mit der Teilbarkeit der <u>Zahlen</u> zu tun? Die Zahl α heißt durch β teilbar, wenn $\frac{\alpha}{\beta}$ ganz ist. $a = (\alpha)$ heißt ein <u>Hauptideal</u>. Ist nun $\beta | \alpha$, so ist $(\beta) | (\alpha)$ und umgekehrt. Teilbarkeit der Hauptideale ist zurückführbar auf Teilbarkeit der Zahlen und umgekehrt.

Das Ideal $o = (1)$ besteht aus allen ganzen Körperzahlen. Es ist $a = o \cdot a$. Besteht keine andere Zerlegung, als diese triviale, so heißt a <u>Primideal</u>. Es gibt solche. Dann ist jedes Ideal zerlegbar in $a = p_1^{a_1} \cdot p_2^{a_2} \ldots$, wo die p_i Primideale sind und die a_i angeben, wie oft jedes als Faktor steht; und diese Zerlegung ist bis auf die Reihenfolge <u>eindeutig</u>. Die Ideale sind also letzte Bausteine. Sie bilden ein neues Mittel, um der Teilbarkeit der <u>Zahlen</u> näher zu treten. Ob $\frac{\alpha}{\beta}$ ganz ist, läßt sich ohne Verwendung von Idealen nur so feststellen, daß man die irreduzible Gleichung aufstellt, der $\frac{\alpha}{\beta}$ genügt, und feststellt, ob diese den höchsten Koeffizienten 1 hat, wenn alle Koeffizienten ganze Zahlen sind. Jetzt wird man statt dessen untersuchen, ob $(\beta) | (\alpha)$. Das ist der Fall, wenn jeder Primidealfaktor von (β) in (α) in mindestens derselben Potenz aufgeht.

3) Kongruenzen.

Man kann nun zahlentheoretische Begriffsbildungen aus dem Gebiet der rationalen Zahlen in das der Ideale übertragen. Man schreibt

$$\beta \equiv \alpha \quad (\text{mod } a)$$

wenn $\beta-\alpha$ zu a gehört. Diese Definition ist symmetrisch in α und β. Ist $\beta \equiv 0 \pmod{a}$, dann $a | (\beta)$. Kongruenzen darf man addieren, subtrahieren, multiplizieren und unter gewissen Bedingungen auch dividieren.

Wie viel inkongruente Zahlen mod a gibt es? Ist $\gamma_1, \ldots, \gamma_h$ ein System von inkongruenten Zahlen und ist jede Zahl einem der γ_i kongruent, so bilden die γ_i ein <u>vollständiges Restsystem mod a</u>. Wir erhalten also eine Einteilung aller Zahlen in Restklassen, wie im Gebiet der rationalen Zahlen. Die Anzahl der Restklassen mod a ist <u>endlich</u>, sie heißt $N(a)$, <u>Norm von a</u>. Es ist

$$N(a) \cdot N(b) = N(ab)$$

und

$$N((\alpha)) = N(\alpha) = |\alpha \cdot \alpha' \ldots \alpha^{(n-1)}| \,.$$

Also die Norm eines Hauptideals ist - evtl. bis auf das Vorzeichen - die "Norm der ganzen Zahl α", also eine durch α bestimmte ganze rationale Zahl. Das rechtfertigt die Übertragung der Bezeichnung "Norm". Sie erscheint als Größe (Norm der Zahl) und als Anzahl (Norm des Ideals). In (2) ist $N = |c_{ik}|$ die Norm des Ideals $(\alpha_1,\ldots,\alpha_n)$.

Alle Zahlen einer bestimmten Restklasse mod a ergeben, wenn man mit ihnen Hauptideale bildet, denselben größten gemeinsamen Teiler d mit a. d gehört also der Restklasse an. Zwei zu a teilerfremde Restklassen geben als Produkt wieder eine zu a teilerfremde Restklasse. (<u>Produkt zweier Restklassen</u> ist diejenige Restklasse, der das Produkt zweier ihnen entnommener Zahlen angehört. Das ist eindeutig.) Bei multiplikativer Zusammensetzung bilden daher die zu a teilerfremden Restklassen eine <u>Gruppe</u> und zwar eine <u>abelsche</u> (kommutative). Ihre Ordnung, also die Anzahl der zu a teilerfremden Restklassen, heiße $\varphi(a)$. Ist R eine derselben, so ist nach Regeln der Gruppentheorie

$$R^{\varphi(a)} = 1$$

wenn 1 die "Einheitsklasse" bedeutet, d.h. diejenige Klasse, zu der die Zahl 1 gehört. Gehört also ρ zu R, so ist

$$\rho^{\varphi(a)} \equiv 1 \quad (\mathrm{mod}\ a)\ .$$

Sei p ein Primideal. Dann ist

$$(3) \qquad\qquad N(p) = \mathrm{p}^f$$

wo p eine rationale Primzahl ist. f kommt dem Ideal p als sein <u>Grad</u> zu. Dabei ist $f \leqq n$. $f = 1$ kommt stets vor, aber im Übrigen braucht nicht jedes $f < n$ als Grad eines Primideals aufzutreten. (p) ist im Allgemeinen kein Primideal. Ist es zerlegbar, so ist es etwa durch ein Primideal p teilbar:

$$(4) \qquad\qquad (\mathrm{p}) = p \cdot a$$

Die Primideale des Körpers sind also in bestimmter Weise mit den rationalen Primzahlen verbunden. (3) und (4) sind gleichberechtigte Aussagen. Zu jedem p gehört ein p. Zu einem p können möglicherweise mehrere p, aber nicht mehr als n verschiedene p gehören. Denn aus (4) folgt

$$N(p) \cdot N(a) = N((\mathrm{p})) = N(\mathrm{p}) = \mathrm{p}^n$$

also $N(p) | \mathrm{p}^n$. Daher $f \leqq n$ in (3). Und p^n kann höchstens in n rationale Faktoren $N(p_1) \cdot N(p_2) \ldots$ zerfallen.

[7.V.20.] Es ist

$$N(a) \equiv 0 \quad (\mathrm{mod}\ a)\ .$$

Beweis: Es sei $N(a) = m$ und $\alpha_1, \alpha_2, \ldots, \alpha_m$ ein vollständiges Restsystem mod a. Dann ist auch $\alpha_1+1, \alpha_2+1, \ldots, \alpha_m+1$ ein ebensolches; denn je zwei dieser Zahlen sind inkongruent und ihre Anzahl ist m. Also ist

$$\sum_{i=1}^{m} \alpha_i \equiv \sum_{i=1}^{m} (\alpha_i + 1) \pmod{a}$$

also

$$m = N(a) \equiv 0 \pmod{a}$$

was zu beweisen war.

Also ist $a \mid N(a)$, und es gibt ein Ideal b, so daß $(N(a)) = a \cdot b$ ist. Dafür schreiben wir, wenn es nicht zu Mißverständnissen führen kann, kürzer:

$$N(a) = a \cdot b \ .$$

(Dies Ersetzen der Hauptideale durch Zahlen hat mit Vorsicht zu geschehen; so darf man z.B. die Gleichung $(\alpha) = (\beta)$ nur durch die Gleichung $\alpha = \varepsilon \cdot \beta$ ersetzen, worin ε eine Einheit bedeutet.)

4) Idealklassen.

Sind in einem Körper alle Ideale Hauptideale, so wird durch die Einführung der Ideale gegenüber den Zahlen nichts Wesentliches gewonnen. Wir nehmen an, das sei nicht der Fall und suchen unter dieser Annahme eine Klassenunterscheidung unter den Idealen zu treffen. Angenommen, es sei gelungen, ein Ideal a, das nicht Hauptideal war, auf irgend eine Weise, etwa durch eine Erweiterung des Körpers, durch ein Hauptideal zu repräsentieren. Dann ist das zugleich für unendlich viele Ideale gelungen, nämlich für alle von der Form $a \cdot (\omega)$. Alle diese rechnen wir daher zur selben Klasse, oder vielmehr definiert man etwas allgemeiner: Zwei Ideale a und b werden zur selben <u>Klasse</u> gerechnet oder als <u>äquivalent</u> bezeichnet, $a \sim b$, wenn es zwei Hauptideale (ω) und (λ) im Körper gibt, so daß $a \cdot (\omega) = b \cdot (\lambda)$ ist.

Es ist also $a \sim a$ und die Definition ist symmetrisch in a und b. Sie ist auch transitiv: Ist $a \sim b$ und $b \sim c$, so ist $a \sim c$. Ist $a \sim b$, so ist auch $ac \sim bc$. Man kann Äquivalenzen auch multiplizieren: Ist $a \sim b$ und $c \sim d$, so folgt $ac \sim bd$.

Alle Hauptideale sind $\sim (1)$. Ist $a \sim$ einem Hauptideal, so ist es selbst ein Hauptideal. Die Hauptideale bilden also eine Klasse, die "Einheitsklasse E".

Behauptung: Es gibt nur <u>endlich viele Klassen</u>.

Beweis: Der Beweis wird erbracht sein, wenn wir eine Eigenschaft angeben, die nur endlich vielen Idealen zukommen kann, und nachweisen können, daß es in jeder Klasse mindestens ein Ideal mit dieser Eigenschaft gibt. Zu einer solchen Eigenschaft gelangen wir, wenn wir die Ideale nach der Größe ihrer Norm anordnen und berücksichtigen, daß von gleicher Norm nur endlich viele Ideale existieren können.

Es sei b ein Ideal und $\beta_1, \beta_2, \ldots, \beta_n$ eine Basis desselben. $\lambda = \sum_i x_i \beta_i$ sei eine Zahl aus b und $\lambda^{(k)} = \sum_i x_i \beta_i^{(k)}$ die dazu konjugierten. Wir betrachten nun das Ideal (λ). Da $b \mid (\lambda)$, gibt es ein Ideal a, so daß $(\lambda) = b \cdot a$. Da (λ) zur Einheitsklasse E gehört, können wir sagen, daß die Klasse von a zur Klasse von b <u>reziprok</u> ist. Es ist

$$N((\lambda)) = N(\lambda) = N(a) \cdot N(b) \ .$$

Wir werden das Ideal a also als ein solches mit möglichst kleiner Norm erhalten, wenn wir die Zahl λ als solche mit möglichst kleiner Norm wählen. Wir suchen also im Ideal b eine Zahl von möglichst kleiner Norm. Es ist

$$N(\lambda) = \lambda \cdot \lambda' \ \ldots \ \lambda^{(n-1)} = \prod_{k=1}^{n} \left(\sum_{i=1}^{n} x_i \beta_i^{(k)} \right) \ .$$

Zunächst sei angenommen, daß der Körper mit allen seinen konjugierten reell ist. Das Problem ist also, die ganzen rationalen x_i so zu bestimmen, daß das Produkt der n Linearformen mit gegebenem reellen Koeffizientenschema $\beta_i^{(k)}$ möglichst klein ausfällt. Hierzu verhilft uns ein neues Hülfsmittel, nämlich der folgende <u>Satz von Minkowski</u>:

Es seien

$$L_i(x_1,\dots,x_n) = \sum_{k=1}^{n} c_{ik}x_k \qquad (i = 1,2,\dots,n)$$

n Linearformen mit der Determinante $D = |c_{ik}| \neq 0$. Es seien ferner $\kappa_1,\kappa_2,\dots,\kappa_n$ n positive reelle Zahlen, so daß $\kappa_1\cdot\kappa_2 \dots \kappa_n = |D|$. Dann gibt es n nicht sämtlich verschwindende ganze rationale Zahlen $x_1,\dots,x_n$, so daß $|L_i(x_1,\dots,x_n)| \leqq \kappa_i$ ist.

Dieser Satz gibt also ein Lösungssystem linearer <u>Ungleichungen</u> durch ganze Zahlen an. Wir brauchen den Satz hier nicht in vollem Umfange, da es uns nur auf das Produkt der Linearformen ankommt. Wir können (im Allgemeinen noch auf vielfache Art) die x_i so wählen, daß $|\prod_i L_i| \leqq |D|$ wird.

Im Falle unserer obigen Linearformen $\sum_i x_i\beta_i^{(k)}$ entspricht dem D die Determinante $|\beta_i^{(k)}|$, für die, wie früher gesagt, gilt (vgl. (2)):

$$\|\beta_i^{(k)}\| = N(b)\cdot|\sqrt{d}|$$

wenn d die Körperdiskriminante ist. Dem Produkt $\prod_i L_i$ entspricht $N(\lambda)$. Man kann also die x_i, d.h. λ so wählen, daß wird

$$(5) \qquad\qquad N(\lambda) \leqq N(b)\cdot|\sqrt{d}|$$

also:

$$(6) \qquad\qquad N(a) = \frac{N(\lambda)}{N(b)} \leqq |\sqrt{d}| \quad .$$

Nun sei A eine beliebige Idealklasse, a' ein Ideal aus A. b sei ein solches Ideal, daß $a'\cdot b$ ein Hauptideal ist. Ein solches b gibt es immer, da jedes Ideal in einem Hauptideal aufgeht. Wir brauchen, wie oben gezeigt, etwa nur $b = \frac{(N(a'))}{a'}$ zu setzen. λ sei eine solche Zahl aus b, daß (5) gilt. $\frac{(\lambda)}{b} = a$ ist dann ein Ideal, für das (6) gilt. Dabei ist $a\cdot b$ ein Hauptideal, also $ab \sim a'b$, somit $a \sim a'$, d.h. a gehört zur Klasse A. Es läßt sich also in jeder Idealklasse ein Ideal finden, das (6) erfüllt.

Ist $N(a) = m$, so ist wie oben gezeigt $a|(m)$, also etwa $(m) = a\cdot c$. Da aber (m) nach dem Satz von der eindeutigen Zerlegbarkeit eines Ideals in ein Produkt aus Primidealen nur endlich viele Idealteiler haben kann, so kann es auch nur

endlich viele Ideale mit der Norm m geben. Andererseits gibt
es nur endlich viele ganze rationale m > O, die $\leq |\sqrt{d}|$ sind. Also
wird (6) nur durch endlich viele Ideale erfüllt. Da aber in
jeder Klasse mindestens ein Ideal (6) erfüllt, kann es somit
nur endlich viele Klassen geben.   q.e.d.

Wenn nicht alle konjugierten Körper reell sind, so tritt
neben jeder komplexen Linearform auch die konjugiert-komplexe
auf. Dann kann man diese linear so kombinieren, daß die
reellen und imaginären Bestandteile getrennt werden, und dann
ganz ähnlich schließen, wie oben. Der Kürze halber sei hierfür
etwa auf Hilberts Zahlbericht verwiesen. - Das sind dann die
allgemeinsten Körper.

Für jeden Körper gibt es also eine Klassenzahl h $\geq$ 1. Wir
haben in n, d, h drei charakteristische Zahlen für den Körper.
Man kann sich nun die Aufgabe stellen, alle Körper mit vor-
gegebenem n und d zu ermitteln und h in seiner Abhängigkeit
von n und d anzugeben. Man weiß seit <u>Minkowski</u>, daß es nicht
zu jedem n und d Körper gibt. Es bestehen vielmehr gewisse
Ungleichungen zwischen n und d. Die Abhängigkeit der Größe h
endlich von n und d ist ein sehr tiefliegendes Problem.

Multipliziert man zwei Ideale, so ist die Klasse, zu der
das Produkt gehört, nur abhängig von den beiden Klassen, zu
denen die Faktoren gehören. Also ist eine Multiplikation der
Klassen definiert. Die Einheitsklasse E, oder 1, wie wir dafür
auch schreiben werden, war die Klasse der Hauptideale. Die
Multiplikation der Klassen erfüllt das kommutative Gesetz:
$A \cdot B = B \cdot A$ und das assoziative Gesetz: $A \cdot (B \cdot C) = (A \cdot B) \cdot C$. Es
sei $AX = AY$. Wenn dann a, x, y bezw. zu A, X, Y gehören, so
heißt das, daß eine Gleichung besteht:

$$a \cdot x \cdot (\omega) = a \cdot y \cdot (\lambda) \; .$$

Aus dieser folgt $x \cdot (\omega) = y \cdot (\lambda)$, also X = Y. Damit ist für die
Klassen die Gruppeneigenschaft bewiesen: Die Idealklassen eines
Körpers bilden eine <u>Abelsche Gruppe</u> von der endlichen Ordnung
h. Wir haben also ein neues Charakteristikum für den Körper:
die Struktur dieser Gruppe. Erst durch diese ist das System
der Klassen richtig bestimmt.

Auf diese Gruppe können wir nun die Sätze der allgemeinen Gruppentheorie anwenden. Zu jeder Klasse A gibt es eine reziproke, definiert durch $AA^{-1} = E \, (= 1)$. Da für jede Klasse A gilt $A^h = 1$, so gilt für jedes Ideal $a : a^h \sim (1)$. Das führt uns dazu, daß wir <u>jedes Ideal durch eine einzige Zahl charakterisieren</u> können, wenn wir den Körper verlassen. Es sei $a^h = (\alpha)$. Es sei ω eine Zahl aus a. Dann ist $a \,|\, (\omega)$, also $a^h \,|\, (\omega)^h = (\omega^h)$, mithin $\alpha \,|\, \omega^h$. Da α ganz ist, ist auch $\sqrt[h]{\alpha}$ ganz, gehört aber im Allgemeinen <u>nicht dem Körper</u> an. Es ist $\sqrt[h]{\alpha} \,|\, \omega$, also, was dasselbe sagt, $\dfrac{\omega}{\sqrt[h]{\alpha}}$ ganz.

Umgekehrt sei ω eine ganze Zahl des Körpers und $\dfrac{\omega}{\sqrt[h]{\alpha}}$ als ganz vorausgesetzt. Dann ist $\alpha \,|\, \omega^h$, also $(\alpha) \,|\, (\omega^h) = (\omega)^h$, also $a^h \,|\, (\omega)^h$, also $a \,|\, (\omega)$ nach dem Satz über die eindeutige Zerlegbarkeit in Idealfaktoren. Also gehört ω zu a.

a <u>enthält also genau diejenigen Zahlen, die durch $\sqrt[h]{\alpha}$ teilbar sind und dem Körper angehören.</u> Wir haben also a als ein Hauptideal allgemeinerer Art erkannt, als den Inbegriff der Vielfachen einer gewissen (im Allgemeinen nicht zum Körper gehörenden) Zahl, soweit sie zum Körper gehören.

5) Einheiten im Körper.

Wir haben uns noch mit den Einheiten zu beschäftigen, die uns bisher höchstens als lästig erschienen sind, die aber in Wirklichkeit die interessantesten Fragen darbieten und den Schwerpunkt der ganzen Theorie bilden. Wie viele gibt es? Wie findet man sie? Welche Eigenschaften haben sie?

+1 und -1 sind Einheiten und gehören zu jedem Körper. Jede <u>Einheitswurzel</u> ist Einheit. Ist $\zeta^m = 1$, so ist ja ζ ganz algebraisch. $\dfrac{1}{\zeta} = \zeta^{m-1}$ ist also auch ganz, mithin ζ eine Einheit. ζ ist aber nicht in jedem Körper vorhanden außer für $m = 1$ und $m = 2$. Der absolute Betrag von ζ und allen Konjugierten ist 1.

Es gibt aber noch unendlich viele andere Einheiten. Z.B. ist die Zahl $\varepsilon = 1 + \sqrt{2}$, die zu $K(\sqrt{2})$ gehört, eine Einheit: sie ist ganz als Summe zweier ganzer algebraischer Zahlen und ihre Reziproke

$$\frac{1}{\varepsilon} = \frac{1}{1 + \sqrt{2}} = \frac{1 - \sqrt{2}}{1 - 2} = -1 + \sqrt{2}$$

ist auch ganz. Dabei ist der Betrag $|\varepsilon| > 2$. Alle positiven und negativen Potenzen von ε sind folglich von einander verschieden. Es ist dann eine feinere Aussage über den Körper $K(\sqrt{2})$, daß es in diesem keine weiteren Einheiten als diese Potenzen $\pm\varepsilon^m$ gibt.

Anders ist es im imaginär quadratischen Körper $K(\sqrt{-5})$. Hier bilden die Zahlen 1 und $\sqrt{-5}$ eine Basis. Ist also $\omega = x + y\sqrt{-5}$, so ist $N(\omega) = x^2 + 5y^2$. Die Norm einer Einheit ist ± 1. Nun ist für ganze rationale x und y die Gleichung $x^2 + 5y^2 = -1$ nicht erfüllbar und $x^2 + 5y^2 = +1$ nur für $x = \pm 1$, $y = 0$. Also gibt es in diesem Körper nur die Einheiten ± 1. Das gleiche gilt für alle imaginär quadratischen Körper außer denen, in denen andere Einheitswurzeln liegen. Das sind $K(\sqrt{-3})$ und $K(\sqrt{-1})$. Außer ± 1 liegen im ersteren noch ρ, ρ^2, $-\rho$ und $-\rho^2$; im letzteren $+i$ und $-i$.

Wie steht es in anderen Körpern? Die Antwort wurde von <u>Dirichlet</u> - ohne Benutzung des Idealbegriffs - in eleganter und allgemeiner Form gefunden. In jedem Körper gibt es r Einheiten, die durch Potenzieren und Multiplikation alle Einheiten des Körpers liefern. Diese Anzahl r bestimmt sich aus dem Körper so: Unter den konjugierten Körpern seien genau r_1 reelle und $2r_2$ imaginäre Körper. (Letztere treten ja stets paarweise auf.) Also $r_1 + 2r_2 = n$, dem Körpergrad. Dann ist $r_1 + r_2 - 1 = r$ die Anzahl jener "<u>Grundeinheiten</u>". Sie mögen ε_1, ε_2, ..., ε_r heißen. Auf Grund jenes Satzes ist jede Einheit η des Körpers in der Gestalt

$$\eta = \zeta \cdot \varepsilon_1^{a_1} \cdot \varepsilon_2^{a_2} \cdots \varepsilon_r^{a_r}$$

darstellbar, wo die a_i ganz rational sind und ζ eine zum Körper gehörige Einheitswurzel ist. Überdies ist diese Darstellung <u>eindeutig</u>. Es kann also keine Relation

$$\zeta \cdot \prod_i \varepsilon_i^{a_i} = \xi \cdot \prod_i \varepsilon_i^{b_i}$$

bestehen, wo ζ und ξ Einheitswurzeln sind. Man kann somit die ε_i als unabhängige Einheiten bezeichnen. r ist also die

Maximalzahl unabhängiger Einheiten. - Einen Beweis für diesen Dirichletschen Fundamentalsatz findet man auch in Hilberts Zahlbericht.

<u>Satz</u>: In einem Körper gibt es nur endlich viele Einheitswurzeln.

<u>Beweis</u>: Sei n der Grad des Körpers, α eine Einheitswurzel in ihm und $\alpha', \ldots, \alpha^{(n-1)}$ die Konjugierten. Dann ist $|\alpha| = |\alpha'| = \ldots = |\alpha^{(n-1)}| = 1$. α genügt einer Gleichung n. Grades mit ganzen rationalen Koeffizienten

$$(7) \qquad x^n + c_1 x^{n-1} + \ldots + c_n = 0$$

(die nicht irreduzibel zu sein braucht). Die c_i sind also die elementarsymmetrischen Funktionen der $\alpha^{(i)}$. Da $|\alpha^{(i)}| = 1$, kann man die c_i abschätzen und erhält:

$$|c_1| = |\sum_i \alpha^{(i)}| \leq \sum_i |\alpha^{(i)}| = n \quad .$$

$$|c_2| = |\sum_{i \neq k} \alpha^{(i)} \alpha^{(k)}| \leq \sum_{i \neq k} |\alpha^{(i)}| \, |\alpha^{(k)}| = \frac{n(n-1)}{2}$$

u.s.w. Damit haben wir eine Abschätzung für die c_i nach oben, also Ungleichungen für die Koeffizienten der Gleichung (7). Da die c_i ganz rational sind, gibt es nur endlich viele Koeffizientensysteme, die diese Ungleichungen erfüllen, also nur endlich viele verschiedene Gleichungen. Diese können daher auch nur zu endlich vielen Einheitswurzeln führen, q.e.d.

<u>Satz</u>: Wenn eine ganze algebraische Zahl mit ihren sämtlichen Konjugierten den Betrag 1 hat, so ist sie eine Einheitswurzel.

<u>Beweis</u>: Es sei $|\alpha| = |\alpha'| = \ldots = |\alpha^{(n-1)}| = 1$. Dann genügt α einer Gleichung der Gestalt (7), für deren Koeffizienten sich wieder die eben besprochene Abschätzung nach oben ergibt. Alle Zahlen α^x, für ganzes rationales $x \geq 0$, sind aber auch ganze Körperzahlen, die mit allen Konjugierten den Betrag 1 haben, also Gleichungen der Gestalt (7) mit der gleichen Abschätzung erfüllen. Da es wieder nur endlich viele verschiedene Gleichungen dieser Art, also auch nur endlich viele verschiedene Lösungen gibt, können die unendlich vielen Zahlen α^x nicht alle verschieden sein. Ist $\alpha^i = \alpha^k$ und etwa $i > k$, so ist $\alpha^{i-k} = 1$, also α eine Einheitswurzel, q.e.d.

Von den ε_i, die das System der Grundeinheiten bildeten, kann also keine die Eigenschaft haben, mit allen ihren Konjugierten den Betrag 1 zu haben.

[11.V.20]. Wir untersuchen den Zusammenhang zwischen zwei verschiedenen Systemen von Grundeinheiten. Diese seien $\varepsilon_1,\ldots,\varepsilon_r$ und $\eta_1,\ldots,\eta_r$. Dann ist mit ganzen rationalen a_{pq} und c_{qp}

$$\eta_p = \zeta_p \varepsilon_1^{a_{p1}} \varepsilon_2^{a_{p2}} \ldots \varepsilon_r^{a_{pr}} \qquad (p = 1,2,\ldots,r)$$

$$= \zeta_p \cdot \prod_{q=1}^{r} \varepsilon_q^{a_{pq}}$$

$$\varepsilon_q = \zeta_q' \eta_1^{c_{q1}} \eta_2^{c_{q2}} \ldots \eta_r^{c_{qr}} \qquad (q = 1,2,\ldots,r)$$

$$= \zeta_q' \cdot \prod_{p=1}^{r} \eta_r^{c_{qp}} .$$

Dabei bedeuten die ζ_p und ζ_q' Einheitswurzeln im Körper. Hieraus leiten wir Systeme von linearen Gleichungen ab, indem wir zu Logarithmen übergehen. Damit dieser Übergang eindeutig wird, ziehen wir überall nur die absoluten Beträge in Betracht und verstehen unter lg den reellen Wert des Logarithmus. Da die Einheitswurzeln den Betrag 1 haben, wird

$$(8) \qquad \lg|\eta_p| = \sum_{q=1}^{r} a_{pq} \lg|\varepsilon_q| = a_{p1} \lg|\varepsilon_1| + \ldots + a_{pr} \lg|\varepsilon_r|$$

$$(9) \qquad \lg|\varepsilon_q| = \sum_{p=1}^{r} c_{qp} \lg|\eta_p| = c_{q1} \lg|\eta_1| + \ldots + c_{qr} \lg|\eta_r|$$

Wir führen nun unter den zu der erzeugenden Zahl θ des Körpers konjugierten Zahlen $\theta^{(i)}$ und damit auch unter den konjugierten Körpern $K(\theta^{(i)})$ eine Anordnung ein, indem wir folgendermaßen numerieren: Zunächst seien die r_1 reellen $\theta^{(i)}$ mit $\theta^{(1)}, \theta^{(2)}, \ldots, \theta^{(r_1)}$ und dann von den $2r_2$ komplexen $\theta^{(i)}$ je eine jedes Paares mit $\theta^{(r_1+1)},\ldots,\theta^{(r_1+r_2)}$, endlich die zu $\theta^{(r_1+k)}$ $(k = 1,2,\ldots,r_2)$ konjugiert-komplexe Zahl mit $\theta^{(r_1+k+r_2)}$ bezeichnet. Die den betrachteten Körper erzeugende Zahl θ sei also irgend eine von diesen $r_1 + 2r_2 = n$ Größen. Der Körper $K(\theta^{(i)})$ sei kurz mit $K^{(i)}$ bezeichnet. Dem System

dieser Körper ordnen wir ein System von Zahlen ("Gewichten")
zu, und zwar sei

$$e_p = \begin{cases} 1, \text{ wenn } K^{(p)} \text{ reell ist} \\ 2, \text{ wenn } K^{(p)} \text{ komplex .} \end{cases}$$

Da $r+1 = r_1 + r_2$ ist, folgt

$$(10) \qquad \sum_{p=1}^{r+1} e_p = n \ .$$

Für irgend eine Zahl α des Körpers wird also, da konjugiert-
komplexe Zahlen den gleichen Betrag haben:

$$\sum_{p=1}^{r+1} e_p \, \lg|\alpha^{(p)}| = \sum_{p=1}^{n} \lg|\alpha^{(p)}| = \lg|N(\alpha)| \quad .$$

Ist nun α eine Einheit, so ist $|N(\alpha)| = 1$, also für jede Ein-
heit ε:

$$(11) \qquad \sum_{p=1}^{r+1} e_p \, \lg|\varepsilon^{(p)}| = 0 \ .$$

Nun bilde man die Determinante

$$\Delta = \begin{vmatrix} \lg|\varepsilon_1^{(1)}| & \lg|\varepsilon_1^{(2)}| & \cdots & \lg|\varepsilon_1^{(r+1)}| \\ \vdots & \vdots & & \vdots \\ \lg|\varepsilon_r^{(1)}| & \lg|\varepsilon_r^{(2)}| & \cdots & \lg|\varepsilon_r^{(r+1)}| \\ 1 & 1 & \cdots & 1 \end{vmatrix}$$

deren Quadrat symmetrisch in den konjugierten Körpern ist.
Multipliziert man die erste Spalte mit e_1, die zweite mit e_2
u.s.w., die letzte mit e_{r+1}, so hat man Δ insgesamt mit
2^{r_2} multipliziert. Addiert man dann noch die r ersten Spalten
zu der letzten und berücksichtigt die Relationen (10) und (11),
so folgt

$$\Delta = \frac{1}{2^{r_2}} \begin{vmatrix} e_1 \, \lg|\varepsilon_1^{(1)}| & e_2 \, \lg|\varepsilon_1^{(2)}| & \cdots & e_r \, \lg|\varepsilon_1^{(r)}| & 0 \\ \vdots & \vdots & & \vdots & \vdots \\ e_1 \, \lg|\varepsilon_r^{(1)}| & e_2 \, \lg|\varepsilon_r^{(2)}| & \cdots & e_r \, \lg|\varepsilon_r^{(r)}| & 0 \\ e_1 & e_2 & \cdots & e_r & n \end{vmatrix}$$

$$= \frac{\pm n}{2^{r_2}} \begin{vmatrix} e_1 \, \lg|\varepsilon_1^{(1)}| & \cdots & e_r \, \lg|\varepsilon_1^{(r)}| \\ \vdots & & \vdots \\ e_1 \, \lg|\varepsilon_r^{(1)}| & \cdots & e_r \, \lg|\varepsilon_r^{(r)}| \end{vmatrix}$$

Der absolute Betrag der letztgenannten Determinante, d.h. der Ausdruck $R = \left| \frac{2^{r_2} \cdot \Delta}{n} \right|$ heißt nach Hilbert der "Regulator des Körpers". R ist nach Definition nie negativ, und es gilt der Satz, daß R nicht verschwindet: $R > 0$. (Der Beweis dieses Satzes wird gleichzeitig mit dem des Dirichletschen Satzes erledigt.)

In der Bezeichnung Regulator "des Körpers" liegt schon ausgesprochen, daß R nur vom Körper, nicht aber von der besonderen Auswahl des Systems von Grundeinheiten abhängt. In der Tat, seien etwa ε_i und η_i ($i = 1,2,\ldots,r$) die beiden oben unterschiedenen Systeme von Grundeinheiten und $R(\varepsilon)$ bezw. $R(\eta)$ die mit ihnen gebildeten Regulatoren; dann folgt nach dem Determinanten-Multiplikationssatz aus den Gleichungssystemen (8) und (9):

$$R(\eta) = \|a_{pq}\| \cdot R(\varepsilon)$$
$$R(\varepsilon) = \|c_{qp}\| \cdot R(\eta) = \|c_{qp}\| \cdot \|a_{pq}\| \cdot R(\varepsilon)$$

also

$$\|c_{qp}\| \cdot \|a_{pq}\| = 1 \ ,$$

wenn diese Zeichen die absoluten Beträge der aus den c_{qp} bezw. a_{pq} gebildeten Determinanten bedeuten. Da diese ganze Zahlen sind, folgt

$$\|c_{qp}\| = \|a_{pq}\| = 1$$

also $R(\eta) = R(\varepsilon)$, wie behauptet war.

Hat man umgekehrt ein System ganzer rationaler a_{pq} mit Determinante ± 1, so bilden die Zahlen $n_p = \prod\limits_{q=1}^{r} \varepsilon_q^{a_{pq}}$ ($p = 1,2,\ldots,r$) wieder ein System von Grundeinheiten. Denn das daraus folgende System

$$\lg|n_p| = \sum_{q=1}^{r} a_{pq}\, \lg|\varepsilon_q|$$

läßt sich mit ganzen rationalen c_{qp} umkehren, weil die Determinante $|a_{pq}| = \pm 1$:

$$\lg|\varepsilon_q| = \sum_{p=1}^{r} c_{qp}\, \lg|n_p|$$

und dieselben Gleichungen gelten auch für die konjugierten Zahlen. Folglich ist

$$(12) \qquad |\varepsilon_q^{(k)}| = \prod_{p=1}^{r} |n_p^{(k)}|^{c_{qp}} \qquad (q = 1,2,\ldots,r) ,$$

und gültig für $k = 1,2,\ldots,n$, also für sämtliche Konjugierte. Daher sind

$$\varepsilon_q^{-1} \prod_{p=1}^{r} n_p^{c_{qp}}$$

Einheiten, welche nebst allen Konjugierten den Betrag 1 haben, also nach dem auf Seite 17 ausgesprochenen Satz Einheitswurzeln ζ_q. D.h. aus (12) folgt

$$\varepsilon_q = \zeta_q \prod_{p=1}^{r} n_p^{c_{qp}}$$

also sind die $n_1,\ldots,n_r$ auch ein System von Grundeinheiten.

Mit diesen letzten Betrachtungen über Einheiten haben wir schon das Gebiet der Algebra verlassen, indem wir mit den lg transzendente Funktionen hineingebracht haben. Das wird für uns nachher von Bedeutung sein.

6) Gruppe eines galoisschen Körpers.

In diesem letzten Kapitel der Einführung sollen noch kurz einige Tatsachen aus der Gleichungstheorie in Erinnerung gebracht werden. Es sei $f^{(n)}(x) = 0$ eine Gleichung n.Grades mit Koeffizienten aus $K(1)$, d.h. rationalen Koeffizienten. Sie sei irreduzibel in $K(1)$ und $\theta_1, \theta_2, \ldots, \theta_n$ ihre Wurzeln in

irgendeiner Anordnung. Die Körper $K(\theta_i)$ sind also vom Grade n
gegenüber $K(1)$. Ist α eine Zahl aus $K(\theta)$, so ist $\alpha = R(\theta)$, wo
R das Zeichen für eine rationale Funktion mit rationalen
Koeffizienten ist. $R(\theta_1)$, ..., $R(\theta_n)$ sind ein System von konjugierten Zahlen, zu denen α gehört. Diese brauchen nicht alle
verschieden zu sein, sondern können auch serienweise gleich
sein. α genügt einer Gleichung n. Grades in $K(1)$, die diese
n Zahlen und keine anderen zu Wurzeln hat, nämlich:

$$\varphi(x) = \prod_{i=1}^{n} [x - R(\theta_i)] = 0 .$$

Ist dieses $\varphi(x)$ nicht irreduzibel in $K(1)$, so ist es die
Potenz einer irreduziblen Funktion $g(x)$, etwa

$$\varphi(x) = g(x)^k .$$

Sind dann α_1, ...,α_p die Wurzeln von $g(x) = 0$, so kommt jede
genau k mal unter den $R(\theta_i)$ vor. Es ist $p \cdot k = n$ und
$$\varphi(x) = \prod_{i=1}^{p} (x - \alpha_i)^k.$$

Sind die $R(\theta_i)$ alle verschieden, dann ist $\varphi(x)$ irreduzibel
und die Zahl α erzeugt denselben Körper wie θ.

Wenn nun im Besonderen der Fall vorliegt, daß alle $K(\theta_i)$
identisch sind, daß also θ_1,...,θ_n denselben Körper erzeugen,
so nennt man diesen einen <u>Galois'schen Körper</u> (oder nach Weber:
<u>Normalkörper</u>). Dann gehört jedes θ_i zu $K(\theta_1)$, es muß also
solche rationale Funktionen R_1, ..., R_n mit rationalen Koeffizienten geben, daß $\theta_i = R_i(\theta_1)$ ist. (R_1 ist die identische
Funktion: $R_1(x) = x$.) Die Zahlen $R_k(\theta_1)$, ..., $R_k(\theta_n)$ bilden
ein System konjugierter Zahlen. Da die erste von ihnen
$R_k(\theta_1) = \theta_k$ ist, so ist dies System abgesehen von der Reihenfolge identisch mit dem System θ_1, ...,θ_n, also mit
$R_1(\theta_1)$,..., $R_n(\theta_1)$. Es gibt also zu jedem i und k ein s
(i, k, s = 1,2,...,n), so daß $R_k(\theta_i) = R_k(R_i(\theta_1)) = R_s(\theta_1)$ ist.
Und diese Gleichung ist für jedes θ_i erfüllt, weil sie für θ_1
gilt. Die Funktionen R_k (k = 1,...,n) bilden also, als Substitutionen aufgefaßt, so weit man <u>nur die</u> θ_i als ihre Argumente in Betracht zieht, eine <u>Gruppe</u>; - man sieht ja leicht,
daß auch die übrigen Gruppenaxiome befriedigt werden. <u>Das ist
die galoissche Gruppe des Körpers.</u>

Diese Gruppe braucht nicht kommutativ zu sein. Ist sie das, ist also

$$R_i(R_k(\theta)) = R_k(R_i(\theta))$$

für alle eben besprochenen Substitutionen, so heißt die Gruppe und damit auch der Körper <u>abelsch</u> (abelsch in Bezug auf K(1)). - Über Galoissche Körper verweise ich auf die Schlußkapitel in Webers Algebra Bd. I, sowie auf das Referat in Hilberts Zahlbericht, 2. Teil.

Damit wird nun auch der Begriff des <u>Unterkörpers</u> eines gegebenen Körpers der Untersuchung zugänglich. Man nennt K(α) einen echten Unterkörper von K(θ), wenn K(α) ganz in K(θ) aber nicht K(θ) ganz in K(α) enthalten ist. Dann ist $\alpha = \varphi(\theta)$, wo φ eine rationale Funktion ist. α genügt einer in K(1) irreduziblen Gleichung von einem Grade p < n. $\alpha_1, \alpha_2, \ldots, \alpha_p$ sei ein System von konjugierten Zahlen, die Wurzeln dieser Gleichung. Dann kommt jede von ihnen in dem System $\varphi(\theta_1), \varphi(\theta_2), \ldots, \varphi(\theta_n)$ mehrfach und zwar jede $\frac{n}{p} = q$ mal vor. Achtet man also auf $\varphi(\theta)$, während man $R_k(\theta)$ für θ substituiert, (k = 1,...,n), so nimmt $\varphi(\theta)$ dabei nur p verschiedene Werte an, bleibt also bei <u>gewissen</u>, im Ganzen bei genau q Substitutionen ungeändert. Diese bilden für sich wieder eine Gruppe. Denn es mögen R_i und R_k dazu gehören; dann ist $\varphi(\theta) = \varphi(R_i(\theta))$ eine richtige Gleichung. Diese muß also gültig bleiben, wenn man θ durch die konjugierte $R_k(\theta)$ ersetzt, also $\varphi(R_k(\theta)) = \varphi[R_i(R_k(\theta))]$. Nach Voraussetzung ist aber auch $\varphi(R_k(\theta)) = \varphi(\theta)$, also gehört auch $R_i \cdot R_k$ zu den betrachteten q Substitutionen. Diese bilden also eine <u>Untergruppe</u> der Gruppe von K(θ).

Zu jeder Zahl α aus K(θ) gehört also eine - echte oder unechte - Untergruppe U der Gruppe G von K(θ), und dieselbe Untergruppe U gehört offenbar zu allen Zahlen, welche denselben Körper K(α) erzeugen. Man sagt: <u>Der Unterkörper</u> K(α) <u>gehört zur Untergruppe</u> U. Alle Zahlen, welche zur selben U gehören, definieren denselben Körper und sind also durch einander rational ausdrückbar.

Umgekehrt: Sei U eine Untergruppe von G. Dann gibt es eine

Zahl α in $K(\theta)$, welche bei den Substitutionen von U und keinen andern invariant bleibt, so daß $K(\alpha)$ zu U gehört. (Beweis siehe bei Weber!) - Da der Grad von U stets ein Teiler des Grades von G ist, können als Unterkörper auch nur solche Körper auftreten, deren Grad ein Teiler des Grades n von $K(\theta)$ ist.

Ein gleicher Zusammenhang, wie zwischen den Gradzahlen besteht nun auch zwischen den Diskriminanten: <u>Die Diskriminante des Unterkörpers ist stets ein Teiler der Diskriminante des Gesamtkörpers.</u> Sie kann also nur solche Primfaktoren enthalten, die in dieser aufgehen, aber nicht notwendig alle diese. - Auf diese besonders wichtige Tatsache kommen wir zu Beginn des 3. Teils der Vorlesung noch ausführlich zurück.

Teil I. Die Rolle der Exponentialfunktion in der Arithmetik

<u>§ 1. Kreisteilungsgleichungen.</u>

Es sei $E(z) = e^{2\pi i z}$. Für ganzzahliges k, m und m > 0 werde $E(\frac{k}{m}) = \zeta$ gesetzt. Dann ist ζ eine Einheitswurzel, da $\zeta^m = 1$. ζ heißt <u>primitive</u> m-te Einheitswurzel, wenn keine niedrigere Potenz als die m-te die Einheit wird; und die Gleichung, der ζ genügt,

$$(13) \qquad F_m(x) \equiv x^m - 1 = 0$$

heißt eine "Kreisteilungsgleichung".

Wir wollen die Theorie dieser algebraischen Zahlen ζ aufbauen und zwar auf etwas anderem Wege als gewöhnlich, indem wir an innere Eigenschaften der Kreisteilungsgleichung anknüpfen, nicht an ihre äußere Form, damit die Beweismethoden möglichst verallgemeinerungsfähig werden.

$E(\frac{1}{m}) = \zeta$ ist primitive m-te Einheitswurzel vermöge der Funktionalgleichung und der Eigenschaften der Exponentialfunktion. Alle Wurzeln von (13) sind Potenzen von ζ und umgekehrt. Wir können diese also in zwei Klassen sondern, die primitiven, die etwa mit ζ^a bezeichnet seien, und die nicht primitiven ζ^b. Dann ist (a,m) = 1 und (b,m) > 1. Ist b = b'·f und m = m'·f und (b',m') = 1, so ist ζ^b eine primitive m'-te Einheitswurzel. Zwei Potenzen von ζ sind dann und nur dann gleich, wenn die Exponenten mod m kongruent sind. Die Anzahl der primitiven m-ten Einheitswurzeln ist also gleich der Anzahl der mod m inkongruenten Zahlen a, für die (a,m) = 1 ist, also $\varphi(m)$ in der herkömmlichen Bezeichnungsweise. Wir werden aber den bekannten Ausdruck für $\varphi(m)$ nicht benutzen, sondern ihn erst später auf unserm Weg herleiten.

Satz: Die primitiven m-ten Einheitswurzeln genügen einer Gleichung $H_m(x) = 0$ mit rationalen Koeffizienten vom Grade $\varphi(m)$.

Beweis: Es bedeute $H_m(x)$ diejenige ganze rationale Funktion vom Grad $\varphi(m)$ mit höchstem Koeffizienten 1, welche genau alle

$\varphi(m)$ primitiven m-ten Einheitswurzeln zu Wurzeln hat. Um zu zeigen, daß $H_m(x)$ rationale Koeffizienten besitzt, bedenken wir zunächst, daß jede Einheitswurzel Wurzel einer einzigen bestimmten $H_n(x)$ ist und daß daher $H_m(x)$ und $H_n(x)$ sicher stets teilerfremd sind, wenn $m \neq n$. Daraus folgt

$$F_m(x) = \prod_{d \mid m} H_d(x)$$

worin d alle verschiedenen Teiler von m durchläuft. Ist jetzt n < m irgend ein Teiler von m, so hat $F_m(x)$ mit $F_n(x)$ jedenfalls den Faktor $H_n(x)$ aber sicher keinen Teiler von $H_m(x)$ gemein. Indem man also den größten gemeinsamen Teiler von F_m und F_n, der auf rationalem Wege bestimmbar ist, aus F_m abspaltet, bleibt eine Funktion übrig, welche H_m als Faktor besitzt und höchstens noch Funktionen $H_d(x)$ mit $d \mid m$ und d < m aber $d \neq n$. Enthält diese Funktion wirklich noch $H_d(x)$, so spalte man ebenso von ihr den Teiler ab, den sie mit $F_d(x)$ gemein hat. Dieser ist jedenfalls durch $H_d(x)$ teilbar, aber teilerfremd zu $H_m(x)$; u.s.f. Auf diese Weise kann man durch endlich viele Schritte $F_m(x)$ auf rationalem Wege schließlich von allen Faktoren $H_d(x)$ mit d < m befreien, während $H_m(x)$ als Faktor darin erhalten bleibt, d.h. wir kommen so auf rationalem Wege von $F_m(x)$ schließlich zu $H_m(x)$ selbst. Also hat $H_m(x)$ rationale Koeffizienten, und da seine Wurzeln ganze algebraische Zahlen sind, auch ganze rationale Koeffizienten. q.e.d. [Ein Beispiel möge das verdeutlichen: Es ist

$$F_{15}(x) = x^{15}-1 = (x-1)(x^2+x+1)(x^4+x^3+x^2+x+1)$$
$$(x^8-x^7+x^5-x^4+x^3-x+1) \ .$$

Die Faktoren rechts enthalten bezw. die primitiven ersten, dritten, fünften und fünfzehnten Einheitswurzeln, der letzte ist also $H_{15}(x)$.]

Diese Herstellung von $H_m(x)$ ist etwas mühsam, aber für uns genügt es zunächst, die Existenz von $H_m(x)$ erkannt zu haben.

Es m eine ungerade Primzahl ℓ, so sind alle Wurzeln außer x = 1 primitiv: $\varphi(\ell) = \ell-1$ und

$$H_\ell(x) = \frac{x^\ell - 1}{x - 1} = x^{\ell-1} + x^{\ell-2} + \ldots + x + 1 \ .$$

Ist m zusammengesetzt, so ist der Bau von $H_m(x)$ komplizierter.

In allen Fällen ist $H_m(x) = 0$ eine <u>galoissche Gleichung</u>, denn jede Wurzel läßt sich ja rational durch jede andere ausdrücken. In der Tat seien ζ^a und $\zeta^{a'}$ zwei Wurzeln. Dann bestimme man p so, daß

$$ap \equiv a' \pmod m .$$

Das ist möglich, weil $(a,m) = 1$. Dann ist $\zeta^{a'} = \zeta^{ap} = (\zeta^a)^p$. Da die früher R_k genannten Substitutionen hier also Potenzen sind, sind sie zu je zweien vertauschbar, und die Gruppe der Gleichung ist abelsch. Denn nennen wir die Wurzeln von $H_m = 0$ wieder $\theta_1, \ldots, \theta_h$ $(h = \varphi(m))$, so ist $R_k(\theta_1) = \theta_1^{k'}$, wo k' eine ganze rationale Zahl ist, also

$$R_k(R_i(\theta_1)) = R_k(\theta_1^{i'}) = (\theta_1^{i'})^{k'} = \theta_1^{i'k'}$$

also symmetrisch in i und k. Solange wir nicht wissen, ob H_m irreduzibel ist, wäre es ja denkbar, daß dabei einige von den R_k überflüssig sind. Dadurch würde aber an dem abelschen Charakter der Gruppe nichts geändert. Wir wissen zunächst nur, daß der Körper $K(\theta)$ einen Grad $\leq \varphi(m)$ hat.

Wir wollen nun nachweisen, daß dieser Grad $= \varphi(m)$ ist, daß also $H_m(x)$ <u>irreduzibel ist</u>. Dazu wollen wir die Zerlegungsgesetze der Primzahlen hinzuziehen. Diese kann man aufstellen, ohne die Irreduzibilität zu benutzen, jedenfalls bis auf endlich viele von ihnen, über die wir auf diesem Wege noch nichts aussagen können.

§ 2. Zerlegungsgesetze der Primzahlen in Kreisteilungskörpern.

Jede Zahl ω in $K(\zeta)$ läßt sich in der Form darstellen:

$$\omega = b_0 + b_1\zeta + \ldots + b_r\zeta^r$$

wo $r \leq \varphi(m) - 1$ und die b_i rational sind. Ob die b_i als ganz wählbar sind, sooft ω ganz ist, wissen wir noch nicht, da wir nicht wissen, ob die Potenzen von ζ eine Basis bilden. Aber jedenfalls können die Nenner der b_i nicht beliebig groß werden, sondern wir können stets erreichen, daß sie nicht größer sind, als die Diskriminante von ζ.

[In der Tat: Sei die ganze Zahl α die definierende Zahl eines Körpers n. Grades und ω eine ganze Körperzahl. Dann ist

- 28 -

$$\omega = x_0 + x_1\alpha + \ldots + x_{n-1}\alpha^{n-1}$$

$$\omega^{(i)} = x_0 + x_1\alpha^{(i)} + \ldots + x_{n-1}\alpha^{(i)n-1}$$

mit rationalen x_k. Berechnet man diese aus diesem linearen
Gleichungssystem, so wird z.B.

$$x_0 \cdot \begin{vmatrix} 1 & \alpha & \ldots & \alpha^{n-1} \\ \vdots & \vdots & & \\ 1 & \alpha^{(n-1)} & \ldots & \alpha^{(n-1)n-1} \end{vmatrix} = \begin{vmatrix} \omega & \alpha & \ldots & \alpha \\ \vdots & \vdots & & \vdots \\ \omega^{(n-1)} & \alpha^{(n-1)} & \ldots & \alpha^{(n-1)n-1} \end{vmatrix}$$

Beide Determinanten sind ganze algebraische Zahlen, weil ω und
α ganz sind, und die linksstehende von ω unabhängig. Also haben
wir für ganze γ_i und δ:

$$x_i = \frac{\gamma_i}{\delta} = \frac{\gamma_i\delta}{\delta^2} .$$

Nun ist $\delta^2 = N$ die Diskriminante von α, folglich rational,
also ganz rational. Also ist auch $\gamma_i\delta$ ganz rational. Die x_i
sind also für ein ganzes ω mit Nennern $\leq N$ wählbar.]

Ist also d die Diskriminante von ζ, so können wir jedes
ganze ω in $K(\zeta)$ in der Form $\omega = \frac{1}{d}(a_0 + a_1\zeta + \ldots + a_r\zeta^r)$ mit
ganzen rationalen a_i schreiben.

Verstehen wir unter $d(\zeta)$ die Diskriminante der Gleichung
$H_m(x) = 0$, die evtl. von d verschieden ist, so geht jedenfalls
d in $d(\zeta)$ auf.

Wir schalten für unsere weiteren Betrachtungen solche Primzahlen aus, die in m oder in $d(\zeta)$, oder gleich allgemeiner in
$m \cdot d(\zeta)$, dem <u>Excludenten</u> (Weber), aufgehen. Wenn nun a ein beliebiges zum Excludenten teilerfremdes Ideal ist, so können
wir stets <u>ganze</u> rationale x_i derart finden, daß

$$\omega \equiv x_0 + x_1\zeta + \ldots + x_r\zeta^r \pmod{a}$$

wird. (Wenn wir schon wüßten, daß die Potenzen von ζ eine Basis
bilden, so wäre diese Behauptung trivial.) Wenn $(d,a) = 1$, so
ist d auch zu allen Konjugierten von a, also auch zu $N(a) = N$
teilerfremd. Folglich gibt es ein ganzes rationales N', so daß
$N'd \equiv 1 \pmod{N}$ also auch $\pmod{a}$ wird. Dann ist aber

$$\omega \equiv N'd\omega = N'(a_o + a_1\zeta + \ldots + a_r\zeta^r) \pmod{a} \qquad \text{q.e.d.}$$

Man kann also ebenso auch mit gebrochenen rationalen Zahlen in Kongruenzen rechnen, wenn der Nenner teilerfremd zum Modul ist; dann kann man ihn nämlich fortschaffen, indem wir die Ausdrucksweise der Gruppentheorie benutzen und die Zahl $\frac{1}{d}$ einfach durch eine ganze Zahl der zu d reziproken Zahlklasse mod a ersetzen, d.h. durch N'.

Die Potenzen von ζ spielen also nach den Moduln, die hier in Frage kommen werden, doch die Rolle einer Basis. Damit können wir diejenigen Primzahlen, die nicht im Excludenten aufgehen, erledigen.

[14.V.20.] Es sei p ein Primideal. Dann sind alle Restklassen mod p außer der durch p teilbaren zu p teilerfremd. Wenn wir also die obige auf Ideale übertragene Form des Fermatschen Satzes schreiben:

$$(14) \qquad \omega^{N(p)} \equiv \omega \qquad \pmod{p}$$

so gilt sie ausnahmslos für jedes ganze ω im Körper. $N(p)$ ist der kleinste Exponent mit dieser Eigenschaft. Ist also $\omega^z \equiv \omega$ (mod p) für $\underline{\text{jedes}}$ ω, dann ist $z \geq N(p)$. Das hängt damit zusammen, daß die Restklassengruppe nach einem Primideal zyklisch ist (ebenso wie nach einer rationalen Primzahl), und gilt für jeden algebraischen Körper.

Nun gilt für jede rationale Primzahl p

$$(x + y)^p \equiv x^p + y^p \qquad \pmod{p}$$

identisch in x und y, weil für eine Primzahl alle Binomialkoeffizienten $\binom{p}{i}$ (i = 1,...,p-1) durch p teilbar sind. Und man erweitert diese Regel sogleich auf beliebig viele Summanden des Polynoms:

$$(x + y + z + \ldots)^p \equiv x^p + y^p + z^p + \ldots \qquad \pmod{p}.$$

Das wenden wir an auf eine beliebige Restklasse mod p, repräsentiert durch die Zahl $\omega = a_o + a_1\zeta + \ldots + a_r\zeta^r$ mit ganzen rationalen a_i. Da nach Fermat für jedes ganze rationale a_i gilt: $a_i^p \equiv a_i$ (mod p), so folgt:

$$\omega^p = (a_0 + a_1\zeta + \ldots + a_r\zeta^r)^p \equiv a_0 + a_1\zeta^p + \ldots + a_r\zeta^{rp} \pmod{p}$$

und durch ν-malige Anwendung derselben Schlußweise:

$$\omega^{p^\nu} \equiv a_0 + a_1\zeta^{p^\nu} + \ldots + a_r\zeta^{rp^\nu} \pmod{p} \; .$$

Nun kommen die Exponenten von ζ nur mod m in Frage. Da es mod m nur endlich viele Restklassen gibt, muß es Kongruenzen geben der Form

$$(15) \qquad p^f \equiv 1 \pmod{m}$$

und unter allen Exponenten, die zu solchen Kongruenzen führen, muß es einen kleinsten geben. Wir nehmen an, f sei der kleinste Exponent, für den eine Kongruenz (15) besteht, und nennen f "den Exponenten, zu dem p mod m gehört". Setzt man also in der vorhergehenden Kongruenz $\nu = f$, so wird $\zeta^{p^f} = \zeta$, und es folgt

$$(16) \qquad \omega^{p^f} \equiv \omega \pmod{p}$$

Dabei war ω der Repräsentant einer beliebigen Restklasse mod p. Ist insbesondere p die rationale Primzahl, in der p aufgeht (eine solche gibt es ja immer und zwar nur eine), ist also $p \mid p$, so folgt $\omega^{p^f} \equiv \omega \pmod{p}$ für jedes ω, also $p^f \geq N(p)$. Ist also $N(p) = p^{f'}$, so folgt

$$(17) \qquad f \geq f' \; .$$

Nach (14) ist aber, wenn man insbesondere ζ statt ω setzt: $\zeta^{N(p)} \equiv \zeta \pmod{p}$, also

$$\zeta[\zeta^{N(p)-1} - 1] \equiv 0 \pmod{p} \; .$$

Der erste Faktor dieses Produkts ist eine Einheit, also nicht durch p teilbar. Wenn der zweite Faktor nicht 0 ist, ist er Teiler von $d(\zeta)$, also prim zu p; also muß er 0 sein, also

$$N(p) = p^{f'} \equiv 1 \pmod{m}$$

und da f der kleinste Exponent mit dieser Eigenschaft ist, folgt $f' \geq f$, also zufolge (17) schließlich $f' = f$. Jeder Primidealfaktor p von p hat also die Norm p^f, wo f der Exponent ist, zu dem p mod m gehört.

Wenn, wie wir stets voraussetzen, $(p,md) = 1$, so kann (p) nicht durch das Quadrat eines Primideals teilbar sein. Angenommen nämlich, es sei $(p) = p^2 \cdot a$. Dann sei ω eine Zahl, die durch p, aber nicht durch p^2 teilbar ist; eine solche gibt es, da p mehr Zahlen umfaßt, als p^2. Da $p^2 | p$, so folgt aus (16): $\omega p^f \equiv \omega \pmod{p^2}$. Hierin ist die linke Seite durch p^2 teilbar, da $p|\omega$ und $p^f > 1$ ist. Also müßte auch $p^2|\omega$ sein, entgegen unserer Voraussetzung.

(p) zerfällt also in lauter verschiedene Faktoren, etwa $(p) = p_1 \cdot p_2 \cdots \cdot p_e$. Jeder von diesen hat, wie gezeigt, den Grad f. Ist also k der Körpergrad, so folgt

$$N((p)) = N(p) = p^k = N(p_1) \dots N(p_e) = p^{ef} .$$

Also zerfällt (p) in $e = \frac{k}{f}$ verschiedene Faktoren.

Es ist also $f|k$. Da andererseits $p^{\varphi(m)} \equiv 1 \pmod{m}$ und daher, wie leicht ersichtlich, $f|\varphi(m)$ sein muß, so werden wir darauf hingewiesen, daß sich $k = \varphi(m)$ herausstellen wird, wie wir bestätigen werden.

Unsere Voraussetzungen über p waren hierbei wirklich notwendig. Wir mußten $(p,d) = 1$ annehmen, weil wir sonst vielleicht nicht jede Restklasse mod p durch $a_o + a_1\zeta + \dots + a_r\zeta^r$ mit <u>ganzen</u> rationalen a_i repräsentieren konnten. Wir mußten $(p,m) = 1$ annehmen, weil wir sonst nicht die Kongruenz $p^f \equiv 1 \pmod{m}$ erfüllen konnten.

Wir sind also, selbst ohne die den Körper bestimmende irreduzible Gleichung zu kennen, auf diesem Wege zu der ziemlich weitgehenden Aussage gelangt: Eine zum Excludenten teilerfremde rationale Primzahl p zerfällt in $K(\zeta)$ in e von einander verschiedene Primideale vom Grade f, wo $e \cdot f$ gleich dem Körpergrad und f der Exponent ist, zu dem p mod m gehört.

§ 3. Irreduzibilität und Gruppe.

Sei $G(x) = 0$ die in $K(1)$ irreduzible Gleichung mit höchstem Koeffizienten 1, der ζ genügt. Dann erkennt man wie oben die für jede ganze rationale ganzzahlige Funktion gültige Kongruenz $[G(x)]^p \equiv G(x^p) \pmod{p}$ identisch in x. Diese Kongruenz bleibt also richtig und behält Sinn, wenn man für x irgend eine ganze algebraische Zahl setzt, z.B. $x = \zeta$. Wegen $G(\zeta) = 0$ wird $G(\zeta^p) \equiv 0 \pmod{p}$. Da die Konjugierten von ζ jedenfalls Potenzen von ζ sind und zwar solche, deren Exponenten zu m teilerfremd sind, die also zu den früher mit ζ^a bezeichneten gehören, - $G(x)$ ist ein Faktor von $H(x)$, - so hat $G(x)$ die Form $G(x) = \prod_i (x - \zeta^i)$ über die betreffenden Exponenten i. Ist $p|p$, so wird mithin

$$G(\zeta^p) = \prod_i (\zeta^p - \zeta^i) \equiv 0 \pmod{p} \text{ also auch } \pmod{p} .$$

Da p Primideal ist, muß mindestens ein Faktor durch p teilbar sind. Es sei etwa

$$\zeta^p - \zeta^k \equiv 0 \pmod{p} .$$

Für $p \not\equiv k \pmod{m}$ ist die linke Seite ein Faktor der Diskriminante $d(\zeta)$, also zu p teilerfremd. Mithin ist $p \equiv k \pmod{m}$, also $\zeta^p = \zeta^k$ und ζ^p kommt also unter den Konjugierten vor; unter den früher mit R bezeichneten Funktionen, welche die konjugierten Wurzeln von $G(x)$ durch einen von ihnen ausdrücken, befindet sich also hier $R(x) = x^p$.

Angenommen nun, es kommen in jeder zu m teilerfremden Restklasse mod m unendlich viele rationale Primzahlen vor.Da in $d(\zeta)$ nur endlich viele Primzahlen aufgehen, sind unter jenen unendlich vielen auch solche, die prim zu $d(\zeta)$ sind. Dann sei a eine beliebige teilerfremde Restklasse mod m, $(a,m) = 1$. Nach Annahme läßt sich a durch eine zulässige Primzahl p repräsentieren, also gehört $\zeta^a = \zeta^p$ zu den Konjugierten von ζ. D.h. alle Konjugierten von ζ enthalten alle ζ^a mit $(a,m) = 1$, und da sie auch Wurzeln von $H_m(x) = 0$ sind, so gibt es auch nicht mehr Konjugierte. Folglich hat $H_m(x) = 0$ genau alle Konjugierten von ζ zu einfachen Wurzeln und ist folglich die gesuchte irreduzible Gleichung für ζ.

Ich habe diese Schlußweise angegeben, um den Gedanken klarer hervortreten zu lassen. Durch eine Modifikation können wir uns aber von der benutzten Annahme unabhängig machen. - (Die Verteilung der Primzahlen in Restklassen ist ja vielmehr ein Resultat, zu dem unsere Untersuchungen uns erst führen sollen.) - Wir schließen so:

Wir wissen, daß die rationalen Substitutionen R, welche die Konjugierten (die Nullstellen von G(x)), durch einander ausdrücken, eine _Gruppe_ bilden; ferner, daß für jede Primzahl p, für die $(p,md(\zeta)) = 1$ ist, $\zeta^p = R_p(\zeta)$ unter ihnen vorkommt. Ist auch q eine solche Primzahl, so ist

$$R_p(R_q(\zeta)) = \zeta^{pq}$$

und dieses muß auch unter den Konjugierten vorkommen, _da die R eine Gruppe bilden_. Das überträgt sich unmittelbar auf beliebig viele zu $md(\zeta)$ prime Primzahlfaktoren. Sei A eine beliebige zu m prime Restklasse. Sie läßt sich stets durch eine Zahl a repräsentieren, die überdies auch teilerfremd zu einer beliebigen Zahl ist. Wir wählen a aus A, so daß $(a,md(\zeta)) = 1$. Es sei $a = p_1 \cdot p_2 \cdot \ldots \cdot p_s$ gesetzt, wo die p_i Primzahlen sind, die nicht verschieden zu sein brauchen. Dann ist auch $(p_i,md(\zeta)) = 1$. Und da dann alle ζ^{p_i} unter den Konjugierten vorkommen, kommt vermöge der Schlußfolgerung aus der Gruppeneigenschaft auch ζ^a vor, so daß wir, wie oben, $H_m(x) = G(x)$ folgern. Wir sind also um die Annahme über die Existenz von Primzahlen in jeder Restklasse herumgekommen. Es genügt zu wissen, daß die in Frage kommenden Restklassen sich aus solchen aufbauen lassen, in denen Primzahlen vorkommen.

$K(\zeta)$ ist also vom Grade $\varphi(m)$.

Welches ist die zu der irreduziblen Gleichung $H_m(x) = 0$ gehörige Gruppe? Seien ζ^a und ζ^c zwei von den Wurzeln. Die Kongruenz $ax \equiv c \pmod{m}$ ist lösbar wegen $(a,m) = 1$, und a' sei eine Lösung. Dann ist $\zeta^c = (\zeta^a)^{a'}$. Also jede Wurzel läßt sich als Potenz jeder anderen darstellen. Die $\varphi(m)$ Operationen $R_a(\zeta) = \zeta^a$ sind wegen

$$R_a(R_b(\zeta)) = \zeta^{ab} = R_b(R_a(\zeta))$$

vertauschbar. Wir erhalten also eine abelsche Gruppe. Da die Exponenten von ζ nur mod m in Frage kommen, erkennen wir, daß die Operationen R_i sich zusammensetzen wie die zu m teilerfremden Restklassen mod m. _Die Gruppe der Gleichung ist isomorph mit der Restklassengruppe mod m._ Alle nur auf die Gruppenstruktur bezüglichen Sätze übertragen sich ohne weiteres von der einen dieser Gruppen auf die andere.

Der Exponent f, zu dem p mod m gehört, hängt nur von der Restklasse ab, zu der p mod m gehört. Liegen also die rationalen Primzahlen p und q in derselben Restklasse mod m, so zerfallen (p) und (q) in der gleichen Art d.h. in dieselbe Anzahl e von verschiedenen Primidealen vom Grade f. Wir haben also im Grundkörper K(1) eine Einteilung der Zahlen in Klassen (welche sich zu einer Gruppe vereinigen lassen) gefunden, so daß die Zerlegung der Primzahlen beim Übergang von K(1) zu K(ζ) nur von der Klasse abhängt, der die Primzahl im Grundkörper angehört. Dabei ist der Grad des Körpers gleich dem Grad der Gruppe, die Galoissche Gruppe des Körpers gleich der Gruppe jener Klasseneinteilung. Wir nennen daher K(ζ) den "Klassenkörper", der zu jener Klasseneinteilung in K(1) gehört. Daß die Gruppe von K(ζ) relativ zu K(1) dann mit der durch jene Klasseneinteilung in K(1) bestimmten Gruppe isomorph ist, ist eine notwendige Folge dieses Zusammenhangs, die aber hier für uns noch selbständig erscheint.

§ 4. Einheitswurzeln von Primzahl- und Primzahlpotenzordnung.

Sei ℓ eine positive Primzahl. Wir betrachten Einheitswurzeln der Ordnung ℓ mod ℓ^k. Die Restklassengruppe nach diesen Moduln ist zyklisch, wenn $\ell > 2$. Dasselbe gilt daher auch für die galoissche Gruppe der zugehörigen irreduziblen Gleichung. Ist $\ell > 2$, so sei g eine $\underline{\text{Primitivzahl mod } \ell^k}$, d.h. eine solche Zahl, daß g, g^2, ..., $g^{\varphi(\ell^k)} \equiv 1$ ein vollständiges reduziertes Restsystem mod ℓ^k ergeben. Solche Primitivzahlen gibt es. Es sei $\zeta = e^{\frac{2\pi i}{\ell^k}}$. Wir bezeichnen durch s_ζ die Substitutionen, welche ζ durch ζ^g ersetzen, schreiben also: $s_\zeta = \zeta^g$, $s^2\zeta = \zeta^{g^2}$ u.s.w. Dann sind $s^n\zeta$ alle Konjugierten von ζ. Wie lautet die irreduzible Gleichung für ζ? m bezeichne wieder die Ordnung von ζ, also ℓ bézw. ℓ^k.

1) $m = \ell$, $\varphi(m) = \ell-1$; $\ell = 2$ oder > 2.

$x^\ell-1 = 0$ wird nach Abspaltung der nichtprimitiven Wurzel x = 1

$$(18) \qquad F(x) = x^{\ell-1} + x^{\ell-2} + \ldots + x + 1 = 0 = \prod_{n=1}^{\ell-1} (x - \zeta^n)$$

Wir haben also die Irreduzibilität dieser Gleichung bewiesen.

2) $m = \ell^k$, $\varphi(m) = \varphi(\ell^k) = \ell^{k-1}(\ell-1)$; $\ell = 2$ oder > 2.

Wir setzen für den Augenblick

$$x_1 = e^{\frac{2\pi i}{\ell^k}} \quad \text{und} \quad y_1 = e^{\frac{2\pi i}{\ell}} \quad , \quad \text{also} \quad y_1 = x_1^{\ell^{k-1}} \quad .$$

Dann ist y_1 eine Lösung der Gleichung (18): $F(y) = 0$ und folglich x_1 eine Lösung von

$$(19) \qquad F(x^{\ell^{k-1}}) = 0 \quad .$$

Diese letzte Gleichung hat also eine primitive ℓ^k-te Einheitswurzel zur Lösung und ihr Grad ist $\ell^{k-1}(\ell-1) = \varphi(\ell^k)$. Also ist sie <u>die</u> irreduzible Gleichung für die ℓ^k-ten Einheitswurzeln.

Wir wollen die Irreduzibilität dieser Gleichung noch auf einem anderen Wege nachweisen. Für $m = \ell$ setzen wir in $F(x)$ (siehe (18)!) $x = 1$ und erhalten:

$$\ell = \prod_{n=1}^{\ell-1} (1 - \zeta^n) \quad .$$

Die Faktoren dieses Produkts sind alle assoziiert, falls mehr als einer vorhanden, d.h. $\ell > 2$ ist. Denn es ist

$$\frac{1-\zeta^n}{1-\zeta} = \zeta^{n-1} + \ldots + \zeta + 1$$

also eine <u>ganze</u> algebraische Zahl. Bestimmt man nun n' so, daß $nn' \equiv 1 \pmod{\ell}$ ist, was wegen $(n,\ell) = 1$ geht, so wird

$$\frac{1-\zeta}{1-\zeta^n} = \frac{1-\zeta^{nn'}}{1-\zeta^n} = 1 + \zeta^n + \zeta^{2n} + \ldots + \zeta^{(n'-1)n}$$

also ebenfalls ganz und daher eine Einheit. Es ist also $1-\zeta^n = (1-\zeta) \times$ Einheit, also

$$\ell = (1-\zeta)^{\ell-1} \times \text{Einheit}$$

und daher

$$(\ell) = (1-\zeta)^{\ell-1} \quad .$$

$1-\zeta$ ist also bestimmt keine Einheit. Ist in einem Körper

n. Grades $(p) = p_1 \cdot p_2 \cdot \ldots \cdot p_e$, so ist
$N(p) = p^n = N(p_1) \cdot N(p_2) \cdot \ldots \cdot N(p_e)$, also folgt $e \leq n$, da die
Normen ganze rationale Zahlen sind. In unserm Fall kann also
(ℓ) nicht in mehr als k Faktoren zerfallen, wenn k der Grad
von $K(\zeta)$ ist. Es muß also $k \geq \ell-1$ sein. Andererseits ist
$k \leq \ell-1$, weil ζ der Gleichung (18) vom Grade $\ell-1$ genügt. Also
ist $k = \ell-1$ und (18) ist irreduzibel. Zugleich folgt, daß
$(1-\zeta)$ Primideal ist.

Im zweiten Fall, $m = \ell^k$, setzen wir $x = 1$ in

$$F(x^{\ell^{k-1}}) = \prod_{\substack{n=1 \\ (n,\ell)=1}}^{\ell^k} (x - \zeta^n)$$

und erhalten im Produkt wieder lauter assoziierte Faktoren,
also (ℓ) als $\varphi(\ell^k)$-te Potenz eines Ideals und dadurch weiter
$\varphi(\ell^k)$ als Grad des Körpers, wie oben.

Wir sehen hier noch etwas mehr. Die Diskriminante von ζ
ist ja

$$d(\zeta) = \pm \prod_{a \neq b} (\zeta^a - \zeta^b)^2 \qquad [(a,m)=(b,m)=1;\ a \not\equiv b \pmod{m}.]$$

$\zeta^a - \zeta^b = \zeta^a(1-\zeta^{b-a})$ ist, wie eben gezeigt, zu $1-\zeta^{m'}$ assoziiert,
wobei m' eine Potenz von ℓ ist; also geht in (d) nur die einzige
Primzahl ℓ auf. Auch im Excludenten $m \cdot d$ geht demnach allein
ℓ auf. Damit beherrschen wir die Zerlegung <u>aller</u> Primzahlen in
diesen Körpern.

Wir können jetzt auch zu einer <u>Basis</u> gelangen. Sei $m = \ell$
und $\lambda = 1-\zeta$.

Satz: $1, \lambda, \lambda^2, \ldots, \lambda^{\ell-2}$ bilden eine Basis.

Beweis: Diese Größen sind linear unabhängig, sonst würde ζ
einer Gleichung von niedrigerem als $(\ell-1)$-ten Grade genügen.
Ihre Anzahl ist $\varphi(m) = \ell-1$. Also kann man jedes ω mit rationalen r_i ausdrücken:

$$\omega = r_0 + r_1\lambda + \ldots + r_{\ell-2}\lambda^{\ell-2} \ .$$

Wenn ω ganz ist, so kann dabei als Nenner in den r_i höchstens
die Diskriminante von λ auftreten. Diese besteht aus Faktoren
der Form $\lambda^{(i)} - \lambda^{(k)}$, wo das irgend ein Paar aus dem System
der Konjugierten ist; dies ist gleich

$1 - \zeta^{(i)} - (1-\zeta^{(k)}) = \zeta^{(k)} - \zeta^{(i)}$. Also ist, - evtl. abgesehen vom Vorzeichen - $d(\lambda) = \pm d(\zeta)$. Und $d(\zeta)$ ist ja eine Potenz von ℓ, etwa ℓ^r. Also folgt

$$\omega = \frac{1}{\ell^r} (a_0 + a_1\lambda + \ldots + a_{\ell-2}\lambda^{\ell-2})$$

mit ganzen rationalen a_i. Wir wollen schließen, daß aus der Tatsache, daß ω ganz ist, folgt, daß alle a_i durch ℓ^r teilbar sind. Weil ω ganz ist, folgt:

$$(20) \qquad a_0 + a_1\lambda + \ldots + a_{\ell-2}\lambda^{\ell-2} \equiv 0 \qquad (\bmod \ \ell^r) \ .$$

Da $(\ell) = (\lambda)^{\ell-1}$, gilt diese Kongruenz auch mod λ und nimmt dabei die einfache Form $a_0 \equiv 0 \ (\bmod \ \lambda)$. Da aber a_0 rational ist, muß diese Kongruenz auch mod ℓ gelten, also $\ell \mid a_0$. Ähnlich können wir nun schließen, daß alle a_i durch ℓ teilbar sind. In der Tat, sei a_ν der erste nicht durch ℓ teilbare Koeffizient. Da (20) auch mod ℓ gilt, folgt

$$a_\nu\lambda^\nu + a_{\nu+1}\lambda^{\nu+1} + \ldots + a_{\ell-2}\lambda^{\ell-2} \equiv 0 \ (\bmod \ (\ell) = (\lambda)^{\ell-1})$$

also durch Division mit λ^ν wegen $\nu < \ell-1$:

$$a_\nu + a_{\nu+1}\lambda + \ldots \equiv 0 \quad (\bmod \ (\lambda)^{\ell-1-\nu}) \text{ also auch } (\bmod \ (\lambda)) \ .$$

Demnach $a_\nu \equiv 0 \ (\bmod \ \lambda)$ also auch $(\bmod \ \ell)$ im Widerspruch zu der Annahme, daß a_ν der erste nicht durch ℓ teilbare Koeffizient sei. Also enthalten alle a_i den Faktor ℓ: $a_i = \ell \cdot a_i'$. Man kann dann in dem Ausdruck für ω durch ℓ kürzen und für $r > 1$ dasselbe Verfahren auf die a_i' anwenden. So bringt man schrittweise den Nenner ganz fort. - Also kann jedes ganze ω ganzzahlig aus den Potenzen von λ komponiert werden, diese bilden also eine Basis, q.e.d.

[18.V.20.] Wie schon gesagt, ist in unserem Fall $d(\zeta)$ eine Potenz von ℓ, so daß wir m selbst als Excludenten wählen können. Und die Zerlegung der einzigen Ausnahmeprimzahl ist $(\ell) = (\lambda)^{\varphi(m)}$. Das gilt auch für $\ell = 2$. Für $m = \ell = 2$ ist $x + 1 = 0$ die irreduzible Gleichung, der die primitive 2. Einheitswurzel genügt. Nach (19) ist also $x^{2^{k-1}} + 1 = 0$ die irreduzible Gleichung, der eine primitive 2^k-te Einheitswurzel, z.B. $e^{\frac{\pi i}{2^{k-1}}}$, genügt.

§ 5. Einheiten in $K(\zeta)$.

Wie viel Grundeinheiten gibt es im Körper der m-ten Einheitswurzeln? Diese Körper sind immer galoissch. Jede primitive m-te Einheitswurzel ist rationale Funktion jeder andern. Also sind die konjugierten Körper entweder sämtlich reell oder sämtlich komplex. Das erstere tritt nur für m = 2 ein. Von diesem Fall sehen wir weiterhin ab. Dann ist also $r_1 = 0$, $2r_2 = \varphi(m)$. $\varphi(m)$ ist ja für m > 2 in der Tat stets gerade. Also ist $r_2 = \frac{1}{2}\varphi(m)$, und $r = \frac{1}{2}\varphi(m) - 1$ ist die Anzahl der unabhängigen Einheiten.

Ist $m = \ell \neq 2$ eine ungerade Primzahl, so folgt $r = \frac{\ell-1}{2} - 1 = \frac{\ell-3}{2}$. Das ist stets > 0 außer für $\ell = 3$. In der Tat enthält ja der Körper der 3. Einheitswurzeln, der ja ein Spezialfall eines quadratischen Körpers ist, keine Einheiten außer Einheitswurzeln.

Ist $m = \ell^k$, so folgt $r = \frac{1}{2}\ell^{k-1}(\ell-1) - 1$.

Ist $m = 2^k$, so folgt $r = 2^{k-2} - 1$, also r > 0 außer für k = 2. Für k = 2 haben wir den Körper $K(i)$, der wiederum nur Einheitswurzeln zu Einheiten hat.

Wir wollen nun die Einheiten in unserm Körper aufzustellen trachten. (Im quadratischen Körper $K(\sqrt{d})$ bedeutet das die Auflösung der <u>Pell</u>-schen Gleichung, z.B. $x^2 - dy^2 = \pm 4$ in ganzen rationalen Zahlen. Die Theorie ergibt hier, daß alle Lösungen sich durch Potenzieren aus einer Grundlösung ableiten lassen. Aber diese wirklich <u>anzugeben</u>, gelingt bisher noch nicht allgemein.) In unserm Fall verhilft uns wieder unser transzendentes Hülfsmittel zum Ziel. Wir können stets unendlich viele Einheiten angeben.

Es sei $m = \ell \neq 2$ und $(a,\ell) = 1$. Dann ist, wie auf Seite 35 gezeigt, $\frac{1-\zeta^a}{1-\zeta}$ eine Einheit aber keine Einheitswurzel, wenn $a \not\equiv 1 \pmod{\ell}$. Wir haben also für $a = 2,3,\ldots,\ell-1$ bereits $\ell-2$ von einander verschiedene. Diese können unmöglich unabhängig sein, da es ja nur $\frac{\ell-3}{2}$ Grundeinheiten gibt. Also müssen Relationen bestehen, die wir stets in die Form bringen können: ein gewisses Potenzprodukt = 1. Eine solche Einheit, z.B.

$\frac{1-\zeta^2}{1-\zeta}$ = 1 + ζ genügt bereits, um durch Potenzieren unendlich
viele Einheiten, die alle von einander verschieden sind, zu
erzeugen. Da die Potenzen von ζ und ±1 die einzigen Einheitswurzeln im Körper sind, so hat, wenn $\varepsilon_1,\ldots,\varepsilon_r$ ein System von
Grundeinheiten sind, jede Einheit die Gestalt
$\eta = \pm\zeta^a \varepsilon_1^{a_1} \varepsilon_2^{a_2} \ldots \varepsilon_r^{a_r}$.

Wir wollen nun die Anzahl der unabhängigen Einheiten unseres Körpers mit derjenigen im zugehörigen <u>reellen Unterkörper</u>
vergleichen. Die in einem Körper enthaltenen reellen Zahlen
bilden ja einen Unterkörper. Dieser ist in unserm Fall ein
echter Teilkörper, da $K(\zeta)$ komplexe Zahlen enthält. Um etwas
über seinen Grad auszusagen, ziehen wir seine Gruppe hinzu. Zu
ζ^a ist ζ^{-a} konjugiert-komplex, da ζ den Betrag 1 hat. Sei ω
eine Zahl aus $K(\zeta)$, also $\omega = r(\zeta)$; wo r das Zeichen für eine
rationale Funktion ist, die rationale, also reelle Koeffi-
zienten hat. Die konjugiert-komplexe ist $\bar{\omega} = r(\zeta^{-1})$. Ist ω
reell, so ist also $r(\zeta) = r(\zeta^{-1})$, und diese Gleichung muß
richtig bleiben, wenn man ζ durch eine ihrer Konjugierten,
etwa ζ^a, ersetzt: $r(\zeta^a) = r(\zeta^{-a})$. Also sind auch alle Konjugierten von ω reell. Wir fragen nun nach der Gesamtheit aller
reellen Zahlen im Körper, dem reellen Unterkörper. Schreiben
wir $R_{-1}(x) = x^{-1}$, so suchen wir also die Körperzahlen, die
bei der Substitution R_{-1} ungeändert bleiben. Der Unterkörper
wird, wie früher gesagt, genau charakterisiert durch eine
Untergruppe. Diese wird in unserm Fall durch die Potenzen von
R_{-1} gebildet. Es ist aber $R_{-1}(R_{-1}(x)) = x$, die Substitution
R_{-1} hat die Periode 2. Wir haben also eine Untergruppe 2.Ord-
nung als Untergruppe der Galoisschen Gruppe erhalten. Die
reellen Körperzahlen bilden den Körper, der zu der Gruppe
$(1,R_{-1})$ gehört. Welchen Grad hat dieser? Ist n der Grad der
Galoisschen Gruppe, also des Körpers, und q der Grad der
Untergruppe, so ist $\frac{n}{q}$ der Grad des Unterkörpers. Die
reellen Zahlen unseres Körpers bilden also einen
Unterkörper vom Grade $\frac{1}{2}\varphi(m)$. Dieser ist nach dem Vorhergehenden
mit seinen sämtlichen Konjugierten reell. (Übrigens sind, wie
wir sehen werden, alle Unterkörper eines abelschen Körpers
wieder abelsch.)

In diesem reellen Unterkörper ist $r_1 = \frac{1}{2}\varphi(m)$, $r_2 = 0$, also $r = \frac{1}{2}\varphi(m) - 1$, also gleich dem r von $K(\zeta)$. Man wird daher auf die Vermutung geführt, daß die Einheiten des reellen Unterkörpers ausreichen, um alle Einheiten von $K(\zeta)$ zu erzeugen, wenn man noch die komplexen Einheitswurzeln in $K(\zeta)$ dazu nimmt. Das ist in der Tat der Fall. Man kann reelle Einheiten in $K(\zeta)$ herstellen, indem man komplexe mit den konjugiert-komplexen multipliziert. Und wir kennen ja schon komplexe Einheiten.

Es sei $m = \ell^k$. Wir bilden

$$\frac{1-\zeta^a}{1-\zeta} \cdot \frac{1-\zeta^{-a}}{1-\zeta^{-1}} = \frac{\zeta^{-a}(1-\zeta^a)^2}{\zeta^{-1}(1-\zeta)^2} = \zeta^{-a+1}\left(\frac{1-\zeta^a}{1-\zeta}\right)^2 \quad .$$

Das ist keine Einheitswurzel außer für $a \equiv \pm 1 \pmod{\ell^k}$. Da der Ausdruck in a und $-a$ symmetrisch ist, braucht man von diesen beiden nur eines zu berücksichtigen. Wir brauchen also nur die Hälfte der Restklassen ins Auge zu fassen, etwa die $\frac{1}{2}\varphi(\ell^k)$ teilerfremden Restklassen, die durch positive Zahlen $< \frac{\ell^k}{2}$ repräsentiert werden können. Das sind $r+1$ Einheiten. Es muß also mindestens eine Relation bestehen. Eine Relation können wir aus der Bedingung ableiten, daß die Norm jedes Ausdrucks (als einer Einheit) ja ± 1 ist. Es könnte ja aber sein, daß noch mehr Relationen bestehen. Das ist nun <u>nicht</u> <u>der Fall</u>. Der Beweis ist uns augenblicklich nicht möglich. Wir werden ihn erst im 2. Teil der Vorlesung mittels der ζ-Funktion des Zahlkörpers führen. Die obigen r Einheiten reichen also im Wesentlichen zur Erzeugung sämtlicher Einheiten aus.

Wenn m zusammengesetzt ist, ist es ein wenig anders. Es sei $m = \ell^k \cdot b$, wo $(b,\ell) = 1$ und $b > 1$. Dann ist, wenn ζ wieder eine primitive m-te Einheitswurzel ist, schon $1 - \zeta^q$ für $(q,m) = 1$ eine Einheit. (Für $m = \ell^k$ war dies ein Primideal, das in ℓ aufging.) Wir können nun eine Partialbruchzerlegung vornehmen: $\frac{q}{m} = \frac{q_1}{\ell^k} + \frac{q_2}{b}$. Also auch ζ ist das Produkt einer ℓ^k-ten und einer b-ten Einheitswurzel. Wir setzen

$$\zeta_1 = e^{2\pi i \frac{q_1}{\ell^k}} \quad , \qquad \zeta_2 = e^{2\pi i \frac{q_2}{b}} \quad .$$

Ist ι eine primitive j-te Einheitswurzel, so ist identisch in x: $\prod\limits_{n=0}^{j-1} (1-\iota^n x) = 1 - x^n$. Also ist

$$(21\text{a}) \qquad \prod_{n=0}^{\ell^k-1} (1-\zeta_1^n \zeta_2) = 1 - \zeta_2^{\ell^k}$$

oder

$$(21) \qquad \prod_{n=1}^{\ell^k-1} (1-\zeta_1^n \zeta_2) = \frac{1-\zeta_2^{\ell^k}}{1-\zeta_2}$$

Ist nun b durch eine einzige Primzahl teilbar, so steht, weil ζ_2 primitive Einheitswurzel und $(\ell^k, b) = 1$ ist, auf der rechten Seite in (21) eine Einheit, wie wir schon wissen. Links steht ein Produkt aus ganzen algebraischen Zahlen; mithin muß jede von diesen eine Einheit sein. Zu ihnen gehört aber für $n = 1$ auch das betrachtete $1 - \zeta^q$.

Ist andererseits m durch mehr als 2 Primzahlen teilbar, so schließen wir durch vollständige Induktion: Der Satz sei bewiesen für ein m, daß durch k Primzahlen teilbar ist. Ist dann m durch $k+1$ Primzahlen teilbar, so ist b durch k Primzahlen teilbar, also steht rechts in (21a) eine Einheit; demnach sind alle Faktoren links Einheiten, also auch $1 - \zeta^q$. Der Satz gilt folglich auch für $k+1$, also allgemein.

Aus diesen Einheiten kann man wieder reelle Einheiten herstellen in der Form $(1-\zeta^q)(1-\zeta^{-q})$. Diese sind nicht Einheitswurzeln. Ihre Anzahl ist wieder $\frac{\varphi(m)}{2} = r + 1$. Wir werden auch hier zu der Vermutung geführt, daß r von ihnen unabhängig sind, was wir später wirklich beweisen werden.

Wir wollen nun im speziellen Fall $m = \ell$ zeigen, daß die Einheiten in $K(\zeta)$ (von Faktoren $\pm\zeta^a$ abgesehen) bereits im reellen Unterkörper liegen.

Es sei $m = \ell$. <u>Behauptung</u>: Jede Einheit H in $K(\zeta)$ ist von der Gestalt $H = \pm\zeta^a \varepsilon$, wo ε eine reelle Einheit ist. <u>Beweis</u>: Der reelle Unterkörper vom Grade $\frac{\ell-1}{2}$ wird erzeugt durch $\zeta + \zeta^{-1}$. Wir bezeichnen ihn also durch $K(\zeta+\zeta^{-1})$. Es bezeichne s' die Substitution, die den Übergang zum konjugiert-komplexen Wert vermittelt, und $\bar{H}$ den konjugiert-komplexen Wert von H. Die Gruppe des Körpers ist zyklisch, da sie ja isomorph ist mit der Restklassengruppe mod ℓ. Setzt man $s(\zeta) = \zeta^g$, wo g eine Primitivzahl mod ℓ ist, so ist $(s, s^2, \ldots, s^{\ell-1})$ die fragliche Gruppe. Nach Fermat ist $g^{\ell-1} \equiv 1 \pmod{\ell}$, also $(g^{\frac{\ell-1}{2}} - 1)(g^{\frac{\ell-1}{2}} + 1) \equiv 0 \pmod{\ell}$. Da g Primitivzahl ist, ist der erste Faktor nicht durch ℓ teilbar, also muß es der zweite sein: $g^{\frac{\ell-1}{2}} \equiv -1 \pmod{\ell}$. Es ist also $s^{\frac{\ell-1}{2}}(\zeta) = \zeta^{-1} = s'(\zeta)$. Mithin wird

$$\frac{H}{\overline{H}} = \frac{H}{s'(H)} = \frac{H}{s^{\frac{\ell-1}{2}}(H)}$$

und diese Gleichung muß beim Übergang zu den Konjugierten richtig bleiben. Also wird

$$s\left(\frac{H}{\overline{H}}\right) = \frac{s(H)}{s^{\frac{\ell-1}{2}+1}(H)} = \frac{s(H)}{s^{\frac{\ell-1}{2}}(s(H))} = \frac{s(H)}{\overline{s(H)}}$$

$\frac{H}{\overline{H}}$ hat also nebst allen Konjugierten den Betrag 1 und ist außerdem ganz, also eine Einheitswurzel, kann also, da der Exponent von ζ nur mod ℓ in Frage kommt, geschrieben werden: $\pm\zeta^{-2a}$

$$(22) \qquad \frac{H\zeta^a}{\overline{H}\zeta^{-a}} = \pm 1$$

mit ganzem rationalen a, das auch 0 sein kann. Wir werden nun zeigen, daß in (22) nur das positive Zeichen gelten kann. Damit ist gezeigt, daß $H\zeta^a$ gleich seiner konjugiert-komplexen Zahl, also reell ist. Also H = reelle Einheit $\times$ Einheitswurzel. q.e.d.

Wäre in (22) das Minuszeichen gültig, so sei $H\zeta^a = \eta$ gesetzt. Dann folgt $\eta = -\overline{\eta}$, also $\eta^2 = -\eta\overline{\eta} = -\theta$, wo θ reell und > 0 ist. θ liegt also in $K(\zeta+\zeta^{-1})$. Die Gleichung $x^2 + \theta = 0$ hat Koeffizienten aus $K(\zeta+\zeta^{-1})$ und muß in diesem Körper irreduzibel sein, da sie imaginäre Wurzeln hat. Wir können also den Körper $K(\zeta)$ durch Adjunktion von $\sqrt{-\theta}$ zu $K(\zeta+\zeta^{-1})$ erzeugen, d.h. jede Zahl in $K(\zeta)$ hat die Gestalt $\rho_1 + \rho_2\sqrt{-\theta}$ mit reellen ρ_i. Insbesondere wird

$$\zeta - \zeta^{-1} = \rho_1 + \rho_2\sqrt{-\theta}$$

$$\zeta^{-1} - \zeta = \rho_1 - \rho_2\sqrt{-\theta}$$

Also ist $\rho_1 = 0$, und wir schreiben ρ statt ρ_2. Da $\sqrt{-\theta}$ Einheit ist, folgt durch Multiplikation der letzten Gleichung mit ζ:

$$(23) \qquad 1 - \zeta^2 = \rho \times \text{Einheit} \quad .$$

ρ liegt in $K(\zeta+\zeta^{-1})$. Bilden wir also die Konjugierten von ρ in Bezug auf $K(\zeta)$, also $\rho(\zeta),\rho(\zeta^2),\ldots,\rho(\zeta^{\ell-1})$, so sind diese mindestens zu je zweien gleich; immer ist $\rho(\zeta^a) = \rho(\zeta^{-a})$. Die Zahlen $\rho(\zeta),\rho(\zeta^2),\ldots,\rho(\zeta^{\frac{\ell-1}{2}})$ sind ein System von Konjugierten in Bezug auf $K(\zeta+\zeta^{-1})$, ihr Produkt also $n(\rho)$, wenn n die Norm in dem Körper $K(\zeta+\zeta^{-1})$ bedeutet. Ist N die Norm in $K(\zeta)$, so folgt $N(\rho) = n(\rho)^2$. Nach (23) ist also $N(1-\zeta^2) = \pm n(\rho)^2$. Da $1 - \zeta^2$ sich nur durch einen Einheitsfaktor von $1 - \zeta$ unterscheidet und $N((1-\zeta)) = \ell$ ist, so folgt $\ell = n(\rho)^2$; und das ist unmöglich, weil $n(\rho)$ eine ganze rationale Zahl ist. Also muß notwendig in (22) das Pluszeichen gelten.

Wir haben bei diesem Beweis im Grunde die Zerlegung von ℓ benutzt. Nach (23) wird $1 - \zeta^2$ - und ebenso alle Konjugierten - eine Zahl in $K(\zeta+\zeta^{-1})$ $\times$ einer Einheit. ℓ würde also bereits in $K(\zeta+\zeta^{-1})$ in $\ell-1$ Faktoren zerfallen, was mehr ist, als dem Grade $\frac{\ell-1}{2}$ des Körpers entspricht.

Als "$\underline{\text{Kreiseinheiten}}$" bezeichnet man herkömmlicherweise reelle Einheiten, die für $m = \ell$ in die Form $E_n = \sqrt{\frac{1-\zeta^n}{1-\zeta}\cdot\frac{1-\zeta^{-n}}{1-\zeta^{-1}}}$ und für zusammengesetztes m in die Form $E_n = \sqrt{(1-\zeta^n)(1-\zeta^{-n})}$ gesetzt werden. Daß man die Quadratwurzel hinzunimmt, geschieht aus formalen Zweckmäßigkeitsgründen. Die Quadrate sind Einheiten im reellen Unterkörper und ihre Anzahl $\frac{1}{2}\,\varphi(m)$ in jedem Falle.

§ 6. Unterkörper des Körpers der m. Einheitswurzeln, insbesondere quadratische.

Wir richten unser Augenmerk zunächst auf solche, die wieder Kreisteilungskörper sind. Es sei $m = \ell_1^{k_1}\cdot\ell_2^{k_2}\ldots$, dann ist $\frac{1}{m}$ in der Form $\frac{1}{m} = \frac{a_1}{\ell_1^{k_1}} + \frac{a_2}{\ell_2^{k_2}} + \ldots$ darstellbar, so daß die m-ten

Einheitswurzeln als Produkte von $\ell_1^{k_1}$-ten u.s.w. darstellbar
sind. Der Körper der ersteren enthält also diejenigen der
letzteren und läßt sich aus diesen erzeugen. Welche <u>anderen</u>
Unterkörper kommen vor? Die Frage nach der Herstellung aller
Unterkörper ist die Frage nach allen Untergruppen der galoisschen Gruppe. Das sind nur zwei verschiedene Weisen, die
Unterkörper zu charakterisieren. Es gelten die 2 Sätze:

Der Grad eines Unterkörpers ist ein Teiler des Grades des
Gesamtkörpers.

Die Diskriminante des Unterkörpers ist ein Teiler der Diskriminante des Gesamtkörpers.

Welche Zahlen gehen nun in der Diskriminante von $K(\zeta)$ auf?
Es ist $d(\zeta) = \prod_{i \neq k} (\zeta^i - \zeta^k)$, also für $m = \ell^k$ eine Potenz von ℓ.
Jeder Faktor hat die Gestalt: $(1-\zeta^a) \times$ Einheitswurzel. Es sei
m zusammengesetzt. Dann ist ja $1 - \zeta^a$ selbst eine Einheit, wenn
$(a,m) = 1$ ist. Ist ζ^a eine Einheitswurzel von Primzahlpotenz-
ordnung, so geht $1 - \zeta^a$ in einer der Primzahlen $\ell_1, \ell_2, \ldots$ auf,
die Teiler von m sind. Die Primzahlteiler von $d(\zeta)$ gehen also
alle in m auf. Und die Teiler von m kommen auch alle in $d(\zeta)$
vor, denn $d(\zeta)$ ist durch die Diskriminante aller Unterkörper
teilbar, also auch der Einheitswurzeln von der Ordnung der
Primzahlteiler von m. $d(\zeta)$ enthält also alle und nur die Primfaktoren von m. Wir wissen noch nicht, in welcher Potenz. Der
<u>Excludent</u> $m \cdot d(\zeta)$ kann also durch <u>m selbst</u> ersetzt werden.

Es sei $m = \ell$ eine ungerade Primzahl. Da $\ell - 1$ gerade ist,
vermuten wir die Existenz eines <u>quadratischen</u> Unterkörpers.
Dessen Diskriminante darf also nur Faktoren ℓ enthalten. Dadurch ist der Körper eindeutig bestimmt. Denn er sei $K(\sqrt{D})$,
wo D ganz rational und quadratfrei ist. Wäre $D \equiv 2$ oder 3
(mod 4), so wäre $d = 4D$, enthielte also den Faktor 2. Also
muß $D \equiv 1$ (mod 4) sein. Dann ist $d = D$ und $|D|$ eine Potenz
von ℓ, etwa ℓ^k. Ob $D = +\ell^k$ oder $-\ell^k$ ist, bestimmt sich aus
der Forderung: $D \equiv 1$ (mod 4). Da noch D quadratfrei sein soll,
muß $k = 1$ sein. In $K(\zeta)$ ist also der einzige quadratische
Körper enthalten, der durch $\sqrt{\pm\ell}$ erzeugt wird, wobei das Vorzeichen des Radikanden so zu wählen ist, daß er kongruent

- 45 -

1 (mod 4) wird; das ist nur auf eine Weise möglich. $\sqrt{\pm\ell}$ muß
also eine rationale Funktion von ζ sein, worauf wir noch zu-
rückkommen. Der quadratische Unterkörper ist also reell, wenn
$\ell \equiv 1$ (mod 4), und imaginär, wenn $\ell \equiv 3$ (mod 4) wird. Beispiele: Der Körper der 3. Einheitswurzeln enthält $K(\sqrt{-3})$, er
ist ja sogar mit ihm identisch. Der Körper der 5. Einheitswurzeln enthält $K(\sqrt{5})$.

Welche Gruppe gehört zu diesem Unterkörper? Ist allgemein
n der Grad der Gruppe eines Körpers und q der Grad einer
Untergruppe, so ist $\frac{n}{q}$ der Grad des Unterkörpers. Hier ist
$\frac{n}{q} = 2$, also q = $\frac{n}{2}$. Eine zyklische Gruppe enthält nur eine
einzige Untergruppe von bestimmtem Grad. Ist also
$(s, s^2, \ldots, s^{\ell-1} = 1)$ die Gruppe von $K(\zeta)$, so bilden
$s^2, s^4, s^6, \ldots, s^{\ell-1}$ eine Untergruppe, und das muß also die
einzige Untergruppe vom Grade $\frac{\ell-1}{2}$ sein. Fragen wir also nach
dem Körper, der zu dieser Untergruppe gehört, so muß das der
Körper $K(\sqrt{\pm\ell})$ sein.

[21.V.20.] Man kann nun die analoge Frage behandeln, wenn
1) m = ℓ^k oder 2) m zusammengesetzt, endlich 3) wenn m = 2^h
ist. – Es sei $K(\sqrt{D})$ ein Körper, in dessen Diskriminante nur 2
auftritt. Dann ist D $\equiv$ 1 (mod 4) unmöglich, also ist d = 4D.
Dann bleiben, da D quadratfrei sein soll, nur die Möglichkeiten: D = -1,2,-2. $K(\sqrt{-1}) = K(i)$ ist selbst ein Kreisteilungskörper. $K(\sqrt{2})$ und $K(\sqrt{-2})$ liegen beide im Körper der
8. Einheitswurzeln: Ist $\zeta = e^{\frac{\pi i}{4}}$, so ist $\zeta + \zeta^{-1} = 2 \cdot \cos\frac{\pi}{4} = \sqrt{2}$
und $\zeta - \zeta^{-1} = 2i \sin\frac{\pi}{4} = \sqrt{-2}$.

Damit haben wir alle quadratischen Körper, deren Diskriminante nur durch eine Primzahl teilbar ist. Diese sind in
Kreisteilungskörpern enthalten. Aus solchen speziellen quadratischen Körpern kann man jeden quadratischen Körper durch
Zusammensetzung erzeugen. In gleicher Weise kann man aber die
zugehörigen Kreisteilungskörper zusammensetzen. Also ist jeder
quadratische Körper Unterkörper eines Kreisteilungskörpers.

Daß die Kreisteilungskörper überhaupt quadratische Unterkörper enthalten, war leicht zu sehen. Daß das alle quadratischen Körper sind, folgte, um es noch einmal hervorzuheben,

daraus, daß wir direkt auf algebraischem Wege einen Überblick über sämtliche möglichen quadratischen Körper und ihre Diskriminanten uns verschaffen konnten.

Wie finden wir jetzt die Darstellung der erzeugenden Irrationalität $\sqrt{\pm\ell}$ aus Einheitswurzeln? Sei s ein Zeichen für die Substitution, welche darin besteht, ζ durch ζ^g zu ersetzen, wo g eine Primitivzahl mod ℓ ist: $s\zeta = \zeta^g$. Ist $\omega = \omega(\zeta)$ eine Körperzahl, so bedeutet $s\omega$ die Zahl $\omega(s\zeta) = \omega(\zeta^g)$. Weiter ist $s^k\zeta = \zeta^{g^k}$. Dabei kommt k nur <u>mod $\ell-1$</u> in Frage: $s^{\ell-1}\zeta = \zeta$. Die Substitutionen $s, s^2, \ldots, s^{\ell-1} = 1$ bilden die Gruppe von $K(\zeta)$. Wir charakterisieren den quadratischen Körper durch die Untergruppe, bei der er invariant bleibt, und benutzen dabei das allgemeine Prinzip:

Es sei ein abelscher Körper vom Grade n mit der Gruppe G gegeben. U sei eine Untergruppe von G vom Grade q; dann ist $q|n$. Die Gesamtheit aller Zahlen des Körpers, die bei U invariant bleiben, bildet einen Unterkörper K_U, der "zu U gehört". Dieser ist vom Grade $\frac{n}{q}$, d.h. jede seiner Zahlen genügt einer Gleichung $\frac{n}{q}$. Grades mit rationalen Koeffizienten. K_U ist ein galoisscher Körper, und seine Gruppe, "die er besitzt", ist also vom Grade $\frac{n}{q}$.

In unserm Fall ist $n = \ell-1$ und $\frac{n}{q} = 2$, also $q = \frac{\ell-1}{2}$. Setzt man $s^2 = \sigma$, so ist $U = (\sigma, \sigma^2, \ldots, \sigma^{\frac{\ell-1}{2}} = 1)$ die fragliche Untergruppe. Die Exponenten von σ kommen nur mod $\frac{\ell-1}{2}$ in Betracht, und $\frac{\ell-1}{2}$ ist der kleinste positive Exponent, für den eine Potenz von σ die Einheit wird. Wir suchen also eine Zahl zu konstruieren, die bei U invariant bleibt. Diese wird dann einer Gleichung 2. Grades genügen. Wenn wir also aufpassen, daß diese irreduzibel wird, daß also die Zahl nicht rational wird, so erzeugt sie den quadratischen Körper. - Die Zahlen $\sigma\zeta, \sigma^2\zeta, \ldots, \sigma^{\frac{\ell-1}{2}}\zeta$ liegen in $K(\zeta)$. Aus ihnen bilden wir irgend eine <u>symmetrische</u> Funktion $\alpha = S(\sigma\zeta, \sigma^2\zeta, \ldots, \sigma^{\frac{\ell-1}{2}}\zeta)$ mit rationalen Koeffizienten. Diese bleibt bei U ungeändert. α gehört also <u>mindestens</u> zu U: $\sigma^k\alpha = \alpha$. α genügt einer quadratischen Gleichung; und α erzeugt den Unterkörper, wenn α von seiner Konjugierten (bezgl. dieser Gleichung) verschieden ist. Diese kommt unter den Konjugierten von α bezgl. $K(\zeta)$ vor, hat also die Gestalt $s^k\alpha$. Da nun $s^{2i}\alpha = \alpha$ und $s^{2i+1}\alpha = s\alpha$ ist, so ist die fragliche quadratische Gleichung irreduzibel, falls $\alpha \neq s\alpha$ ist. Das ist das Einzige, wofür wir zu sorgen haben. α ist also erzeugende Zahl, falls $S(\sigma\zeta,\sigma^2\zeta,\ldots) \neq S(\sigma\zeta^g,\sigma^2\zeta^g,\ldots)$ ist. Wir müssen also solche symmetrische Funktionen wirklich aufstellen. Die <u>Summe</u> leistet das Gewünschte. Es ist:

$$(24) \qquad \alpha = \zeta^{g^2} + \zeta^{g^4} + \ldots + \zeta^{g^{\ell-1}} = \sum_{n=1}^{\frac{\ell-1}{2}} \zeta^{g^{2n}}$$

$$(25) \qquad s\alpha = \zeta^{g^3} + \zeta^{g^5} + \ldots = \sum_{n=1}^{\frac{\ell-1}{2}} \zeta^{g^{2n+1}}$$

Wäre nun $\alpha = s\alpha$, so wäre $\sum \zeta^{g^{2n}} - \sum \zeta^{g^{2n+1}} = 0$. Die hierin auftretenden Exponenten sind mod ℓ alle verschieden, bilden also ein vollständiges reduziertes Restsystem. Wir können sie daher aus dem Intervall $(1;\ell-1)$ wählen und erhalten die Gleichung $a_1\zeta + a_2\zeta^2 + \ldots + a_{\ell-1}\zeta^{\ell-1} = 0$, wo die a_i teils $+1$, teils -1 sind. Diese Gleichung vom Grade $\ell-1$ wäre verschieden von der irreduziblen Gleichung vom Grade $\ell-1$, der ζ genügt, was nicht sein kann. Also ist $\alpha \neq s\alpha$.

Statt α werden wir $\alpha - s\alpha$ als erzeugende Zahl verwenden, weil für dieses die Gleichungen einfacher werden. Es ist ja $s(\alpha-s\alpha) = s\alpha - \alpha$, $\alpha - s\alpha$ wechselt also bei s das Zeichen, das Quadrat davon bleibt also bei der ganzen Gruppe invariant und ist also rational, außerdem ganz, da α seiner Entstehung nach ganz ist. Die Exponenten von ζ in (24) sind <u>quadratische Reste</u> mod ℓ, gehören, weil g Primitivzahl ist, alle zu verschiedenen Restklassen und ihre Anzahl ist $\frac{\ell-1}{2}$. Daher sind sie alle quadratische Reste und die Exponenten in (25) ein vollständiges System von Nichtresten. Unter Verwendung des Legendreschen Restsymbols kann man daher schreiben:

$$(\alpha-s\alpha)^2 = \left(\sum_{n=1}^{\ell-1} \left(\frac{n}{\ell}\right)\zeta^n \right)^2$$

oder wegen $\left(\frac{\ell}{\ell}\right) = 0$ auch:

$$(26) \qquad (\alpha - s\alpha)^2 = \left(\sum_{n \bmod \ell} \left(\frac{n}{\ell}\right) \zeta^n \right)^2 .$$

Schreibt man den "__Gruppencharakter__" $\left(\frac{n}{\ell}\right) = \chi(n)$, so erfüllt χ die Produktregel $\chi(x)\chi(y) = \chi(xy)$ und hängt nur von der Restklasse ab. Da es ebenso viele Reste wie Nichtreste gibt, ist

$$(27) \qquad \sum_{n \bmod \ell} \chi(n) = 0$$

Es ist $\left(\sum_{n \bmod \ell} \chi(n)\zeta^n \right)^2 = \sum_{n,m \bmod \ell} \chi(n)\chi(m)\zeta^{n+m} =$

$$\sum_{n,m \bmod \ell} \chi(nm)\zeta^{n+m} = \sum_{n,m=1}^{\ell-1} \chi(nm)\zeta^{n+m} .$$

Man setze bei festem n und $(n,\ell) = 1$: $m \equiv an \pmod{\ell}$, bestimme also ein solches a zu jedem m. Dann durchläuft a mit m ein vollständiges Restsystem. Also folgt:

$$(\alpha - s\alpha)^2 = \sum_{n,a \bmod \ell} \chi(n^2 a)\zeta^{n+na} = \sum_{n,a \bmod \ell} \chi(a)\zeta^{n(1+a)}$$

wegen $\chi(n^2) = +1$. Ist $(q,\ell) = 1$, so ist $\sum_{n=1}^{\ell-1} \zeta^{nq}$ die Summe aller Konjugierten von ζ also -1. Somit wird

$$\sum_{n=1}^{\ell-1} \zeta^{n(1+a)} = \begin{cases} -1, & \text{wenn } 1 + a \not\equiv 0 \pmod{\ell} \\ \ell-1, & \text{wenn } 1 + a \equiv 0 \pmod{\ell} \end{cases}$$

also, indem man den Wert $a \equiv -1 \pmod{\ell}$ vorwegnimmt:

$$(\alpha - s\alpha)^2 = \chi(-1)(\ell-1) - \sum_{a=0}^{\ell-2} \chi(a) = \chi(-1)\ell - \sum_{a \bmod \ell} \chi(a) .$$

Diese letzte Summe verschwindet nach (27). Ferner ist nach dem 1. Ergänzungssatz zum quadratischen Reziprozitätsgesetz $\chi(-1) = \left(\frac{-1}{\ell}\right) = (-1)^{\frac{\ell-1}{2}}$, also $+1$, wenn $\ell \equiv 1 \pmod{4}$. Also ist

$$(\alpha - s\alpha)^2 = \pm\ell$$

und zwar gilt $+$ oder $-$, je nachdem $\ell \equiv 1$ oder $3 \bmod 4$ ist. Somit ist

$$\alpha - s\alpha = \sum_{n \bmod \ell} \chi(n)\zeta^n = \sqrt{\pm\ell} .$$

Dabei ist das Vorzeichen unter der Wurzel völlig bestimmt, aber die __Wurzel selbst__ ist in ihrem Vorzeichen doppeldeutig. Welches Vorzeichen ist zu wählen? Bisher haben wir weiter nichts benutzt, als daß ζ irgend eine beliebige unter den primitiven ℓ. Einheitswurzeln ist (und dann natürlich im Verlauf der Rechnung immer dieselbe bedeutet). $\alpha - s\alpha$ ist nun ein bestimmter Ausdruck in ζ nach (28). Die Frage, welches Vorzeichen der Wurzel in (28) richtig ist, hat nun offenbar erst dann einen Sinn, wenn wir für ζ festsetzen, welche individuell bestimmte unter den primitiven ℓ-ten Einheitswurzeln es sein soll, etwa: $\zeta = e^{\frac{2\pi i}{\ell}}$. Jetzt hat es Sinn zu fragen, ob

$$\omega = \sum_{n \bmod \ell} \chi(n)e^{\frac{2\pi i n}{\ell}}$$

gleich $+|\sqrt{\ell}|$ oder $-|\sqrt{\ell}|$ ist (bezw. gleich $+i|\sqrt{\ell}|$ oder $-i|\sqrt{\ell}|$, falls $\ell \equiv 3 \pmod 4$). Wir haben also ζ mittels der Exponentialfunktion auf transzendentem Wege normiert. - Die Zahl ω ist in der Literatur als "Gauss'sche Summe" bekannt. Sie ist eine in transzendenter Art festgelegte algebraische Zahl, Lösung einer algebraischen Gleichung mit ganzen rationalen Koeffizienten, deren Auflösung nicht schwer ist. Die Schwierigkeit liegt in der Vorzeichenbestimmung. Abstrakter gesprochen: Man soll die transzendente Normierung der Wurzel einer algebraischen Gleichung überführen in eine elementararithmetische. Das ist immer ziemlich schwierig. Das Problem hat Gauss große Anstrengung gekostet. Seine Lösung hat übrigens einen neuen Beweis des quadratischen Reziprozitätsgesetzes zur Folge, ein Zeichen, wie tief dieses Problem ist.

Analoge Überlegungen können wir anstellen für $m = 2^h$ oder zusammengesetztes m, wenn ihm nur eine Körperdiskriminante entspricht.

Wir wollen noch an einem speziellen Beispiel die Entstehung quadratischer Körper als Unterkörper von Kreisteilungskörpern studieren. Wir betrachten $K(\sqrt{5})$ und $K(\sqrt{13})$ und den aus beiden zusammengesetzten Körper $K(\sqrt{5}, \sqrt{13})$. Dies ist ein Körper 4. Grades, der die ersteren als Unterkörper enthält. Er enthält auch $K(\sqrt{65})$. Nennen wir einen Körper Primkörper, wenn er keine anderen Unterkörper als K(1) und sich selbst enthält, so ist $K(\sqrt{65})$ ein Primkörper. Er ist in $K(\sqrt{5}, \sqrt{13})$ enthalten, ohne doch in einem der Bausteine $K(\sqrt{5})$ und $K(\sqrt{13})$ enthalten zu sein. Die Primkörper zeigen also ein anderes Verhalten als die Prim-

zahlen innerhalb K(1). - In welchem Körper ist $K(\sqrt{65})$ enthalten? $K(\sqrt{5})$ ist im Körper der 5-ten und $K(\sqrt{13})$ im Körper der
13. Einheitswurzeln enthalten, $K(\sqrt{5}, \sqrt{13})$ demnach im Körper
der 65-ten Einheitswurzeln. In diesem muß daher auch $K(\sqrt{65})$
enthalten sein. Will man feststellen, in welchem Kreisteilungskörper ein bestimmter quadratischer Körper enthalten ist, so
reicht es also von vorneherein nicht aus, Körper von Primzahl-
potenz-Einheitswurzeln zu untersuchen.

§ 7. Weiteres über Unterkörper überhaupt, insbesondere kubische.

Wir fragen nun in analoger Weise nach kubischen Körpern.
Welche Körper 3. Grades sind in den Kreisteilungskörpern enthalten? Wie kann man sie charakterisieren? Kann man sie in
ähnlicher Vollständigkeit aufstellen? Wir müssen zunächst
etwas weiter ausholen.

Satz: Jeder Unterkörper eines abelschen Körpers ist ein galoisscher Körper.

Beweis: Sei K ein abelscher Körper n. Grades und s, t, ...
die Substitutionen der abelschen Gruppe G von K. Sei U eine
Untergruppe von G vom Grade q, K_U der zu U gehörige Unterkörper, dessen Zahlen also bei U invariant bleiben. - Sei α
eine erzeugende Zahl von K_U. Dann genügt α einer Gleichung vom
Grade $\frac{n}{q}$ mit rationalen Koeffizienten. Der Satz ist bewiesen,
wenn gezeigt wird, daß die Konjugierten von α auch zu U gehören.

Sei u eine Substitution aus U. Dann ist $u\alpha = \alpha$ und daher
$us\alpha = s\alpha$ für jedes s aus G. [Das bedeutet, ausführlich gesprochen, Folgendes: Sei ω eine erzeugende Zahl von K und
$u\omega = R(\omega), \alpha = f(\omega)$, wo R und f Zeichen für rationale Funktionen mit rationalen Koeffizienten sind. $u\alpha$ bedeutet dann
$f(R(\omega))$. Besteht die Gleichung $u\alpha = \alpha$, d.h. $f(R(\omega)) = f(\omega)$,
so bleibt sie richtig, wenn man ω durch eine Konjugierte,
etwa $s\omega$ ersetzt, und sagt dann: $f(R(s\omega)) = f(s\omega)$, oder, wie
wir symbolisch schreiben: $us\alpha = s\alpha$.]

Welche Substitutionen lassen $s\alpha$ invariant? Sei t eine
solche, so ist $st\alpha = s\alpha$. Diese Gleichung muß richtig bleiben,

wenn man $s^{-1}\alpha$ für α substituiert: $sts^{-1}\alpha = ss^{-1}\alpha = \alpha$. Also gehört sts^{-1} zu U, etwa $sts^{-1} = u$, oder $t = s^{-1}us$. Dies ist auch <u>hinreichend</u>: Es sei $t = s^{-1}us$, wo u zu U gehört; dann gehört $s\alpha$ zu t. Denn aus $u\alpha = \alpha$ folgt $us\alpha = s\alpha$, also $ss^{-1}us\alpha = s\alpha$, d.h. $st\alpha = s\alpha$, also $s\alpha$ bleibt bei t ungeändert. - Die Gesamtheit der Substitutionen t können wir $s^{-1}Us$ schreiben. Das sind also die Gruppen, welche die konjugierten Zahlen zu α invariant lassen. Daher nennt man sie "zu U konjugierte Gruppen".

Nun benutzen wir, daß nach Voraussetzung G abelsch ist. Dann ist $s^{-1}us = u$, also $s^{-1}Us$ mit U identisch. Alle Konjugierten von α gehören also zur selben Gruppe U, definieren also denselben Körper, d.h. K_U ist galoissch, q.e.d.

<u>Satz</u>: Jeder Unterkörper eines abelschen Körpers ist wieder abelsch.

<u>Beweis</u>: K_U ist nach dem letzten Satz galoissch. Wir können also von der galoisschen Gruppe von K_U sprechen, der Gruppe, "die K_U besitzt", (nicht der Gruppe U, "zu der K_U gehört"!). Sei $p = \frac{n}{q}$ und $\alpha = \alpha_1 = \sigma_1(\alpha)$, $\alpha_2 = \sigma_2(\alpha),\ldots,\alpha_p = \sigma_p(\alpha)$ die Konjugierten von α, wo die σ_i rationale Funktionen mit rationalen Koeffizienten sind. Diese Konjugierten kann man andererseits kennzeichnen durch die Konjugierten der erzeugenden Zahl ω von K. Sei $\alpha = \varphi(\omega)$. Dann gibt es zwei Substitutionen t_2 und t_3 aus G, so daß man schreiben kann:

$$(29) \qquad \sigma_2(\alpha) = \sigma_2(\varphi(\omega)) = \varphi(t_2\omega)$$

$$(30) \qquad \sigma_3(\alpha) = \sigma_3(\varphi(\omega)) = \varphi(t_3\omega)$$

Wir behaupten, daß $\sigma_2 \cdot \sigma_3 = \sigma_3 \cdot \sigma_2$ ist. (29) muß richtig bleiben, wenn man ω durch $t_3\omega$ ersetzt, und lautet dann

$$\varphi(t_2 t_3 \omega) = \sigma_2(\varphi(t_3\omega)) = \sigma_2(\sigma_3(\alpha)) \ .$$

Ebenso folgt aus (30), daß ist

$$\varphi(t_3 t_2 \omega) = \sigma_3(\sigma_2(\alpha)) \ .$$

Weil nun G nach Voraussetzung abelsch ist, ist $t_2 t_3 = t_3 t_2$, also auch $\sigma_2\sigma_3 = \sigma_3\sigma_2$, allgemein $\sigma_i\sigma_k = \sigma_k\sigma_i$.

- Ist ein <u>kubischer</u> Körper galoissch, so ist seine

galoissche Gruppe vom Grade 3. Es mögen die Elemente a, b, c
eine Gruppe bilden (vom Grade 3) und etwa a nicht das Einheitselement sein. Man bilde a, a^2, a^3, ... Wäre schon $a^2 = 1$, so
hätten wir eine Untergruppe vom Grade 2 gefunden, was nicht
sein kann. Also muß erst $a^3 = 1$ sein, und die Gruppe ist notwendig <u>zyklisch</u>. - Ein galoisscher kubischer Körper ist notwendig reell. Denn wäre er imaginär, so wären es auch die konjugierten alle, und das ist nicht möglich, da der Körpergrad
ungerade ist. Alle Körperzahlen sind also Wurzeln solcher
Gleichungen 3. Grades mit rationalen Koeffizienten, welche
lauter reelle Lösungen haben.

Wann kann der Körper der p-ten Einheitswurzeln einen kubischen Unterkörper enthalten? (p = Primzahl).Seine Gradzahl,
hier p - 1, muß durch 3 teilbar sein. In der Diskriminante
des Unterkörpers kann nur die Primzahl p aufgehen, da sie
Teiler der Diskriminante des Kreisteilungskörpers ist. Von
allen kubischen Körpern, in deren Diskriminante nur eine Primzahl p aufgeht, bekommen wir also nur solche, für die $p \equiv 1$
(mod 3) ist, andere kommen gar nicht als Unterkörper von
Kreisteilungsgleichungen vor. Das ist also anders als bei
quadratischen Körpern, wo die Diskriminante keiner Beschränkung unterlag.

Es sei also $p \equiv 1$ (mod 3). Wir suchen den kubischen Unterkörper und verfahren wieder nach dem Bildungsprinzip, daß wir
eine Zahl konstruieren, die bei der Untergruppe vom Grade
$\frac{p-1}{3} = f$ invariant bleibt. Sei $G = (s, s^2, \ldots, s^{p-1} = 1)$ die
Gruppe des Kreisteilungskörpers und $s^3 = \sigma$, dann ist
$U = (\sigma, \sigma^2, \ldots, \sigma^f = 1)$ die einzige Untergruppe f. Grades. Die
Exponenten von s kommen mod p - 1, diejenigen von σ nur mod f
in Betracht. U ist wieder zyklisch. Jede symmetrische Funktion
$\alpha = S(\sigma\zeta, \sigma^2\zeta, \ldots, \sigma^f\zeta = \zeta)$ gehört zu U, d.h. bleibt bei U invariant, genügt also einer Gleichung 3. Grades mit rationalen
Koeffizienten. Unter den bezgl. des Kreisteilungskörpers, d.h.
mittels s, s^2, ... gebildeten Konjugierten von α sind mindestens je f einander gleich. Die Gleichung 3. Grades für α wird
irreduzibel, wenn unter diesen Konjugierten 3 verschiedene
Werte angenommen werden, wenn also α, $s\alpha$ und $s^2\alpha$ verschieden

sind. Ob das der Fall ist, hängt von der Wahl von S ab. Die
Summe der $\sigma^i \zeta$ leistet es wieder. Es handelt sich also darum,
die kubische Gleichung für diese aufzustellen. Diese wird im
allgemeinen Fall nur mit Hülfe des Körpers der dritten Einheitswurzeln angebbar sein, entsprechend war im Fall des quadratischen Unterkörpers der Körper der 2. Einheitswurzeln
nötig, aber das ist ja K(1) selber.

[1.VI.20.] Als erzeugende Substitution s von G sei gewählt
$s\zeta = \zeta^g$, wo g eine Primitivzahl mod p ist. Dann ist
$\sigma\zeta = s^3\zeta = \zeta^{g^3}$. Wir bilden

$$\omega = \omega_0 = \zeta^{g^3} + \zeta^{g^6} + \ldots + \zeta^{g^{3f}} \qquad (\zeta^{g^{3f}} = \zeta^{g^{p-1}} = \zeta).$$

Die Konjugierten von ω bezgl. der Gleichung 3. Grades, der ω
genügt, sind $s\omega$ und $s^2\omega$. Es ist

$$\left.\begin{aligned}
\omega = \omega_0 &= \sum_v \zeta^{g^{3v}} \\
s\omega = \omega_1 &= \sum_v \zeta^{g^{3v+1}} \\
s^2\omega = \omega_2 &= \sum_v \zeta^{g^{3v+2}}
\end{aligned}\right\} \qquad (v = 1,2,\ldots,f)$$

Wäre nun $\omega = s\omega$, so wäre das eine Gleichung zwischen Potenzen
von ζ mit Koeffizienten ± 1. Diese hätte höchstens den Grad
p - 1, da man die Potenzen von g durch Zahlen aus dem Intervall (1; p-1) ersetzen kann. Sie enthält nur 2f Glieder, ist
also sicher von der irreduziblen Gleichung verschieden, der
ζ genügt. Das ist nicht möglich. Also sind ω, $s\omega$ und $s^2\omega$ verschieden. Also genügt ω einer in K(1) irreduziblen Gleichung
3. Grades mit ganzen rationalen Koeffizienten a, b, c:

$$x^3 + ax^2 + bx + c = 0 .$$

Die a, b, c hängen nicht von der speziellen Wahl von ζ ab, da
sie als symmetrische Funktionen von ω_0, ω_1, ω_2 in den Potenzen
von ζ symmetrisch sind. Sie hängen also allein von p ab. Es
ist $a = -\sum \omega_i = -\sum_{a=1}^{p-1} \zeta^a = +1$ vermöge der irreduziblen Gleichung
für ζ. Es ist aber schon viel komplizierter,
$b = \omega_0\omega_1 + \omega_0\omega_2 + \omega_1\omega_2$ zu bestimmen. In $\omega_0\omega_1$ z.B. kommen alle
Exponenten der Form $g^{3v} + g^{3u+1}$ vor, und es ist nicht leicht

zu sagen, welche mod p übereinstimmen, da sie keinem übersichtlichen allgemeinen Gesetz gehorchen. In jedem einzelnen Fall läßt sich aber die Rechnung durchführen, wie wir gleich an einem numerischen Beispiel sehen werden.

Was uns mehr interessiert, sind die Eigenschaften des kubischen Körpers. Wir wissen: Er hat den Grad 3, und seine Gruppe ist zyklisch. Seine Diskriminante d kann nur durch p teilbar sein, da er Unterkörper von $K(\zeta)$ ist; und sie muß durch p teilbar sein, da nach einem Satz der allgemeinen Körpertheorie die Diskriminante jedes von K(1) verschiedenen Körpers durch mindestens eine Primzahl teilbar ist. Man kann noch aus allgemeinen Überlegungen finden, daß $d = p^2$ sein muß. Wir sind also nur zu abelschen Körpern 3. Grades, deren Diskriminante nur durch eine Primzahl der Form $p = 3n + 1$ teilbar ist, gelangt. Damit ist nicht bewiesen, daß es nicht noch andere abelsche Körper 3. Grades gibt, deren Diskriminante nur eine Primzahl enthält. + Aber im nächsten Paragraphen werden wir sehen, daß wirklich keine anderen existieren.

Eine andere Frage ist, ob es solche Primzahlen $p = 3n + 1$ gibt, und wieviele. Das pflegt auch mit der Theorie der Kreisteilungskörper entschieden zu werden. Wir werden uns im dritten Teil der Vorlesung damit zu beschäftigen haben. Beispiele wie $p = 7, 13, \ldots$ zeigen jedenfalls die Existenz.

Numerisches Beispiel: $p = 7 = 3\cdot 2 + 1$.

Welches ist der kubische abelsche Körper mit Diskriminante 7^2? $g = 3$ ist Primitivzahl mod 7.

$$g \equiv 3,\ g^2 \equiv 2,\ g^3 \equiv -1,\ g^4 \equiv 4,\ g^5 \equiv 5,\ g^6 \equiv 1 \pmod 7)$$

$f = \frac{p-1}{3} = 2$. Also wird: $\omega_o = \zeta^{g^3} + \zeta^{g^6} = \zeta + \zeta^{-1}$,

$\omega_1 = \zeta^{g^4} + \zeta^{g} = \zeta^3 + \zeta^{-3}$, $\omega_2 = \zeta^2 + \zeta^{-2}$. $K(\omega)$ ist also hier der reelle Unterkörper; und das muß ja auch so sein, da doch dieser den Grad $\frac{p-1}{2} = 3$ haben soll. Es wird:

$$\omega_o\omega_1 = \zeta^4 + \zeta^5 + \zeta^2 + \zeta^3$$
$$\omega_o\omega_2 = \zeta^3 + \zeta^6 + \zeta + \zeta^4$$
$$\omega_1\omega_2 = \zeta^5 + \zeta + \zeta^6 + \zeta^2$$

also $b = \sum \omega_i \omega_k = 2(\zeta + \zeta^2 + \zeta^3 + \zeta^4 + \zeta^5 + \zeta^6) = -2$ und

$c = -\omega_1 \omega_2 \omega_o = -[2 + \zeta + \zeta^2 + \zeta^3 + \zeta^4 + \zeta^5 + \zeta^6] = -1$.

$$x^3 + x^2 - 2x - 1 = 0$$

ist also die gesuchte Gleichung, eine <u>abelsche</u> Gleichung 3. Grades. Ihre Wurzeln ω_o, ω_1, ω_2 sind uns auf transzendentem Wege bekannt. Sie hat 3 reelle Lösungen: "casus irreducibilis". In diesem Fall erscheinen ja in der Cardano-schen Formel die reellen Lösungen mittels eines Durchgangs durch das Imaginäre. Die Wurzeln sind $2 \cdot \cos \frac{2\pi}{7}$, $2 \cdot \cos 2 \cdot \frac{2\pi}{7}$, $2 \cdot \cos 3 \cdot \frac{2\pi}{7}$.

Wir haben also auf dem Umweg über die Kreisteilungsgleichungen abelsche Körper mit vorgeschriebener Gruppe und Diskriminante hergestellt. Aber diese dürfen schon nicht mehr beliebig vorgeschrieben werden. Wir können also zunächst nur feststellen, daß wir manche abelsche Körper auf diesem Wege bekommen.

§ 8. Vollständigkeitssatz.

Dieser sagt nun aus: Auf diesem Wege bekommt man <u>alle</u> abelschen Körper, nicht nur die quadratischen und manche kubischen. - Wir wollen die Bezeichnungen verwenden: "<u>Kreisteilungskörper</u>" für die durch Einheitswurzeln erzeugten Körper und "<u>Kreiskörper</u>" für jeden Unterkörper eines Kreisteilungskörpers.

Wir haben gefunden: Alle quadratischen Kreiskörper sind identisch mit allen quadratischen Körpern überhaupt. Das Entsprechende kann für kubische Körper sicher nicht gelten. Denn es gibt Gleichungen 3. Grades mit einer reellen und zwei imaginären Wurzeln. Die durch diese erzeugten Körper sind nicht galoissch, können also nicht Kreiskörper sein. Wir werden aber finden: Jeder kubische <u>abelsche</u> Körper ist ein Kreiskörper. Allgemeiner gilt: <u>Jeder abelsche Zahlkörper ist ein Kreiskörper (Vollständigkeitssatz)</u>. Durch diesen zuerst von Kronecker ohne Beweis aufgestellten Satz bekommt die Theorie erst ihre Abrundung. Der erste Beweis stammt von Weber, Acta math. Bd. 8, 1888; und in etwas anderer Darstellung: Algebra Bd. 2, § 208. Ein anderer Beweis stammt von Hilbert:

Zahlbericht § 100 ff. Hier soll ein vollständiger Beweis
nicht gegeben werden, da die Zeit zu knapp ist und er anders-
artige Hülfsmittel erfordern würde, die nicht in der Richtung
dieser Vorlesung liegen. Aber eine Skizze des Gedankenganges
soll hier folgen:

Wir suchen, die abelschen Körper aus einfachsten Bau-
steinen, nämlich <u>zyklischen</u> Körpern aufzubauen. Dazu ist eine
Reihe rein algebraischer Überlegungen nötig.

Sei K ein Körper mit abelscher Gruppe G. Nach einem funda-
mentalen Satz gestattet G eine Darstellung durch eine "<u>Basis</u>"
d.h. e solche erzeugenden Elemente $s_1, s_2, \ldots, s_e$, daß jedes
Element von G <u>eindeutig</u> in der Form
$s_1^{x_1} s_2^{x_2} \ldots s_e^{x_e}$ darstellbar ist, wobei noch die s_i von Prim-
zahlpotenzordnung sind: $s_i^{\ell_i^{h_i}} = 1$, und die x_i also nur mod $\ell_i^{h_i}$
in Frage kommen. $n = \prod\limits_{i=1}^{e} \ell_i^{h_i}$ ist der Grad von G. Wenn nur ein
Basiselement nötig ist, so ist die Gruppe zyklisch von Primzahlpotenzgrad. Mit solcher Basis kann man nun alle Untergruppen für unseren Zweck finden. Sei U_1 die durch
$s_2, s_3, \ldots, s_e$ (also unter Ausschluß von s_1) erzeugte Untergruppe von G. U_1 hat den Grad $\dfrac{n}{\ell_1^{h_1}} = f$. U_1 definiert also
einen zu U_1 gehörigen Unterkörper von K vom Grade $\dfrac{n}{f} = \ell_1^{h_1}$.
Dieser ist wieder abelsch, seine Gruppe ist darstellbar durch
$s_1, s_1^2, \ldots, s_1^{\ell_1^{h_1}} = 1$, ist also <u>zyklisch</u>. Analog bilden wir U_i
unter Ausschluß von s_i und damit einen zyklischen Unterkörper
vom Grade $\ell_i^{h_i}$. Diese e Unterkörper zusammen bilden wieder genau
den Körper K. Wenn man also zeigen kann, daß jeder zyklische
Körper ein Kreiskörper ist, dann ist der Vollständigkeitssatz
bewiesen.

Sei C_h ein zyklischer Körper vom Grade ℓ^h (ℓ = Primzahl ≥ 2).
Grad und Gruppe legen den Körper noch nicht fest, wir werden
daher noch auf die Diskriminante achten.

Dem C_h stellen wir nun Kreiskörper gegenüber und suchen es
zu Unterkörpern von Kreisteilungskörpern in Beziehung zu

bringen. ℓ^h möge in p - 1 aufgehen. Dann gibt es in der zyklischen Gruppe vom Grade p - 1 eine Untergruppe vom Grade ℓ^h. Diese bestimmt eindeutig einen abelschen Körper P_h als Unterkörper des Körpers der p-ten Einheitswurzeln. Dessen Diskriminante ist nur durch p teilbar, sein Grad ist aber ein Teiler von p - 1, also prim zu p.

Nun verschaffen wir uns noch einen zyklischen Körper, dessen Diskriminante nicht prim zum Grad ist. Der Kreisteilungskörper $K(e^{\frac{2\pi i}{p^2}})$ hat den Grad $\varphi(p^2) = p(p-1)$ und ist zyklisch, da die Restklassengruppe mod p^2 zyklisch ist. Die Gruppe besitzt eine Untergruppe vom Grade p - 1. Die bei diesen p - 1 Substitutionen invariant bleibenden Zahlen bilden einen zyklischen Unterkörper vom Grade $\frac{\varphi(p^2)}{p-1} = p$. Es sei g eine Primitivzahl mod p^2 und $s\zeta = \zeta^g$. Dann ist $(s^p, s^{2p}, \ldots, s^{(p-1)p} = 1)$ diese Untergruppe. Den zugehörigen Unterkörper nennen wir U_1. Da die Diskriminante von $K(e^{\frac{2\pi i}{p^2}})$ eine Potenz von p ist, kann auch die Diskriminante von U_1 nur p enthalten, also <u>dieselbe</u> Primzahl, wie der Grad von U_1.

Gehen wir in derselben Weise von $K(e^{\frac{2\pi i}{p^{r+1}}})$ aus, - dieser ist vom Grade $p^r(p-1)$, - so können wir ebenso einen Unterkörper U_r vom Grade p^r konstruieren, in dessen Diskriminante wiederum nur p aufgeht. - Der Fall p = 2 erfordert dabei besondere Überlegungen, da dann nicht für jedes r die Restklassengruppe zyklisch ist.

Aus P_h und U_h können wir nun den allgemeinsten C_h zusammensetzen. Wir haben dazu Beziehungen zwischen Grad und Diskriminante abelscher Körper zu verwenden, die rein algebraischen Charakters sind. Satz 1: C_h hatte den Grad ℓ^h. Wir betrachten den Unterkörper C_1 vom Grade ℓ, der in ihm enthalten ist. Seine Diskriminante sei d_1, und $p \neq \ell$ möge ein Primteiler von d_1 sein. <u>Dann gilt</u>: $p \equiv 1 \pmod{\ell^h}$. Andere Primzahlen kommen also als Teiler der Diskriminante von C_1 nicht in Frage. - Der Beweis benutzt algebraische Beziehungen, die wir später in anderem Zusammenhange kennenlernen werden. Er ist

rein algebraisch und benutzt nicht die Kreiskörper. - Wir
hatten festgestellt für $\ell = 3$, $h = 1$: Kubische Kreiskörper,
in deren Diskriminante nur p aufgeht, sind nur für $p \equiv 1$
(mod 3) möglich.

Wir wollen nun C_h mit P_h in Verbindung bringen. Wie kann
man entscheiden, ob zwei auf verschiedene Weisen charakteri-
sierte Körper identisch sind? Entweder man sucht geeignete
erzeugende Irrationalitäten nachzuweisen, die auch auf andere
Weise schon eine natürliche Auszeichnung genießen, und weist
von diesen nach, daß sie in beiden Körpern liegen. So etwa
verfährt Weber. Oder man bildet den aus beiden zusammengesetzten Körper und zeigt, - etwa durch die Zerlegungsgesetze
der Primzahlen - daß sein Grad nicht größer als der Grad der
ursprünglichen Körper ist; dann müssen diese ja identisch
sein. - Der hier skizzierte Gedankengang gehört zu der zweiten
Art. Es wird dabei mehr mit den Körpern als Ganzen operiert.

Es sei nun (erstens) C_h ein abelscher Körper, der einen
zyklischen Unterkörper C_1 enthält, in dessen Diskriminante d_1
noch andere Primzahlen als ℓ vorkommen. Sei $p \mid d_1$, $p \neq \ell$. Dann
ist nach Satz 1 ℓ^h ein Teiler von $p - 1$, wir werden also wie
oben zu einem Körper P_h geführt. Dann gilt Satz 2: Es gibt
stets ein solches $C'_{h'}$ vom Grade $\ell^{h'} \leq \ell^h$, daß $C'_{h'} + P_h$ den
Körper C_h enthält und die Diskriminante von $C'_{h'}$ keine anderen
Primteiler als diejenigen von C_h enthält, aber insbesondere
nicht mehr p. - Nun gilt ja ferner der fundamentale Satz 3:
Die Diskriminante jedes von K(1) verschiedenen Zahlkörpers ist
durch mindestens eine Primzahl teilbar. - Wir wollen ja nachweisen, daß C_h Kreiskörper ist. Enthält nun etwa die Diskriminante von C_h nur p, dann ist notwendig $C'_{h'} = K(1)$ und C_h
also in P_h enthalten. Wir haben also bereits erkannt: Sämtliche abelsche Körper vom Primzahlpotenzgrad, deren Diskriminante nur eine Primzahl enthält, sind als Kreiskörper darstellbar.

Wir betrachten das Beispiel $\ell = 3$, $h = 1$. C_h ist hier also
ein C_1. Die Diskriminante von C_1 sei nur durch p teilbar. Dann
ist $p \equiv 1$ (mod 3) nach Satz 1. Nach Satz 2 ist $C_1(p)$ enthalten

in $P_1 = K(e^{\frac{2\pi i}{p}})$ ist also <u>der</u> Unterkörper 3. Grades in P_1. Es gibt also nur einen kubischen abelschen Körper, dessen Diskriminante nur durch p teilbar ist.

Enthält C_1 mehrere zu ℓ teilerfremde Primzahlen in der Diskriminante, so können wir diese durch wiederholte Anwendung des Satzes 2 eliminieren und also auf einen solchen abelschen Körper kommen, der in der Diskriminante nur noch die eine im Grad aufgehende Primzahl ℓ enthält. Hier gilt nun:

Satz 4: ist (<u>zweitens</u>) C_1 ein solcher abelscher Körper vom Grade $\ell \neq 2$, dessen Diskriminante nur durch ℓ teilbar ist, so ist $C_1 = U_1$, wo U_1, wie oben ausgeführt, als Unterkörper im Körper der ℓ^2-ten Einheitswurzeln enthalten ist.

Man muß in dieser Gedankenkette den rein algebraischen und den transzendenten Teil streng trennen. Die algebraischen Sätze liefern keine Existenzbeweise. Sie haben die Form: Wenn Körper existieren, die die Voraussetzungen erfüllen, so haben sie die Eigenschaften. Schon für die kubischen abelschen Körper brauchten wir, um ihre Existenz nachzuweisen, die Kreisteilungskörper. (Bei den quadratischen Körpern war das nicht nötig.) Hier sieht man, wie die Funktionentheorie die Existenzbeweise liefert.

§ 9. Konstruktion aller abelschen Zahlkörper.

Wir werden diese auf transzendentem Wege mittels der Exponentialfunktion leisten. Zunächst wissen wir: Es gibt keine anderen kubischen abelschen Körper, als die früher behandelten Kreiskörper. Gibt es abelsche Körper von Primzahlgrade ℓ, deren Diskriminante nur durch p teilbar ist? Die gibt es, wenn $p \equiv 1 \pmod{\ell}$, und zwar genau einen, der in $K(e^{\frac{2\pi i}{p}})$ enthalten ist. Der Existenzbeweis beruht hier also auf der Annahme, daß es Primzahlen p dieser Eigenschaft gibt. Wie bekommt man diese Körper?

Es sei $\frac{p-1}{\ell} = f$ und g eine Primitivzahl mod p; $\zeta = e^{\frac{2\pi i}{p}}$; $s\zeta = \zeta^g$. Wir suchen Zahlen vom Grade ℓ. Die Zahl

$\omega = \zeta^{g^{\ell}} + \zeta^{g^{2\ell}} + \ldots + \zeta^{g^{f\ell}}$ bleibt invariant bei den f Substitutionen, die Potenzen von $s^{\ell}\zeta = \zeta^{g^{\ell}}$ sind. ω genügt also einer Gleichung vom Grade ℓ. Wäre diese reduzibel, so wäre sie Potenz einer irreduziblen Gleichung, die, weil ℓ Primzahl ist, linear sein müßte, also wäre ω rational. Dann genügte aber ζ einer Gleichung vom Grade $\leq p - 1$ in $K(1)$, die weniger Glieder enthielte, als die irreduzible Gleichung für ζ, was nicht sein kann. Also hat $K(\omega)$ den Grad ℓ, und seine Diskriminante ist nur durch p teilbar. Man findet noch $d(K(\omega)) = p^{\ell-1}$, also p^2 für $\ell = 3$. Es gibt also nur einen zyklischen Körper vom Primzahlgrad, dessen Diskriminante durch eine vom Grad verschiedene Primzahl teilbar ist.

Wie wird es, wenn die Diskriminante des abelschen Körpers vom Grade ℓ zwei Primzahlen p und q, $p \neq q$; $p,q \neq \ell$, enthält und keine andern? Zunächst muß sein $p \equiv q \equiv 1 \pmod{\ell}$ nach Satz 1. Den Körper nennen wir $C_1(p,q)$. Dann setzen wir $C_1(p,q)$ in Verbindung mit P_1, dem im Körper der p-ten Einheitswurzeln enthaltenen zyklischen Unterkörper ℓ. Grades; dessen Diskriminante enthält nur p. Nach Satz 2 ist dann $C_1(p,q)$ ein Unterkörper von P_1 + einem gewissen $C_{h'}'$, dessen Diskriminante nicht mehr p aber sicher q enthält. (Wäre $C_{h'}' = K(1)$, so könnte die Diskriminante von $C_1(p,q)$ ja nur p enthalten.) Der $C_{h'}'$ ist wieder vom Grade ℓ^1, er ist also der $C_1(q)$ und ist also ein Unterkörper des Körpers der q-ten Einheitswurzeln. Da P_1 vom Grade ℓ^1 ist und seine Diskriminante nur p enthält, bezeichnen wir ihn ebenso durch $C_1(p)$. Also ist $C_1(p,q)$ im Körper der p-ten und q-ten Einheitswurzeln enthalten: $C_1(p,q)$ in $(C_1(p), C_1(q)) = K$.

Wie viele $C_1(p,q)$ gibt es in K? $C_1(p)$ und $C_1(q)$ sind <u>eindeutig</u> bestimmt. Es möge etwa $\ell = 3$ sein. $C_1(p)$ und $C_1(q)$ haben den Grad 3, der aus ihnen zusammengesetzte Körper K den Grad 9. Seine Gruppe ist nicht zyklisch, sondern läßt sich aus zwei erzeugenden Substitutionen s_1 und s_2 aufbauen, so daß $s_1^{x_1} s_2^{x_2}$ das allgemeine Element ist. Dabei ist $s_1^3 = s_2^3 = 1$. Das ist dann eine nicht zyklische, abelsche Gruppe vom Grade 9. Die Frage nach den Unterkörpern von K vom Grade 3 ist die Frage, wie viel Untergruppen 3. Grades diese Gruppe hat. Man findet, daß es 4 gibt, erzeugt durch:

a) s_1 (entsprechend $C_1(p)$);   b) s_2 (entsprechend $C_1(q)$);

c) $s_1 s_2$;   d) $s_1^2 s_2$.

In der Diskriminante von K gehen nur p und q auf. Die Unterkörper, deren Diskriminante nur p oder nur q enthalten, sind
eindeutig bestimmt und entsprechen a) und b). Den Gruppen c)
und d) müssen also Unterkörper entsprechen, in deren Diskriminante mehr als eine Primzahl aufgeht, aber andererseits
keine anderen als p und q. Es sind also beides $C_1(p,q)$ =
Körper; und sie sind verschieden, da sie zu verschiedenen
Untergruppen gehören. Es gibt also genau 2 verschiedene kubische abelsche Körper, deren Diskriminante p und q enthält.

Wir hätten sie auch direkt als Unterkörper des Körpers
$K(e^{\frac{2\pi i}{pq}})$ der pq-ten Einheitswurzeln darstellen können. Dieser
hat den Grad $(p-1)(q-1) = n$. Seine Gruppe sei G. Welche
Unterkörper 3. Grades enthält er? Wir müssen Untergruppen vom
Grade $\frac{n}{3}$ suchen. G ist nicht zyklisch, läßt sich aber aus zwei
Erzeugenden σ_1 und σ_2 aufbauen, so daß $\sigma_1^{y_1}\sigma_2^{y_2}$ das allgemeine
Element ist und dabei $y_1 = 1,2,\ldots,p-1$; $y_2 = 1,2,\ldots,q-1$.
(Das ist keine Basis, da σ_1 und σ_2 nicht Primzahlpotenzgrad
haben.) Wir finden dann folgende Untergruppen $(\frac{n}{3})$. Grades:

a) alle Elemente, für die $y_1 \equiv 0 \pmod 3$

b) alle Elemente, für die $y_2 \equiv 0 \pmod 3$

c) alle Elemente, für die
   $y_1 + y_2 \equiv 0 \pmod 3$

d) alle Elemente, für die
   $y_1 + 2y_2 \equiv 0 \pmod 3$

Man sieht, daß auch dies Teil-
systeme aus $\frac{n}{3}$ Elementen sind,
die eine Gruppe bilden.

a) bezw. b) führen zu Unterkörpern 3. Grades, deren Diskriminante nur p bezw. q enthält, also Unterkörpern der p-ten bezw.
q-ten Einheitswurzeln. c) und d) führen zu Körpern $C_1(p,q)$. Es
bleiben also nur diese Möglichkeiten.

Damit ist der transzendente Teil der Konstruktion erledigt.
Kann man diese Körper auch durch rein algebraische Erzeugungsarten gewinnen? Dann werden die Beziehungen zwischen beiden

<u>Erzeugungsarten</u> zu fruchtbaren Problemen führen.

[4.VI.20.] Wir wollen uns jetzt unabhängig von der Exponentialfunktion eine Übersicht anderer Art verschaffen. Wir wollen etwas über abelsche Körper gegebener Eigenschaften erfahren, ohne die Theorie der Kreisteilungskörper zu benutzen.

§ 10. Konstruktion abelscher Zahlkörper durch Auflösung <u>reiner</u> <u>Gleichungen</u>.

Der Weg ist uns durch die quadratischen Körper vorgezeichnet. Diese werden uns unmittelbar zugänglich durch Auflösung einer reinen quadratischen Gleichung $x^2 - a = 0$ mit rationalen Koeffizienten. So kommen wir zum allgemeinsten quadratischen Zahlkörper. Wir wollen nun Körper von allgemeinerem Typus durch Auflösung reiner Gleichungen zu gewinnen suchen.

Es sei $x^3 - a = 0$ eine reine Gleichung 3. Grades, wo die rationale Zahl a nicht dritte Potenz einer rationalen Zahl ist. Es bezeichne $\sqrt[3]{a}$ den reellen Wert der 3. Wurzel und ζ eine primitive 3. Einheitswurzel. Dann sind $\sqrt[3]{a}, \zeta \sqrt[3]{a}, \zeta^2 \sqrt[3]{a}$ die 3 Wurzeln der Gleichung. ζ kann nicht in $K(\sqrt[3]{a})$ liegen, da dieser keinen quadratischen Unterkörper enthalten kann. Also sind die 3 Wurzeln nicht rationale Funktionen voneinander, $K(\sqrt[3]{a})$ ist also <u>nicht galoissch</u>, also auch nicht abelsch. Erweitert man aber den ursprünglichen Grundbereich der rationalen Zahlen zum Grundbereich $k(\zeta)$ und versteht alle Ausdrücke relativ zu $k(\zeta)$, so ist der Körper galoissch geworden, d.h.: Sind $\theta_1 = \theta_1$, $\theta_2 = \zeta\theta_1$, $\theta_3 = \zeta^2\theta_1$, die obigen 3 Wurzeln, so ist jede durch jede andere mit Koeffizienten aus $k(\zeta)$ ausdrückbar, oder θ_1, θ_2, θ_3 erzeugen, mit $k(\zeta)$ kombiniert, denselben Körper 3. Grades. Schreibt man $s\theta = \zeta \cdot \theta$, so ist seine Gruppe die zyklische Gruppe 3. Grades mit der Erzeugenden s. <u>K(θ) ist also</u> <u>relativ abelsch bezüglich k(ζ).</u>

Nun sei $K(\omega)$ ein beliebiger absolut kubischer, abelscher Körper, d.h. ω genügt einer Gleichung $x^3 + ax^2 + bx + c = 0$ mit Koeffizienten aus $K(1)$. Ich kombiniere ihn mit $k(\zeta)$ und bilde $K(\omega, \zeta)$. Dieser Körper hat einen höheren Grad. Wir fragen nun, ob wir $K(\omega)$ so erzeugen können, daß wir von $k(\zeta)$ ausgehen

und darin eine <u>reine</u> Gleichung 3. Grades auflösen, suchen also
den kubischen abelschen Körper auf dem Umweg über reine
Gleichungen herzustellen. [Dabei setzen wir die Kenntnis der
<u>3.</u> Einheitswurzel voraus; unsere Überlegungen enthalten also
noch einen ganz kleinen Teil eines transzendenten Elements,
nämlich die Kenntnis dieser numerisch bestimmten Einheitswurzel. Das ist viel weniger, als oben: Die Kenntnis aller
abelschen kubischen Körper auf dem früheren Wege erforderte
die Kenntnis aller unendlich vielen Einheitswurzeln von Exponenten p ($\equiv 1 \pmod 3$).]

Die Antwort auf obige Frage lautet nun bejahend. Wir setzen
gleich allgemeiner statt 3 eine ungerade Primzahl ℓ. C_1 - in
unserer früheren Bezeichnungsweise - sei also ein absolut
abelscher Körper vom Primzahlgrade ℓ. Über seine Diskriminante
setzen wir nichts voraus. Er werde erzeugt durch ω, das also
einer Gleichung ℓ-ten Grades mit Koeffizienten aus $K(1)$ genügt.
Die Gruppe des Körpers ist <u>zyklisch</u> vom Grade ℓ, etwa
$t, t^2, \ldots, t^\ell = 1$. Die Konjugierten von ω sind $t^n\omega$.

Wir gehen nun in den Körper der ℓ-ten Einheitswurzeln über
und werden in diesem die ℓ-te Wurzel aus einer geeigneten Zahl
ziehen. $\zeta = e^{\frac{2\pi i}{\ell}}$; $k(\zeta)$ hat den Grad $\ell-1$. Wir bilden $K(\omega,\zeta)$. In
diesem Körper liegt die Zahl

$$(31) \qquad f(\omega,\zeta) = \omega + \zeta t\omega + \zeta^2 t^2\omega + \ldots + \zeta^{\ell-1}t^{\ell-1}\omega$$

Dann wird:

$$f(t\omega,\zeta) = t\omega + \zeta t^2\omega + \zeta^2 t^3\omega + \ldots + \zeta^{\ell-1}\omega = \zeta^{-1}f(\omega,\zeta).$$

Die Zahl $\rho(\omega,\zeta) = f(\omega,\zeta)^\ell$ ist also invariant gegenüber t, läßt
sich also symmetrisch in sämtlichen Konjugierten von ω dar-
stellen:

$$\rho(\omega,\zeta) = \rho(t^n\omega,\zeta) = \tfrac{1}{\ell}[\rho(\omega,\zeta)+\rho(t\omega,\zeta)+\ldots+\rho(t^{\ell-1}\omega,\zeta)].$$

Da die Koeffizienten der einzelnen Potenzen von ζ also symmetrische rationale Funktionen der Konjugierten von ω sind, sind
sie rationale Zahlen, und daher ist ρ eine Zahl aus $k(\zeta)$. Wir
erhalten also $f(\omega,\zeta) = \sqrt[\ell]{\rho}$ als Auflösung einer <u>reinen</u> Gleichung
$x^\ell - \rho = 0$ mit Koeffizienten aus $k(\zeta)$. - Von $f(\omega,\zeta)$ können wir

aber durch rationale Operationen in $k(\zeta)$ zu ω selbst gelangen. Denn zunächst lassen sich die Konjugierten von $\sqrt[\ell]{\rho}$ so ermitteln. Es sei g eine Primitivzahl mod ℓ und $s\zeta = \zeta^g$. Es ist

$$sf(\omega,\zeta) = f(\omega,\zeta^g) = \omega + \zeta^g t\omega + \zeta^{2g}t^2\omega + \ldots + \zeta^{(\ell-1)g}t^{\ell-1}\omega$$

nach (31). Dann folgt wie dort $f(t\omega,\zeta^g) = \zeta^{-g}f(\omega,\zeta^g)$. Also ist die Zahl $\alpha = \dfrac{f(\omega,\zeta^g)}{f(\omega,\zeta)^g}$ bei t invariant und gehört also zu $k(\zeta)$. Mithin wird

$$(32) \qquad\qquad s\rho = \rho^g \alpha^\ell$$

wo α in $k(\zeta)$ liegt, und daher $\sqrt[\ell]{s\rho}$ rational durch $\sqrt[\ell]{\rho}$ in $k(\zeta)$ darstellbar. Durch ziehen der einzigen $\sqrt[\ell]{\rho}$ bekommen wir also $K(\sqrt[\ell]{\rho})$ und zugleich alle bezüglich $k(\zeta)$ konjugierten Körper. Dann sind also alle $f(\omega,\zeta^{g^i})$ durch $f(\omega,\zeta)$ mit Koeffizienten aus $k(\zeta)$ rational ausdrückbar, und wir können, wie folgt, zu ω selbst gelangen:

$$f(\omega,\zeta^a) = \omega + \zeta^a t\omega + \ldots + \zeta^{a(\ell-1)}t^{\ell-1}\omega \qquad (a = 1,2,\ldots,\ell-1)$$

Das sind $\ell-1$ Zahlen, zu denen wir noch für $a = 0$ die Zahl mit rationalen Koeffizienten hinzunehmen:

$$f(\omega,1) = \omega + t\omega + \ldots + t^{\ell-1}\omega \ .$$

Nach der Gleichung $(\ell-1)$-ten Grades für ζ folgt daher $\sum\limits_{a=0}^{\ell-1} f(\omega,\zeta^a) = \ell\omega$, daher

$$\omega = \frac{1}{\ell}\sum_{a=0}^{\ell-1} f(\omega,\zeta^a) = \frac{1}{\ell}\sum_{i=1}^{\ell} \omega^{(i)} + \frac{1}{\ell}\sum_{a=1}^{\ell-1} \sqrt[\ell]{s^a\rho}$$

da ja die Zahlen $f(\omega,\zeta^a)^\ell$ für $a = 1,2,\ldots,\ell-1$ alle Konjugierten von ρ darstellen. Die erste Summe ist eine rationale Zahl, die letzte ist, wie wir gesehen haben, in $k(\zeta)$ rational durch $\sqrt[\ell]{\rho}$ ausdrückbar.

Wir gelangen also zu dem zyklischen Körper ℓ. Grades $K(\omega)$, indem wir im Körper der ℓ-ten Einheitswurzeln die ℓ-te Wurzel aus einer geeigenten Zahl ziehen. Dabei haben wir aber noch nicht angegeben welche der $\sqrt[\ell]{s^a\rho}$ für jedes einzelne a in dieser Formel einzusetzen ist. Es genügt uns hier, daß jedenfalls durch endlich **viele** Versuche sich darüber eine Entscheidung treffen lassen muß.

Wir haben also die abelschen Körper von Primzahlgrad rein arithmetisch, gleichsam "von unten her" direkt konstruiert, während wir sie früher "von oben her" als Unterkörper von Kreisteilungskörpern gewannen.

Wie findet man nun in $k(\zeta)$ eine solche Zahl ρ? Welche Eigenschaften für ρ sind ausreichend, damit die $\sqrt[\ell]{\rho}$ einen zyklischen Körper ℓ. Grades erzeugt. Es gilt der

<u>Satz</u>: Wenn ρ eine solche Zahl aus $k(\zeta)$ ist, daß (32) gilt, dann definiert $\sqrt[\ell]{\rho}$ mit $k(\zeta)$ einen abelschen Körper vom Grade $\ell \cdot (\ell-1)$, der einen zyklischen Unterkörper ℓ. Grades enthält.

Dann schließt sich wiederum die Kette: Wir fragen nach der <u>Existenz</u> von Zahlen mit diesen Eigenschaften. - Lassen sich nicht vielleicht zu den C_1 in eindeutiger Weise gewisse ρ zuordnen? Vorläufig ist noch eine Willkür durch die Wahl von ω in den ρ enthalten.

Zum Beweise des Satzes nehmen wir an, daß 1) ρ nicht ℓ-te Potenz einer Zahl aus $k(\zeta)$ ist und 2) $s\rho = \rho^g \alpha^\ell$. Behauptung: Dann ist $K(\sqrt[\ell]{\rho},\zeta)$ absolut abelsch vom Grade $\ell(\ell-1)$ und enthält einen zyklischen Unterkörper ℓ. Grades.

Zunächst ist $K(\sqrt[\ell]{\rho},\zeta)$ relativ galoissch zu $k(\zeta)$; denn er entsteht durch Auflösung von $x^\ell - \rho = 0$. Diese Gleichung ist in $k(\zeta)$ irreduzibel, da nach Voraussetzung 1) ρ nicht ℓ-te Potenz einer Zahl aus $k(\zeta)$ sein soll. K hat den Relativgrad ℓ und die relativ Konjugierten sind $\sqrt[\ell]{\rho}$, $\zeta^g \cdot \sqrt[\ell]{\rho}$, $\ldots$, $\zeta^{g^{\ell-1}} \cdot \sqrt[\ell]{\rho}$. K hat den Grad $\ell(\ell-1)$ relativ zu K(1). Die Zahlen von K haben die Gestalt $\varphi(\sqrt[\ell]{\rho},\zeta)$, wo φ eine rationale Funktion mit rationalen Koeffizienten bedeutet. Die Konjugierten dieser Zahl sind $\varphi(\sqrt[\ell]{s^n\rho},\zeta^a)$. Vermöge Voraussetzung 2) sind diese rational durch $\sqrt[\ell]{\rho}$ und ζ ausdrückbar, liegen also in K. <u>K ist also absolut galoissch</u>.

Wir fragen nach der Gruppe von K. Setze $\Omega = \sqrt[\ell]{\rho}$. λ sei eine erzeugende Zahl von K. Dann ist also $K(\lambda) = K(\zeta,\Omega)$. Die Konjugierten von λ seien $S_1(\lambda) = \lambda$, $S_2(\lambda),\ldots$

<u>Behauptung</u>: Diese Substitutionen bilden für den Wert λ des Arguments eine <u>abelsche</u> Gruppe.

<u>Beweis</u>: Unter den relativ Konjugierten von Ω kommt $\zeta^{-1}\Omega$ vor. Es gibt also unter den S_i eine Substitution, - sie heiße t, so daß

$$t\Omega = \zeta^{-1}\Omega \quad , \quad t\zeta = \zeta \quad .$$

ζ^g kommt unter den Konjugierten von ζ vor, also gibt es unter den Substitutionen S_i eine solche, - sie heiße σ, - daß $\sigma\zeta = \zeta^g$ ist. Sie entspricht also der früher mit s bezeichneten Substitution. $\Omega^\ell = \rho$ liegt in $k(\zeta)$. Nach Voraussetzung 2) ist $\sigma\Omega^\ell = s\rho = \rho^g \alpha^\ell$, wo α in $k(\zeta)$ liegt. Also ist jedenfalls $\sigma\Omega = \alpha\cdot(\sqrt[\ell]{\rho})^g\cdot\zeta^q = \alpha\Omega^g\cdot\zeta^q$. Da α durch (32) nur bis auf einen Faktor ζ^a bestimmt ist, ist es keine Einschränkung, wenn wir die Bezeichnung so ändern, daß $\alpha\cdot\zeta^q$ mit α bezeichnet wird, also haben wir:

$$\sigma\Omega = \alpha\cdot\Omega^g \quad , \quad \sigma\zeta = \zeta^g \quad .$$

Dann sind t und σ vertauschbar. Denn es ist

1) $\sigma t\Omega = t(\alpha\Omega^g) = t\alpha\cdot(t\Omega)^g = \alpha\cdot\zeta^{-g}\Omega^g$

    $t\sigma\Omega = \sigma(\zeta^{-1}\Omega) = \zeta^{-g}\cdot\alpha\cdot\Omega^g = \sigma t\Omega$

2) $\sigma t\zeta = t(\zeta^g) = \zeta^g$

    $t\sigma\zeta = \sigma(\zeta) = \zeta^g = \sigma t\zeta \quad .$

Da nun jede Zahl des Körpers, z.B. λ aus Ω und ζ rational ausgedrückt werden kann, so ist auch $\sigma t\lambda = t\sigma\lambda$. Also sind σ und t für jede Zahl vertauschbar.

σ und t erzeugen nun die ganze Gruppe. Denn nach den Eigenschaften von ζ sind, weil g Primitivzahl mod ℓ ist, die Substitutionen σ, σ^2, ..., $\sigma^{\ell-1}$ zu je zweien von einander verschieden. Ebenso sind t, t^2, ..., t^ℓ von einander verschieden, weil erst $\zeta^{-\ell}\Omega = \Omega$ ist. Wir bilden die $\ell(\ell-1)$ Substitutionen $\sigma^i t^k$ (i = 1,2,...,ℓ-1; k = 1,2,...,ℓ). Auch diese sind von einander verschieden. Es sei nämlich $\sigma^{i_1} t^{k_1} = \sigma^{i_2} t^{k_2}$ und dabei $i_1 \geq i_2$. Da t^ℓ sowohl Ω als auch ζ, also jede Körperzahl invariant läßt, ist $t^\ell = 1$; und ℓ ist nach Obigem der kleinste Exponent dieser Eigenschaft. Für $i_1 = i_2$ folgt $k_1 \equiv k_2 \pmod{\ell}$ also $k_1 = k_2$. Es sei also $i_1 > i_2$. Dann folgt $\sigma^{i_1-i_2} = t^{k_2-k_1}$. Also läßt $\sigma^{i_1-i_2}$ die Zahl ζ ungeändert, da t dies tut. Also ist $i_1 - i_2 \equiv 0 \pmod{\ell-1}$ im Widerspruch zu der Beschränkung der i auf das Intervall (1;ℓ-1). - Da die Anzahl der $\sigma^i t^k$ gleich dem Gruppengrad $\ell(\ell-1)$ ist, bilden sie die ganze Gruppe. Da jedenfalls dann $\sigma^{\ell(\ell-1)} = t^{\ell(\ell-1)} = 1$ ist, so enthält diese abelsche Gruppe die zyklische Untergruppe σ^ℓ, $\sigma^{2\ell}$, ..., $\sigma^{(\ell-1)\ell}$ vom Grade ℓ-1. (Die gesamte Gruppe muß daher auch zyklisch sein.) Diese ℓ-1 Substitutionen sind nämlich sicher von einander verschieden, da sie ζ in ℓ-1 verschiedene Werte überführen. Der Unterkörper, der zu dieser Untergruppe gehört, hat den Grad $\frac{\ell(\ell-1)}{\ell-1} = \ell$ und ist als Unterkörper eines abelschen Körpers wieder abelsch, seine Gruppe muß daher, weil ℓ Primzahl ist, die zyklische Gruppe sein.

Um nun eine erzeugende Zahl von $K(\Omega)$ zu finden, setzen wir $S = \sigma^\ell$ und bilden eine Zahl, die bei der Untergruppe S^n invariant bleibt. Eine solche ist

$$S\lambda + S^2\lambda + \ldots + S^{\ell-1}\lambda \qquad\qquad (S^{\ell-1} = 1) .$$

Wir haben also nur dafür zu sorgen, daß diese Verbindung nicht rational wird, daß also die Gleichung ℓ. Grades, die diese Summe zur Wurzel hat, nicht reduzibel wird.

Hier spielt also eine numerisch bestimmte Einheitswurzel eine Rolle. Das eigentlich variable Element ist algebraischer Natur. Ebenso können wir auch zyklische Körper vom Grade ℓ^h erzeugen, indem wir diese Operationen mehrmals hintereinander ausführen. Aber die Existenz solcher Zahlen ρ ist von vorneherein nicht gewährleistet, wenn wir nicht den Körper C_1 von vorneherein kennen. Welche Eigenschaften haben diese Zahlen selbst?

§ 11. Normalbasis.

Der Begriff bezieht sich zunächst nur auf abelsche Körper. Es ist eine solche Basis, deren sämtliche Elemente zu einander konjugierte Zahlen sind. Gibt es solche? Wir brauchen sie nur für den Fall eines zyklischen Körpers vom Primzahlgrade ℓ. Die Diskriminante enthalte nur eine Primzahl $p \neq \ell$.

Wir greifen auf die Kreisteilungskörper zurück. Es sei ζ eine primitive ℓ-te Einheitswurzel. Dann bilden $1, \zeta, \zeta^2, \ldots, \zeta^{\ell-2}$ eine Basis von $k(\zeta)$. Wegen $1 = -(\zeta + \zeta^2 + \ldots + \zeta^{\ell-1})$ bilden dann auch $\zeta, \zeta^2, \ldots, \zeta^{\ell-1}$ eine Basis, und da sie konjugiert sind, also eine Normalbasis.

[8.VI.20.] <u>Dann besitzt auch jeder Unterkörper von $k(\zeta)$ eine Normalbasis.</u> Die Gruppe von $k(\zeta)$ ist ($s\zeta = \zeta^g, s^2, \ldots, s^{\ell-1} = 1$). Es sei $e \cdot f = \ell-1$. Dann bilden $s^e, s^{2e}, \ldots, s^{fe}$ eine Untergruppe f. Grades, zu der ein Unterkörper e. Grades gehört. Dieser heiße K. α sei eine ganze Zahl aus K. Dann ist, weil α in $k(\zeta)$ liegt, mit ganzen rationalen c_n:

$$(33) \qquad \alpha = \sum_{n=1}^{\ell-1} c_n s^n \zeta$$

und da α zur Untergruppe gehört:

$$(34) \qquad \alpha = s^e \alpha = \sum_{n=1}^{\ell-1} c_n s^{n+e} \zeta = \sum_{n \bmod \ell-1} c_{n-e} s^n \zeta$$

wenn wir $c_n = c_m$ für $n \equiv m \pmod{\ell-1}$ schreiben und bedenken, daß der Exponent von s nur mod $\ell-1$ in Frage kommt. Weil die $s^n \zeta$ Basiszahlen sind, ist die Darstellung von α in ihnen eindeutig. Aus der Vergleichung von (33) und (34) folgt daher $c_n = c_{n-e}$ für jedes n, d.h. $c_n = c_m$, falls $n \equiv m \pmod e$. Definieren wir daher

$$(35) \qquad \omega_k = \sum_{m=1}^{f} s^{k+me} \zeta$$

so durchläuft der Exponent von s alle Zahlen einer bestimmten Restklasse mod e, die zu verschiedenen Werten der Potenzen von s führen. Zu diesen gehört das gleiche c_k. Dann ist $\omega_k = s^k \omega_o$ und

$$(36) \qquad \alpha = \sum_{k=0}^{e-1} c_k \omega_k = \sum_{k=0}^{e-1} c_k s^k \omega_0 \ .$$

Die ω_k sind zu einander konjugiert. Sie sind Zahlen der Unterkörper, da sie bei der Untergruppe invariant bleiben, ihre e Werte bilden also ein vollständiges System von Konjugierten. Nach (36) bilden sie, da α eine beliebige Zahl aus K war, eine Basis und als Konjugierte eine Normalbasis. q.e.d.

$\omega_0 = \sum_{m=0}^{f-1} \zeta^{g^{ma}}$ ist eine Zahl, wie wir sie früher als Erzeugende von Unterkörpern benutzt haben, z.B. in (24), Seite 47 sowie Seite 53 und 60. In der Literatur treten sie unter dem Namen "<u>Kreisteilungsperioden</u>" auf. - Es gilt übrigens der Satz: Jeder abelsche Körper, dessen Grad und Diskriminante prim zu einander sind, besitzt eine Normalbasis.

Wir wollen noch einige Eigenschaften aus dem Begriff einer Normalbasis herleiten. Sei C_1 ein zyklischer Körper ℓ. Grades und v, tv, ..., $t^{\ell-1}v$ die Elemente seiner Normalbasis. t ist erzeugende Substitution seiner Gruppe und $t^\ell = 1$. Die 1 muß als ganze Zahl durch die Basis darstellbar sein, also mit ganzen rationalen a_i:

$$1 = a_0 v + a_1 tv + \ldots + a_{\ell-1} t^{\ell-1} v \ .$$

Durch Übergang zur konjugierten Zahl mittels der Substitution t folgt:

$$t1 = 1 = a_{\ell-1} v + a_0 tv + a_1 t^2 v + \ldots + a_{\ell-2} t^{\ell-1} v$$

und wegen der Eindeutigkeit der Darstellung folgt $a_{\ell-1} = a_0$, $a_0 = a_1$, $a_1 = a_2$, ..., also alle a_i einander gleich, etwa gleich a und also $1 = a(v + tv + \ldots)$, daher $\frac{1}{a}$ eine ganze Zahl und also $a = \pm 1$, also, (was an der Normalbasis für $k(\zeta)$ direkt zu sehen war):

$$(37) \qquad v + tv + \ldots + t^{\ell-1} v = \pm 1 \ .$$

Wir wollen mittels der Normalbasis die Diskriminante $d(C_1)$ direkt zu ermitteln suchen. Wir bilden:

$$
(38) \qquad \Delta = \begin{vmatrix} \nu & t\nu & t^2\nu & \cdots\cdots & t^{\ell-1}\nu \\ t^{\ell-1}\nu & \nu & t\nu & \cdots\cdots & t^{\ell-2}\nu \\ t^{\ell-2}\nu & t^{\ell-1}\nu & \nu & \cdots\cdots & t^{\ell-3}\nu \\ \vdots & \vdots & \vdots & & \vdots \\ t\nu & t^2\nu & t^3\nu & \cdots\cdots & \nu \end{vmatrix}
$$

Hier entsteht die k-te Zeile aus der ersten durch Multiplikation mit $t^{-k} = t^{\ell-k}$, $(k = 1,2,\ldots,\ell-1)$, die folgenden Zeilen enthalten also alle Konjugierten zur ersten, und es ist daher $\Delta^2 = d(C_1)$. Eine solche Determinante, die nur ℓ verschiedene Elemente enthält und bei der jede Zeile aus der vorausgehenden durch zyklische Vertauschung um einen Schritt hervorgeht, heißt Zyklante. Ein Satz aus der Algebra lehrt, wie man den Wert einer solchen findet:

$$
Z = \begin{vmatrix} a_0 & a_1 & \cdots\cdots & a_{\ell-1} \\ a_{\ell-1} & a_0 & \cdots\cdots & a_{\ell-2} \\ \vdots & \vdots & & \vdots \\ a_1 & a_2 & \cdots\cdots & a_0 \end{vmatrix}
$$

sei eine Zyklante, die a_i beliebige unabhängige Variable, ζ eine beliebige, nicht notwendig primitive ℓ-te Einheitswurzel. Wir bilden die Ausdrücke

$$
\begin{aligned}
(39) \qquad x &= a_0 + a_1\zeta + a_2\zeta^2 + \ldots + a_{\ell-1}\zeta^{\ell-1} \\
\zeta x &= a_{\ell-1} + a_0\zeta + a_1\zeta^2 + \ldots + a_{\ell-2}\zeta^{\ell-1} \\
&\ \vdots \\
\zeta^{\ell-1}x &= a_1 + a_2\zeta + a_3\zeta^2 + \ldots + a_0\,\zeta^{\ell-1}
\end{aligned}
$$

Dies können wir als ein System von ℓ homogenen linearen Gleichungen zwischen den ℓ Zahlen 1, ζ, ζ^2, ..., $\zeta^{\ell-1}$ auffassen. Da diese nicht alle verschwinden, muß die Determinante des Gleichungssystems 0 sein, also

$$
(40) \quad
\begin{vmatrix}
a_o-x & a_1 & a_2 & \cdots & a_{\ell-1} \\
a_{\ell-1} & a_o-x & a_1 & & a_{\ell-2} \\
\vdots & \vdots & \vdots & & \vdots \\
a_1 & a_2 & a_3 & \cdots & a_o-x
\end{vmatrix}
= -x^\ell + \ldots = 0
$$

Eine Wurzel dieser Gleichung ist durch (39) gegeben. Dabei ist ζ eine beliebige ℓ-te Einheitswurzel. Wir erhalten also ℓ Wurzeln von (40), wenn wir für ζ alle ℓ Einheitswurzeln ζ, ζ^2, ζ^3, ..., $\zeta^\ell = \zeta^o = 1$ in (39) setzen. Diese ℓ Wurzeln von (40) sind für beliebige, nicht speziell gewählte a_i sicher von einander verschieden. Ihr Produkt ist also gleich dem konstanten Glied in (40), das für $x = 0$ zu Z erhalten wird. Also ist

$$
(41) \qquad Z = \prod_{m=0}^{\ell-1} (a_o+a_1\zeta^m+a_2\zeta^{2m}+\ldots+a_{\ell-1}\zeta^{(\ell-1)m}) .
$$

In unserm Fall ist also

$$
d = \prod_{m=0}^{\ell-1} (v+\zeta^m tv+\zeta^{2m}t^2v+\ldots+\zeta^{(\ell-1)m}t^{\ell-1}v)^2
$$

und da für $m = 0$ (37) gilt, wird auch

$$
d = \prod_{m=1}^{\ell-1} (v+\zeta^m tv+\zeta^{2m}t^2v+\ldots+\zeta^{(\ell-1)m}t^{\ell-1}v)^2 .
$$

Wenn in $d(C_1)$ nur die Primzahl p aufgeht, so ist C_1 ein Unterkörper des Kreisteilungskörpers der p-ten Einheitswurzeln. Für diesen kennen wir eine Normalbasis, wir können also eine solche auch für C_1 finden, etwa so, daß wie in (35) die einzelnen Elemente Linearkombinationen von Einheitswurzeln sind. Durch Ausrechnung findet man dann $\underline{d = p^{\ell-1}}$. Zu diesem Satz kann man auch auf rein arithmetischem Wege gelangen, ohne die Existenzsätze zu benutzen. - Dann ist also

$$
(42) \qquad \prod_{m=1}^{\ell-1} (v + \zeta^m tv + \ldots + \zeta^{m(\ell-1)}t^{\ell-1}v) = \pm p^{\frac{\ell-1}{2}} .
$$

Welches Vorzeichen gilt hier? Da C_1 zyklisch ist, sind alle konjugierten Körper gleichzeitig reell bezw. imaginär. Da C_1

den ungraden Grad ℓ hat, müssen sie also reell sein. ν ist
also reell. Mit ζ^h kommt auch ζ^{-h} in (42) vor; die Faktoren,
$\ell-1$ an der Zahl, sind also paarweise konjugiert-komplex,
das Produkt daher positiv, also gilt $\prod\limits_{m=1}^{\ell-1} = +p^{\frac{\ell-1}{2}}$.

§ 12. Wurzelzahlen.

Wir konstruierten oben einen zyklischen Körper ℓ. Grades,
indem wir aus einer Zahl im Körper der ℓ. Einheitswurzeln
eine ℓ-te Wurzel zogen und einen Unterkörper des so entste-
henden Gesamtkörpers bildeten. Es war $\zeta = e^{\frac{2\pi i}{\ell}}$, $s\zeta = \zeta^g$,
g Primitivzahl mod ℓ, ρ eine Zahl in $k(\zeta)$, $s\rho = \rho^g\alpha^\ell$, α eine
(nicht notwendig ganze) Zahl in $k(\zeta)$ und ρ nicht ℓ-te Potenz
einer Zahl in $k(\zeta)$. Dann enthielt $K(\zeta, \sqrt[\ell]{\rho})$ einen zyklischen
Unterkörper C_1 vom Grade ℓ. Und umgekehrt konnte man jeden
solchen auf diese Weise erzeugen. ν sei eine Zahl aus C_1,
t eine erzeugende Substitution der Gruppe von C_1. Dann
bildeten wir

$$\Omega = \nu + \zeta t\nu + \zeta^2 t^2\nu + \ldots + \zeta^{\ell-1}t^{\ell-1}\nu \ .$$

Es war $\Omega^\ell = \rho$ und $\dfrac{s\Omega}{\Omega^g} = \alpha$, wo ρ und α in $k(\zeta)$ lagen. Wenn wir
für ν eine beliebige Zahl aus C_1 nehmen, können wir von vorne-
herein nicht sicher sein, daß nicht $\Omega = O$ oder gleich einer
ℓ-ten Potenz in $k(\zeta)$ wird.

Jetzt wollen wir eine individuelle Wahl für ν treffen. Wir
verstehen unter ν ein Element einer Normalbasis. ζ soll die
obige individuell bestimmte ℓ. Einheitswurzel sein. Dann nennt
man die Zahl Ω eine Wurzelzahl zum Körper C_1. Jede solche hat
zunächst die obigen Eigenschaften. Wir suchen die weiteren
Eigenschaften anzugeben, welche für die Wurzelzahlen charakteristisch sind. - Ω ist ganz. Wir bilden unter Benutzung
von (42)

$$(43) \quad N(\rho) = \prod_{m=1}^{\ell-1} (\nu + \zeta^m t\nu + \ldots + \zeta^{m(\ell-1)}t^{\ell-1}\nu)^\ell = p^{\frac{\ell(\ell-1)}{2}} \ .$$

Die Norm von ρ hängt also ausschließlich von der Diskriminante
von C_1 ab.

Wir betrachten die Wurzelzahlen hinsichtlich ihres Kongruenzcharakters nach $(\lambda) = (1 - \zeta)$. Da alle $1 - \zeta^m$ assoziiert sind, ist $(\lambda) = (s\lambda) = (s^2\lambda) = \ldots$ Es ist $\zeta^m \equiv 1$ $(\mathrm{mod}\ (\lambda))$ für jedes m. Daher $\Omega \equiv \nu + t\nu + \ldots + t^{\ell-1}\nu$ $(\mathrm{mod}\ (\lambda))$.

Ω gehört nicht zu $k(\zeta)$. Wir müßten also, um eine solche Kongruenz schreiben zu können, eigentlich erst Aussagen über den Zusammenhang zwischen Idealen aus verschiedenen Körpern machen. Darum können wir aber herumkommen, da hier ja (λ) ein Hauptideal ist. Die obige Kongruenz sagt nur die richtige Tatsache aus, daß die Differenz der rechten und linken Seite, durch λ geteilt, eine ganze Zahl wird. Das hat absolute, vom Körper unabhängige Bedeutung. - Wir schreiben die Kongruenzen daher auch einfach: mod λ. Mittels (37) folgt

$$(44) \qquad \Omega \equiv \pm 1 \ (\mathrm{mod}\ \lambda) .$$

Es sei

$$(45) \qquad \alpha \equiv \beta \quad (\mathrm{mod}\ \lambda)$$

d.h. $\alpha = \beta + \lambda\gamma$. Da für alle Primzahlexponenten ℓ alle Binomialkoeffizienten außer dem ersten und letzten durch ℓ teilbar sind, folgt daraus $\alpha^\ell = \beta^\ell + (\ell\lambda) + (\lambda^\ell)$, wenn die ( ) ganzzahlige Vielfache bedeutet. Da $\ell = \lambda^{\ell-1} \times$ Einheit ist, ist $\ell\lambda$ durch λ^ℓ teilbar, also folgt aus (45):

$$\alpha^\ell \equiv \beta^\ell \ (\mathrm{mod}\ (\lambda^\ell))$$

in unserm Fall also aus (44): $\rho \equiv \pm 1 \ (\mathrm{mod}\ (\lambda^\ell))$.

Wir wollen die Primfaktorenzerlegung von ρ suchen. Zur Vereinfachung führen wir folgende symbolische Schreibweise ein: γ sei eine Zahl aus $k(\zeta)$. $\underline{\gamma^{s^n} \text{ soll } s^n\gamma \text{ bedeuten.}}$ $(s\zeta = \zeta^g)$. Dann ist $(\gamma^{s^n})^{s^m} = s^m(s^n\gamma) = s^{m+n}\gamma = \gamma^{s^{m+n}}$. Also kann man mit diesem Symbol rechnen, wie mit gewöhnlichen Potenzen. Dabei ist stets $s^{\ell-1} = 1$. Unter γ^{as^n} verstehen wir $(\gamma^{s^n})^a$ für ganzes rationales a. Ebenso bedeutet dann $\gamma^{a_0+a_1s+a_2s^2+\ldots}$ die Zahl: $\gamma^{a_0} \cdot (s\gamma)^{a_1} \cdot (s^2\gamma)^{a_2}\ldots$ Für ganze Funktionen $f(s)$ und $\varphi(s)$ gilt also $\gamma^{f(s)\cdot\varphi(s)} = (\gamma^{f(s)})^{\varphi(s)}$ und $\gamma^{f(s)+\varphi(s)} = \gamma^{f(s)}\cdot\gamma^{\varphi(s)}$. Endlich wollen wir diese symbolische Schreibweise nicht nur auf Körperzahlen, sondern auch auf Ideale anwenden: $a^s = sa$, indem wir darunter verstehen, daß die Operation s auf alle Zahlen des Ideals a angewandt werden soll.

q sei eine Primzahl, f der Exponent, zu dem q mod ℓ gehört, und $e \cdot f = \ell-1$. Dann zerfällt q in $k(\zeta)$ in e verschiedene Primidealfaktoren:

$$(46) \qquad q = q_1 \cdot q_2 \cdots q_e \; .$$

Es ist $N(q) = q^{\ell-1} = N(q_1) \cdot N(q_2) \cdots N(q_e) = (q^f)^e$. Übe ich s auf (46) aus, so ist $sq = q$, die Ideale $sq_1, sq_2, \ldots, sq_e$ sind also, evtl. abgesehen von der Reihenfolge, identisch mit den Idealen $q_1, q_2, \ldots, q_e$. Die Ideale $q, sq, \ldots, s^{\ell-2}q$, für eines der q_i gebildet, sind also zu je f einander gleich. Es gibt nur e verschiedene darunter.

Setzen wir nun p statt q, so ist $f = 1$, $e = \ell-1$

$$(47) \qquad p = p_1 \cdot p_2 \cdots p_{\ell-1} = p_1^{1+s+s^2+\ldots+s^{\ell-2}} \; .$$

(Als $N(p_1) = p$ definierten wir früher die Anzahl der einander inkongruenten Zahlen mod p_1. Hier können wir, da in (47) die Faktoren zu einander konjugiert sind, die $N(p_1)$ auch als Produkt von p_1 und allen konjugierten Idealen erklären, also genau wie bei der Definition der Norm von <u>Zahlen</u>. Das ist in $k(\zeta)$ allgemein richtig. In einem allgemeineren Körper hat das vorläufig keinen Sinn, da die konjugierten Ideale nicht zum selben Körper zu gehören brauchen.)

ρ ist ganz und $N(\rho)$ eine Potenz von p. ρ kann also als Primidealfaktoren nur die p_i enthalten. Wir schreiben also mit ganzen rationalen $a_i \geqq 0$

$$(48) \qquad \rho = p^{a_0 + a_1 s + a_2 s^2 + \ldots + a_{\ell-2} s^{\ell-2}} \qquad\qquad (p \text{ etwa} = p_1) \; .$$

Die a_i sind von der Auswahl des p unter den p_i abhängig. Die Gleichung

$$(49) \qquad p = p^{1+s+s^2+\ldots+s^{\ell-2}}$$

ändert sich nicht, wenn man sp statt p setzt. – Übt man auf

(48) $s, s^2, \ldots, s^{\ell-2}$ aus und multipliziert die Gleichungen, so erhält man links $N(\rho)$, also wegen (49) und (43):

$$N(\rho) = p^{\frac{\ell(\ell-1)}{2}} = p^{a_0+a_1s+\ldots+a_{\ell-2}s^{\ell-2}} = p^{a_0+a_1+\ldots+a_{\ell-2}}$$

wegen $sp = p$. Somit ergibt sich

$$(50) \qquad a_0 + a_1 + a_2 + \ldots + a_{\ell-2} = \frac{\ell(\ell-1)}{2} \ .$$

Es ist $s\rho = p^{a_{\ell-2}+a_0s+a_1s^2+\ldots+a_{\ell-3}s^{\ell-2}}$. Nach der Voraussetzung über ρ ist $s\rho = \rho^g\alpha^\ell$. α braucht dabei keine ganze Zahl zu sein. Es sei $\alpha = \frac{\beta}{\gamma}$, wo β und γ ganz sind. Dann ist:

$$(51) \qquad (\gamma)^\ell(s\rho) = (\rho^g)(\beta)^\ell \ .$$

Denkt man sich also γ und β in ihre Primidealfaktoren zerlegt, so unterscheiden sich $(s\rho)$ und (ρ^g) nur um ℓ-te Idealpotenzen als Faktoren. (Wir benutzen nicht so sehr, daß ρ sich bei s um ℓ-te $\underline{\text{Zahlpotenzen}}$, als um ℓ-te $\underline{\text{Idealpotenzen}}$ ändert.) In $s\rho$ und ebenso in ρ^g gehen nur die Primidealfaktoren $p, sp, \ldots, s^{\ell-2}p$ auf, also müssen die Exponenten von s^ip in $s\rho$ und ρ^g mod ℓ übereinstimmen. Schreibt man

$$(51) \qquad (\gamma)^\ell \cdot p^{a_{\ell-2}+a_0s+a_1s^2+\ldots+a_{\ell-3}s^{\ell-2}}$$
$$= (\beta)^\ell \cdot p^{g(a_0+a_1s+a_2s^2+\ldots+a_{\ell-2}s^{\ell-2})}$$

so folgt:

$$a_{\ell-2} \equiv ga_0, \ a_0 \equiv ga_1, \ \ldots, \ a_{\ell-3} \equiv ga_{\ell-2} \pmod{\ell} \ ,$$

also:

$$(52) \qquad a_{\ell-3} \equiv g^2a_0, a_{\ell-4} \equiv g^3a_0, \ldots, a_1 \equiv g^{\ell-2}a_1, a_0 \equiv g^{\ell-1}a_0 \equiv a_0$$
$$\pmod{\ell} \ .$$

Weil g Primitivzahl ist, sind also alle a_i oder kein a_i durch ℓ teilbar. Im ersteren Fall gehören die a_i alle zur Restklasse 0 mod ℓ; im letzteren Fall repräsentieren sie genau alle zu ℓ teilerfremden Restklassen. Sie sind alsdann eindeutig bestimmt. Es ist nämlich nach (50): $\sum a_i = \frac{\ell(\ell-1)}{2}$, und das ist nur erfüllbar, wenn die Zahlen $1,2,\ldots,\ell-1$, deren Summe gerade

$\frac{\ell(\ell-1)}{2}$ ist, als Repräsentanten der Restklassen genommen werden. Für jedes andere Repräsentantensystem wird diese Summe größer, die a_i sind ja ihrer Erklärung nach positiv. Die a_i sind also bis auf die Reihenfolge bestimmt.

Wir wollen den Gedankengang des Beweises dafür skizzieren, daß die a_i nicht alle durch ℓ teilbar sein können. - Wären sie das, so wäre ρ eine ℓ-te Idealpotenz, etwa a^ℓ. (Das wäre kein Widerspruch zu unserer Voraussetzung, daß ρ keine ℓ-te Zahlpotenz sein soll. Selbst wenn a ein Hauptideal (β) wäre, würde nur $\rho = \beta^\ell \times$ Einheit zu folgern sein.)

Wir verwenden einen Analogieschluß, den wir nicht streng beweisen: In der Diskriminante des quadratischen Körpers $K(\sqrt{D})$ gehen (evtl. abgesehen von 2) nur solche Primzahlen auf, die in D aufgehen, und nur solche, die da in ungrader Potenz vorkommen. Wir können ja D quadratfrei voraussetzen, ohne die Allgemeinheit des Körpers zu beeinträchtigen. Analog wollen wir, vom Körper der 3. Einheitswurzeln ausgehend, den relativ kubischen Körper $K(\sqrt[3]{\epsilon \cdot \pi_1^{a_1} \cdot \pi_2^{a_2} \ldots})$ bilden, wo ϵ eine Einheit und die $\pi_1, \pi_2, \ldots$ Primzahlen im Körper der 3. Einheitswurzeln sind. In der Diskriminante dieses Körpers werden dann nur diese π_i aufgehen, und auch nur solche, deren Exponent a_i nicht durch 3 teilbar ist, sonst sind sie ja für die Erzeugung des Körpers entbehrlich. Hierbei bildet 3 selbst, die Ordnung der Einheitswurzeln, eine Ausnahme. Denn wie ist es, wenn gar keine Primzahl im Radikanden aufgeht? Kann $\sqrt[3]{\epsilon}$ einen neuen Körper erzeugen? $\epsilon = \pm 1$ gibt nichts neues, da wir schon im Körper der 3. Einheitswurzeln sind. Aber $\sqrt[3]{e^{\frac{2\pi i}{3}}}$ liefert einen Körper 9. Grades. In dessen Diskriminante geht 3 auf. - Im Körper der 2. Einheitswurzeln entspricht dem der Fall $K(\sqrt{-1})$. Da geht 2 in der Diskriminante auf.

In diesen beiden Fällen gingen wir von Kreisteilungskörpern aus, in denen die Klassenzahl = 1 war. Nun nehmen wir unseren allgemeinen Fall. ρ sei eine ℓ-te Idealpotenz: $\rho = a^\ell$. Hier nimmt die Zahl ℓ die Sonderstellung ein. Welche Primzahlen, außer evtl. ℓ, kommen in der Diskriminante von $K(\sqrt[\ell]{\rho})$ vor?

Wir schließen in Analogie, daß kein Primidealfaktor von a in der Diskriminante aufgehen wird. Denn es sei $b \sim a$, etwa $(\alpha)b = (\beta)a$. Dann ist $(\alpha)^\ell b^\ell = (\beta)^\ell a^\ell$. Also ist b^ℓ ein Hauptideal, weil $a^\ell = \rho$ ein solches ist. Also ist $b^\ell = (\frac{\beta^\ell \rho}{a^\ell})$. Setzt man $\rho' = \frac{\beta^\ell \rho}{a^\ell}$, so ist $K(\sqrt[\ell]{\rho'})$ mit $K(\sqrt[\ell]{\rho})$ vollständig identisch. Nun kann man ja das Ideal b in der Klasse von a so wählen, daß es teilerfremd zu a ist. Dann spielt a bei der Erzeugung des Körpers keine Rolle mehr, ist also gewissermaßen überflüssig, "accessorisch". Ganz beseitigen läßt es sich aber nicht. Diese accessorischen Hülfsideale kommen also nur nach ihrer Klasse in Betracht. Es ist also kein Grund vorhanden, warum in der Diskriminante des Körpers außer ℓ noch andere Primzahlen aufgehen sollten, da keine ausgezeichnet sind. (Das sind Fragen, die mit Fragen der Klassenzahl in Zusammenhang stehen.) - Die Diskriminante des Körpers $K(\sqrt[\ell]{\rho})$ ($\rho = a^\ell$) enthält tatsächlich keine Primzahlen außer ℓ.

In unserm Fall ist C_1 ein Unterkörper von $K(\sqrt[\ell]{\rho}, \zeta)$. Wäre $\rho = a^\ell$, so enthielte dieser, also auch alle seine Unterkörper, nur ℓ in der Diskriminante. C_1 sollte aber p in der Diskriminante enthalten. Also kann ρ nicht ℓ-te Potenz eines Ideals sein. Also können nicht alle a_i durch ℓ teilbar sein, also sind alle zu ℓ prim und daher eindeutig als die Zahlen $1, 2, \ldots, \ell-1$ in irgend einer Reihenfolge bestimmt. Ersetzt man p durch sp, so vertauschen sich die a_i zyklisch. Wir denken uns die Wahl des p so getroffen, daß a_0 dasjenige a_i ist, welches 1 wird. Dann ist nach (52): $a_i \equiv g^{\ell-1-i} \pmod{\ell}$. Bedeutet also g_{-i} den kleinsten positiven Rest von $g^{\ell-1-i} \bmod \ell$, so ist $a_i = g_{-i}$. - Damit haben wir die Primidealzerlegung von ρ vollständig gefunden:

$$\rho = p^{g_0 + g_{-1}s + g_{-2}s^2 + \ldots + g_{-(\ell-2)}s^{\ell-2}} .$$

Zusammenfassend haben wir also folgende Eigenschaften für die Wurzelzahlen Ω gefunden:

1) Ω ist ganz und $\Omega \equiv \pm 1 \pmod{\lambda}$

2) $\Omega^\ell = \rho$ liegt in $k(\zeta)$ und wegen 1): $\rho \equiv \pm 1 \pmod{\lambda^\ell}$

3) $s\rho = \rho^g \alpha^\ell$ ($s\zeta = \zeta^g$; g Primitivzahl mod ℓ; α Zahl aus $k(\zeta)$)

4) $N(\rho) = p^{\frac{\ell(\ell-1)}{2}}$, dabei $p \equiv 1 \pmod \ell$

5) $\rho = p^{g_0 + g_{-1}s + g_{-2}s^2 + \ldots + g_{-(\ell-2)}s^{\ell-2}}$, dabei p Primideal, $\mathfrak{p}|p$, g_{-i} kleinster positiver Rest von $g^{\ell-1-i}$ mod ℓ, p also unter den $\ell-1$ Faktoren von p derjenige, welcher in kleinster Potenz in ρ aufgeht.

Die Existenz von Zahlen ρ mit den Eigenschaften 2) bis 5) wurde hierbei aus der Existenz des $C_1(p)$ erschlossen, wenn wir annahmen, daß eine Primzahl $p \equiv 1 \pmod \ell$ vorhanden ist.

[11.VI.20.] Diese Beziehungen ermöglichen es uns, die Wurzelzahlen durch ihre inneren Eigenschaften statt durch den formalen Ausdruck zu charakterisieren. Dabei sind die obigen 5 Eigenschaften durchaus nicht von einander unabhängig. Es läßt sich zeigen, daß 5) eine Folge aus 2), 3) und 4) ist.

Wir wollen also die umgekehrte Frage stellen, ob diese Eigenschaften <u>hinreichen</u>, um eine Wurzelzahl zu bestimmen. Es sei $p \equiv 1 \pmod \ell$ und ρ^* eine Zahl aus $k(\zeta)$, die die Eigenschaften 2), 3), 4) und 5) hat. Ist dann $\sqrt[\ell]{\rho^*}$ Wurzelzahl eines algebraischen Körpers vom Grade ℓ, in dessen Diskriminante nur p aufgeht? Diese Frage ist zu bejahen. Man kann zum Beweis verschiedene Wege einschlagen: <u>Entweder</u> man zeigt direkt von $K(\sqrt[\ell]{\rho^*})$, daß dieser einen zyklischen Körper ℓ. Grades enthält. Dabei kommt man mit den Voraussetzungen 2), 3) und 4) über ρ^* aus. <u>Oder</u> man vergleicht ihn mit dem Körper $K(C_1(p),\zeta)$:

Wir benutzen, daß wir für ein $p \equiv 1 \pmod \ell$ von $k(\zeta)$ her die Existenz eines zyklischen Körpers C_1 mit Diskriminante $p^{\ell-1}$ schon gefunden haben und mittels einer Normalbasis $v, tv, \ldots$ von C_1 eine Wurzelzahl Ω konstruiert haben, deren ℓ-te Potenz ρ war. Wir werden ρ^* mit ρ vergleichen. ρ ist durch C_1 nicht eindeutig bestimmt, sondern von der Auswahl der Normalbasis abhängig. Wir behaupten zunächst: <u>Es läßt sich eine solche Wurzelzahl ρ zu C_1 finden, daß sie sich von ρ^* nur um die ℓ-te Potenz einer Einheit unterscheidet.</u> Nach 5) ist $\rho^* = p^{*f(s)} = p^{*g_0 + g_{-1}s + \ldots}$. Ebenso ist $\rho = p^{f(s)}$. Dabei ist f(s) dieselbe, nach den obigen Bedingungen bestimmte Form. $p*$ bezw. p ist derjenige unter den $\ell-1$ Primidealteilern von p, welcher in $\rho*$ bezw. ρ in kleinster Potenz aufgeht. Läßt sich ρ so wählen, daß $p = p*$ wird? Es war

$$(53) \qquad \rho = (\nu + \zeta t\nu + \ldots + \zeta^{\ell-1}t^{\ell-1}\nu)^\ell$$

also $s^a\rho = (\sum_{n \bmod \ell} \zeta^{g^a \cdot n}t^n\nu)^\ell$, für a = 0,1,...,$\ell-2$. g^a ist prim zu ℓ. Man kann also b so bestimmen, daß $1 \equiv g^a b \pmod \ell$ ist. Wegen $t^\ell = 1$ ist dann $t = t^{g^a b} = (t^b)^{g^a}$; wenn $t^b = t'$ gesetzt wird, hat man daher

$$s^a\rho = (\sum_{n \bmod \ell} \zeta^{g^a \cdot n}t'^{g^a n}\nu)^\ell = (\sum_{n \bmod \ell} \zeta^n t'^n\nu)^\ell$$

da $g^a n$ mit n ein vollständiges Restsystem durchläuft. $s^a\rho$ ist also wieder ℓ-te Potenz einer Wurzelzahl zu C_1; zu ihrer Erzeugung aus der Normalbasis ist eben nur t' statt t verwendet. Nun ist $s^a\rho = s^a p^{f(s)}$. Ist also $p* = s^{a_1}p$, so ist $s^{a_1}\rho$ eine Zahl der gewünschten Eigenschaft. - Wir können also annehmen, daß $p* = p$ ist. Dann haben ρ und $\rho*$ dieselbe Primidealzerlegung, also $\frac{\rho*}{\rho} = \varepsilon$ eine Einheit in $k(\zeta)$. - Daraus folgt noch <u>nicht</u>, daß $K(\sqrt[\ell]{\rho*}) = K(\sqrt[\ell]{\rho})$ ist! Wir haben aber noch nicht alle Voraussetzungen benutzt.

Da ρ und $\rho*$ assoziiert sind, sind es auch $s\rho$ und $s\rho*$. Aus 3) folgt daher:

$$(54) \qquad s\varepsilon = \varepsilon^g \eta^\ell$$

wo η eine Einheit in $k(\zeta)$ ist. Da nach 2) $\rho* \equiv \pm 1 \pmod{\lambda^\ell}$ und auch $\rho \equiv \pm 1 \pmod{\lambda^\ell}$ ist, ist auch

$$(55) \qquad \varepsilon \equiv \pm 1 \pmod{\lambda^\ell} \ .$$

Es zeigt sich nun, daß eine Einheit mit diesen beiden Eigenschaften nur ℓ-te Potenz einer Einheit sein kann: Aus (54) folgt durch Wiederholung: $s^a\varepsilon = \varepsilon^{g^a} \cdot \eta_a^\ell$ für jedes a, wo η_a wieder Einheit ist. Setzt man insbesondere $a = \frac{\ell-1}{2}$ und berücksichtigt, daß $s^{\frac{\ell-1}{2}}\zeta = \zeta^{-1}$ den Überganz zu konjugiert-komplexen Werten darstellt, so folgt $\bar{\varepsilon} = s^{\frac{\ell-1}{2}}\varepsilon = \varepsilon^{-1}\eta'^{\ell}$, ($\eta' =$ Einheit), da $g^{\frac{\ell-1}{2}} \equiv -1 \pmod{\ell}$ ist und wir eine ℓ-te Potenz von ε zu dem η schlagen können. Also ist $\varepsilon\bar{\varepsilon} = \eta'^{\ell}$. Das ist aber eine reelle Einheit. Nun ist ja jede Einheit in $k(\zeta)$, wie wir wissen, Einheitswurzel $\times$ reelle Einheit. Es sei $\varepsilon = \zeta^{k}\cdot\theta$, wo θ eine reelle Einheit ist. Dann ist $\varepsilon\cdot\bar{\varepsilon} = \zeta^{k}\theta\cdot\zeta^{-k}\theta = \theta^2$. Also folgt $\theta^2 = \eta'^{\ell}$. Dann ist aber θ selber ℓ-te Potenz einer Einheit. Denn bestimmt man x und y so, daß $x\ell + 2y = 1$ ist, was wegen $(\ell,2) = 1$ möglich ist, so wird $\theta = \theta^{2y+x\ell} = \eta'^{\ell y}\cdot\theta^{\ell x} = (\eta'^{y}\cdot\theta^{x})^{\ell} = \Theta^{\ell}$, wo Θ reelle Einheit ist. Also ist

$$(56) \qquad \varepsilon = \zeta^{k}\Theta^{\ell} \qquad .$$

Nun benutzen wir die Kongruenzeigenschaften. Da $N(\lambda) = \ell$ ist, so ist nach dem Fermatschen Satz

$$(57) \qquad \Theta^{\ell} \equiv \Theta \pmod{\ell} \quad .$$

Andererseits ist nach (55) $\varepsilon \equiv \pm 1 \pmod{\lambda^{\ell}}$ also auch mod λ. Ferner ist für $k \neq 0$ $\zeta^{k} - 1$ zu λ assoziiert, also $\zeta^{k} \equiv 1 \pmod{\lambda}$. Aus (56) folgt daher $\Theta^{\ell} \equiv \pm 1 \pmod{\lambda}$. Nun folgt aus (57)

$$(58) \qquad \Theta \equiv \pm 1 \pmod{\lambda}$$

also $\Theta^{\ell} \equiv \pm 1 \pmod{\lambda^{\ell}}$. Hierbei gilt entweder überall das obere, oder überall das untere Zeichen. Aus (55) und (56) folgt nunmehr $\zeta^{k} \equiv +1 \pmod{\lambda^{\ell}}$. Nun ist für $k \neq 0$ $\zeta^{k} - 1$ zu λ assoziiert, also nur durch λ^{1} teilbar. Die letzte Kongruenz kann daher nur für $k = 0$ bestehen. Es ist also $\varepsilon = \Theta^{\ell}$.

Aus $\rho* = \rho\Theta^{\ell}$ folgt nunmehr $K(\sqrt[\ell]{\rho*},\zeta) = K(\sqrt[\ell]{\rho},\zeta)$.

Aus welcher Normalbasis entspringt $\rho*$, wenn ρ aus ν, $t\nu$,... nach (53) entspringt? Wir setzen

$$(59) \qquad \Theta = a_{o} + a_{1}\zeta + \ldots + a_{\ell-1}\zeta^{\ell-1}$$

mit ganzen rationalen a_i. Diese Darstellung ist <u>nicht</u> eindeutig, da ja schon ζ^0, ζ^1, ..., $\zeta^{\ell-2}$ eine Basis von $k(\zeta)$ bilden und $\zeta^{\ell-1}$ also linear von diesen abhängt. Es bleibt uns also noch eine gewisse Freiheit in der Wahl der a_i, die wir nachher zu einer zweckmäßigen Normierung verwenden wollen. Hierin ist jedenfalls

$$\pm 1 \equiv \theta \equiv a_0 + a_1 + a_2 + \ldots + a_{\ell-1} \pmod{\lambda}, \text{ also}$$

$a_0 + a_1 + \ldots + a_{\ell-1} \equiv \pm 1 \pmod{\ell}$ als rationale Zahl. Dann ist nach (53) und (59)

$$\sqrt[\ell]{\rho^*} = \theta \sqrt[\ell]{\rho} = (a_0 + a_1\zeta + \ldots + a_{\ell-1}\zeta^{\ell-1}) \sum_{n \bmod \ell} \zeta^n t^n \nu$$

$$= \sum_{m,n \bmod \ell} a_m \zeta^{m+n} t^n \nu \ .$$

Der Faktor von ζ^k in der Doppelsumme ist

$$\sum_m a_m t^{k-m} \nu = t^k \sum_m a_m t^{-m} \nu = t^k \omega$$

wenn wir setzen: $\omega = \sum_{m \bmod \ell} a_m t^{-m} \nu$. Dann wird also

$$\sqrt[\ell]{\rho^*} = \sum_{n \bmod \ell} \zeta^n t^n \omega.$$

Bilden nun ω, $t\omega$, ... eine Normalbasis? Dazu haben wir nur zu zeigen, daß sie eine Basis bilden, daß also das Quadrat ihrer Determinante gleich der Körperdiskriminante ist. Es ist

$$\omega = a_0 \nu + a_1 t^{-1} \nu + a_2 t^{-2} \nu + \ldots + a_{\ell-1} t^{-(\ell-1)} \nu$$

$$\vdots \ \ldots\ldots\ldots\ldots\ldots\ldots\ldots\ldots\ldots\ldots\ldots\ldots\ldots\ldots\ldots$$

$$t^{\ell-1} \omega = a_{\ell-1} \nu + a_0 t^{-1} \nu + a_1 t^{-2} \nu + \ldots + a_{\ell-2} t^{-(\ell-1)} \nu$$

Also ist

$$\Delta(\omega) = \begin{vmatrix} \omega & t\omega & t^2\omega & \ldots\ldots & t^{\ell-1}\omega \\ t^{\ell-1}\omega & \omega & t\omega & \ldots\ldots & t^{\ell-2}\omega \\ t^{\ell-2}\omega & t^{\ell-1}\omega & \omega & \ldots\ldots & t^{\ell-3}\omega \\ \vdots & & & & \\ t\omega & t^2\omega & t^3\omega & \ldots\ldots & \omega \end{vmatrix}$$

$$= \begin{vmatrix} a_0 & a_1 & a_2 & \ldots\ldots & a_{\ell-1} \\ a_{\ell-1} & a_0 & a_1 & \ldots\ldots & a_{\ell-2} \\ \vdots & & & & \\ a_1 & a_2 & a_3 & \ldots\ldots & a_0 \end{vmatrix} \cdot \Delta(\nu)$$

wenn man die Zeilen der ersten mit den Spalten der zweiten
Determinante komponiert. (Vgl. (38), pg. 70!). Es ist
$\Delta(\nu)^2 = d$, da ν, $t\nu$, $\ldots$ eine Basis bilden. ω, $t\omega$, $\ldots$ sind
also ebenfalls eine Basis, wenn die Determinante der a ± 1 ist.
Diese ist eine Zyklante, hat also nach (41) pg. 71 den Wert

$$Z = \prod_{m=0}^{\ell-1} (a_0 + a_1\zeta^m + a_2\zeta^{2m} + \ldots + a_{\ell-1}\zeta^{(\ell-1)m}) \ .$$

Die Glieder dieses Produkts sind für $m = 0$:
$a_0 + a_1 + \ldots + a_{\ell-1}$, für $m = 1$ nach (59) θ, und für
$m = 2, 3, \ldots, \ell-1$ die Konjugierten von θ. Also wird
$Z = (a_0 + a_1 + \ldots)N(\theta) = \pm(a_0 + a_1 + \ldots)$, da θ Einheit
ist. Wir benutzen nun die Umbestimmtheit, die in der Fest-
legung der Koeffizienten a_i im Ausdruck (59) für θ verblieb,
um $\sum a_i = \pm 1$ zu erzielen. Es ist $0 = 1 + \zeta + \zeta^2 + \ldots + \zeta^{\ell-1}$.
Durch Multiplikation mit beliebigem m und Addition zu (59)
erhalten wir $\theta = \sum_{i=0}^{\ell-1} (a_i + m)\zeta^i = \sum_{i=0}^{\ell-1} a_i'\zeta^i$, also

$$(60) \qquad \sum_{i=0}^{\ell-1} a_i' = \sum_{i=0}^{\ell-1} a_i + m\ell \ .$$

Nun hatten wir oben gesehen, daß $\sum a_i \equiv \pm 1 \pmod{\ell}$ ist, also
kann man ein m in (60) so bestimmen, daß $\sum a_i' = \pm 1$ wird.

$\omega = \sum\limits_{m \bmod \ell} a'_m t^{-m} \nu$ ist alsdann Element einer Normalbasis, $\sqrt[\ell]{\rho^*}$ also eine Wurzelzahl.

Die oben formulierten Eigenschaften 2), 3), 4), 5) reichen also für eine ganze Zahl aus $k(\zeta)$ aus, damit die ℓ-te Wurzel aus ihr Wurzelzahl zu einem zyklischen Körper ℓ. Grades ist, in dessen Diskriminante nur p aufgeht.

Wir haben damit gewisse ausgezeichnete Zahlen in $k(\zeta)$ gefunden, die bis auf ℓ-te Potenzen einer Einheit festgelegt sind und zu gewissen zyklischen Körpern in Beziehung stehen. Welche Bedeutung haben nun diese Zahlen <u>innerhalb $k(\zeta)$ allein</u>? Aus ihrer Existenz folgen z.B. gewisse Eigenschaften der Klassenzahl von $k(\zeta)$, und zwar etwa auf folgendem Wege:

Es sei $p \equiv 1 \pmod{\ell}$, $\mathfrak{p}|p$,
$f(s) = g_0 + g_{-1}s + \ldots + g_{-(\ell-2)}s^{\ell-2}$ und $\mathfrak{p}^{f(s)} = \rho$. Es gibt also eine <u>Zahl</u> ρ mit dieser Zerlegung, d.h. $\mathfrak{p}^{f(s)}$ ist ein Hauptideal. Sei P die Idealklasse, zu der $\mathfrak{p}$ gehört; dann werden wir die Klasse von $s^a\mathfrak{p}$ mit P^{s^a} bezeichnen. Damit erhalten wir die Äquivalenzbeziehung

$$(61) \qquad P^{f(s)} = 1 \ .$$

Auf Grund der Existenz der Körper $C_1(p)$ können wir also die Äquivalenz (61) für jede Idealklasse von $k(\zeta)$ behaupten, welche ein Primideal 1. Grades enthält, also auch für jede Idealklasse, die als Produkt von solchen Klassen darstellbar ist. Für <u>alle</u> Idealklassen ist diese Äquivalenz daher richtig, wenn der Satz gilt, daß jede Idealklasse Primideale 1. Grades enthält. Dieser über den Dirichletschen Satz von dem Vorhandensein von Primzahlen in Restklassen noch hinausgehende Satz ist erst durch neuere analytische Untersuchungen über Zetafunktionen bewiesen worden. Man kann sich aber auch so helfen, wie es Hilbert im Zahlbericht tut, daß man auf algebraischem Wege beweist: In jeder Idealklasse gibt es ein Ideal, das nur Primfaktoren 1. Grades enthält.

Um das Rechnen mit gebrochenen Idealen zu vermeiden, nehmen wir an, daß die Zahl $g < 0$ ist; dann ist $\rho^{-g}s\rho = \alpha^\ell$ eine ℓ-te

Idealpotenz mithin $p^{(s-g)f(s)}$ die ℓ-te Potenz eines Ideals, also hat $\dfrac{(s-g)f(s)}{\ell}$ ganze rationale Koeffizienten, und die Zerlegung von α ist $\alpha = p^{\frac{(s-g)f(s)}{\ell}}$. Dies ist also ein Hauptideal; mithin besteht für die Idealklasse P im selben Umfang wie oben (61) auch die Beziehung:

$$P^{\frac{(s-g)f(s)}{\ell}} = 1$$

und diese Beziehung ist offenbar unabhängig davon, daß $g < 0$.

Diese Eigenschaften der Idealklassen benutzt Kummer bei seinen Untersuchungen über den Beweis des großen Fermatschen Satzes.

§ 13. Lagrangesche Wurzelzahl.

Wir werden nun unter diesen Wurzelzahlen eine besonders ausgezeichnete auswählen, die wieder auf transzendentem Wege definiert wird.

C_1, in dessen Diskriminante nur p aufgeht, ist ein Unterkörper des Körpers der p-ten Einheitswurzeln. Wir behandeln nun also nebeneinander $\varepsilon = e^{\frac{2\pi i}{p}}$ und $\zeta = e^{\frac{2\pi i}{\ell}}$. Dabei ist $p \equiv 1 \pmod{\ell}$. $K(\varepsilon)$ enthält einen zyklischen Unterkörper ℓ-ten Grades, unser C_1.

Sei $p - 1 = e \cdot \ell$ und R eine Primitivzahl mod p. Wir bilden

$$\omega_0 = \varepsilon^{R^\ell} + \varepsilon^{R^{2\ell}} + \ldots + \varepsilon^{R^{e\ell}} \quad [R^{e\ell} = R^{p-1} \equiv 1 \pmod{p}].$$

Bezeichnet σ die Substitution $\varepsilon \to \varepsilon^{R^\ell}$, so bleibt ω_0 invariant bei der Gruppe $(\sigma, \sigma^2, \ldots, \sigma^e = 1)$. ω_0 genügt also einer Gleichung ℓ. Grades. Diese wird irreduzibel. Die Konjugierten sind

$$\omega_k = \sum_{m \bmod e} \varepsilon^{R^{m\ell+k}} \qquad (k = 0, 1, \ldots, \ell-1) .$$

Diese bilden nach pg. 69 eine Normalbasis von C_1. Diese ist eindeutig festgelegt bis auf die Unbestimmtheit in der Wahl von R. Sie heiße Lagrangesche Normalbasis. Die zugehörige Wurzelzahl Λ heiße Lagrangesche Wurzelzahl. Wie ist diese vor anderen Wurzelzahlen zu C_1 ausgezeichnet? Es ist

$$\Lambda = \sum_{n \bmod \ell} \zeta^n \omega_n = \sum_{\substack{n \bmod \ell \\ m \bmod e}} \zeta^n \varepsilon^{R^{m\ell+n}} = \sum_{\substack{n \bmod \ell \\ m \bmod e}} \zeta^{n+m\ell} \varepsilon^{R^{n+m\ell}}$$

$$= \sum_{\underline{n \bmod p-1}} \zeta^n \varepsilon^{R^n} \ .$$

Die anderen Lagrangeschen Wurzelzahlen, die man durch andere
Wahl von R erhält, sind hierzu konjugiert. - Hier muß nun
alles eindeutig bestimmt sein, z.B. muß die Doppeldeutigkeit
des Vorzeichens in der für jede Wurzelzahl gültigen Relation
$\Omega \equiv \pm 1 \pmod{\lambda}$ hier sich entscheiden:

1) Es ist $\Lambda \equiv -1 \pmod{\lambda}$. Denn da $\zeta^n \equiv 1 \pmod{\lambda}$ für jedes n,
so folgt

$$\Lambda \equiv \sum_{k=1}^{p-1} \varepsilon^k = -1 \quad \pmod{\lambda} \ .$$

2) Ferner wird $|\Lambda| = |\sqrt{p}|$. In der Tat: Es ist

$$\Lambda \bar{\Lambda} = \sum_{n \bmod p-1} \zeta^n \varepsilon^{R^n} \sum_{n \bmod p-1} \zeta^{-n} \varepsilon^{-R^n} = \sum_{n,m \bmod p-1} \zeta^{n-m} \varepsilon^{R^n - R^m}$$

Setze n-m = k, n = k+m. Dann durchläuft bei festem **m** k mit n
ein vollständiges Restsystem mod p-1. Es wird

$$\Lambda \bar{\Lambda} = \sum_{m,k \bmod p-1} \zeta^k \varepsilon^{R^{k+m} - R^m} = \sum_{k=0}^{p-2} \zeta^k \sum_{m=0}^{p-2} \varepsilon^{R^m(R^k-1)} \ .$$

Durchläuft m ein vollständiges Restsystem mod p-1, so durchläuft R^m ein reduziertes Restsystem mod p, ebenso $R^m(R^k-1)$,
falls R^k-1 teilerfremd zu p ist. Das ist immer der Fall außer
für k = 0. Es ist also

$$\sum_{m \bmod p-1} \varepsilon^{R^m(R^k-1)} = \begin{cases} -1 & \text{für } k > 0 \\ p-1 & \text{für } k = 0 \end{cases}$$

Also folgt

$$\Lambda \bar{\Lambda} = p - 1 - \sum_{k=1}^{p-2} \zeta^k = p - \sum_{k=0}^{p-2} \zeta^k = p$$

da $\sum\limits_{k=0}^{p-2} \zeta^k = \dfrac{1-\zeta^{p-1}}{1-\zeta} = 0$ ist, weil p-1 ein Vielfaches von ℓ ist.
Also ist $|\Lambda| = |\sqrt{p}|$ q.e.d.

3) Wir hatten die Zerlegung $\Lambda^{\ell} = p^{f(s)}$. Dabei war p derjenige ganz bestimmte Primidealteiler von p, der in Λ^{ℓ} in niedrigster Potenz aufgeht. Welches Ideal ist p hier? Es gilt: Es ist

$$p = (p, \ \zeta - R^{\frac{(p-1)(\ell-1)}{\ell}}).$$

(Daß darin R auftritt, ist natürlich, da ja Λ nur bis auf die Wahl von R definiert ist.) Dies Ideal ist in der Tat ein Primteiler von p. in erster Potenz: Setzen wir $R^{\frac{(\ell-1)(p-1)}{\ell}} = a$, so ist

$$N(\zeta-a) = \prod_{m=1}^{\ell-1} (\zeta^m-a) = \frac{1}{1-a} \prod_{m=0}^{\ell-1} (\zeta^m-a) = \frac{1-a^{\ell}}{1-a} = \frac{1-R^{(p-1)(\ell-1)}}{1-R^{\frac{(p-1)(\ell-1)}{\ell}}}$$

Da $R^{p-1} \equiv 1 \pmod p$, ist der Zähler durch p teilbar. Der Nenner ist das nicht, weil R Primitivzahl ist und der Exponent $< p-1$ ist. $N(\zeta-a)$ ist also durch p teilbar. Kein $\zeta^n - a$ kann durch zwei oder mehr verschiedene konjugierte Primfaktoren von (p) teilbar sein. Denn würde $p \cdot s_1 p$ in ζ^n-a aufgehen, so würde p auch in $s_1^{-1}(\zeta^n-a)$ aufgehen, also auch in der Differenz $\zeta^n - s_1^{-1}\zeta^n$, die aber nur durch λ teilbar ist. Also muß auch ζ^n-a für $n = 1, 2, \ldots, \ell-1$ stets durch einen Primfaktor von (p) teilbar sein, da das Produkt, d.h. die Norm, ja durch p teilbar ist. Wir können also setzen: $\zeta-a = p^x \cdot a$, wo $x \geqq 1$ und $(a,p) = 1$ ist und p ein ganz bestimmter unter den Primteilern von p ist. Da dieser in p nur einfach aufgeht, folgt: $(\zeta-a, \ p) = p^1$. Das Ideal linker Hand ist also wirklich einer der Primidealteiler von p. - Den Beweis dafür, daß es nun auch derjenige ist, der in Λ^{ℓ} in niedrigster Potenz aufgeht, wollen wir hier nicht führen, da er von dem Zusammenhang zwischen Idealen verschiedener Körper Gebrauch macht, von dem wir erst später sprechen werden. Ich verweise auf Hilbert.

Diese 3 Eigenschaften gehen über die Eigenschaften allgemeiner Wurzelzahlen hinaus.

Es gilt nun aber auch das <u>Umgekehrte</u>: <u>Wenn</u> eine Zahl ρ aus $k(\zeta)$ die früher über die ℓ-ten Potenzen allgemeiner Wurzelzahlen gefundenen Eigenschaften besitzt und <u>wenn überdies</u>

1) $\rho \equiv -1 \pmod{\lambda^{\ell}}$, 2) $|\rho| = |p^{\frac{\ell}{2}}|$, 3) $\rho = p^{f(s)}$, wobei

$p = (p,\ \zeta - R^{\frac{(p-1)(\ell-1)}{\ell}})$ ist, <u>dann</u> ist die ℓ-te Wurzel aus ρ die zu R gehörige <u>Lagrangesche Wurzelzahl</u>, d.h. gleich der völlig bestimmten Zahl $\sum \zeta^n_\epsilon R^n$. Aber die $\sqrt[\ell]{\rho}$ ist ℓ-deutig. Welcher Wert der Wurzel ist gleich jener Summe? Richtig ist $\rho = (\sum \zeta^n_\epsilon R^n)^\ell$, also

$$\sum \zeta^n_\epsilon R^n = |\sqrt[\ell]{\rho}| \cdot e^{i\varphi_1}$$

wo φ_1 einem der ℓ Intervalle $0 \leqq \varphi < \frac{2\pi}{\ell},\ \frac{2\pi}{\ell} \leqq \varphi < 2 \cdot \frac{2\pi}{\ell},\ \ldots$ angehört. <u>Welchem Intervall gehört</u> φ_1 <u>an</u>? Die transzendent bestimmte Summe soll also durch ein arithmetisches Kriterium festgelegt werden. - Man sieht noch gar keinen Weg, wie dies Problem der Lösung zugänglich wird. Es gehört zu den tiefsten der Arithmetik überhaupt und hängt mit den höheren Reziprozitätsgesetzen zusammen. Für $\ell = 3$ hat man einige Untersuchungen von Kummer über diese Frage.

Die letzten Aussagen behalten auch für $\ell = 2$ einen Sinn, wo dann ein Teil der ersteren Aussagen eine kleine Modifikation erfahren müssen. Die Lagrangesche Wurzelzahl für $\ell = 2$ führt dann gerade auf die uns schon bekannte Gaussche Summe. Hier ist $\zeta = -1$. Für gerades n wird R^n quadratischer Rest mod p, für ungerades n Nichtrest. Also wird

$$\sum_{n \bmod p-1} \zeta^n_\epsilon R^n = \sum_{n \bmod p-1} (-1)^n_\epsilon R^n = \sum_{k \bmod p} \left(\frac{k}{p}\right) \epsilon^k$$

also eine <u>Gaussche Summe</u>. Die Lagrangeschen Wurzelzahlen sind also die richtige Verallgemeinerung der Gausschen Summen auf höhere Exponenten. Früher hatten wir gezeigt, daß ihr Quadrat $\pm p$ war, und es gelang auch, zu zeigen, welches Vorzeichen gültig war. Für $\ell = 2$ folgt aus $|\Lambda| = |\sqrt{p}|$, daß $\frac{\Lambda}{\sqrt{p}}$ eine ganze Zahl ist. - Im allgemeinen Fall ist das keine ganze Zahl.

[15.VI.20.] Wir wollen noch eine etwas andere formale Darstellung gewinnen. Es sei $R^n \equiv a \pmod{p}$. Dann gehört zu jedem zu p teilerfremden a ein mod p-1 bestimmtes n. Wir setzen $\zeta^{n(a)} = \chi(a)$. $n(a)$ hängt nur von der Restklasse von a mod p ab, also ist $\chi(a) = \chi(a')$ für $a \equiv a' \pmod{p}$. Es ist $n(ab) = n(a) + n(b)$, also $\chi(ab) = \chi(a) \cdot \chi(b)$; $\chi(a)$ ist ein

<u>Gruppencharakter</u>, der der Restklasse a mod p zukommt,
(a, p) = 1, und zwar insbesondere ein solcher Charakter, der
eine ℓ-te Einheitswurzel ist. Wir ergänzen die Definition
noch durch die Festsetzung $\chi(a) = 0$ für $p \mid a$. Dann wird

$$(62) \qquad \Lambda = \sum_{n \bmod p} \chi(n)\varepsilon^n \ .$$

Dabei ist $\chi(n)$ nicht der Hauptcharakter, weil nicht durchweg
gleich 1. Wir wissen: $\left| \dfrac{\sum \chi(n)\varepsilon^n}{\sqrt{p}} \right| = 1$. Das wird uns später bei
der Theorie der ζ-Funktionen wieder begegnen.

Was hat die Existenz der Λ oder Λ^ℓ für den Körper $k(\zeta)$ noch
für Bedeutung? $\Lambda^\ell = \rho$ liegt in $k(\zeta)$, und es ist
$N(\rho) = p^{\frac{\ell(\ell-1)}{2}}$. <u>Es gibt</u> eine solche Zahl ρ im Körper, deren
Norm $p^{\frac{\ell(\ell-1)}{2}}$ ist, wobei $p \equiv 1 \pmod{\ell}$; wir können sie hinschreiben, da wir Λ kennen.

Angenommen, wir kennten eine ganze Zahl γ in $k(\zeta)$, so daß
$N(\gamma) = p$. Was würde das bedeuten? $N(\gamma) = \gamma \cdot s\gamma \cdot s^2\gamma \ldots s^{\ell-2}\gamma = p$.
Wir stellen γ mit ganzen rationalen x_i durch die Basis
$1, \zeta, \zeta^2, \ldots$ dar: $\gamma = x_0 + x_1\zeta + x_2\zeta^2 + \ldots + x_{\ell-2}\zeta^{\ell-2}$. Dann
ist:

$$p = \prod_{a=1}^{\ell-1} (x_0 + x_1\zeta^a + x_2\zeta^{2a} + \ldots + x_{\ell-2}\zeta^{(\ell-2)a}) \ .$$

Rechts steht eine homogene Form $(\ell-1)$-ten Grades (mit ganzen
rationalen Koeffizienten) in $x_0, x_1, \ldots, x_{\ell-2}$. Es gibt also
für diese Variablen solche ganzzahligen Werte, (bestimmt durch
die eindeutige Darstellung von γ durch die Basis), daß p durch
die Form dargestellt wird. - Das ist die Verallgemeinerung der
quadratischen Formen, die den Körpern 2. Grades entsprechen.
Sämtliche Zahlen, die Norm von Hauptidealen sind, werden durch
sie dargestellt. Wir gelangen auf diese Weise zu Auflösungen
bestimmter Diophantischer Gleichungen.

Ganz so liegt unser obiger Fall nun ja nicht, sondern wir
haben:

$$(63) \qquad N(\rho) = p^{\frac{\ell(\ell-1)}{2}} = \prod_{a=1}^{\ell-1} (x_0 + x_1\zeta^a + x_2\zeta^{2a} + \ldots + x_{\ell-2}\zeta^{(\ell-2)a}).$$

(Die x_i sind durch ρ eindeutig bestimmt. Man kann sie so finden: Es ist $\sum\limits_{a=1}^{\ell-1} s^a\rho = \sum\limits_{b=1}^{\ell-1} (x_o + x_1\zeta^b + \ldots + x_{\ell-2}\zeta^{(\ell-2)b})$. Wegen $\sum\limits_{c=1}^{\ell-1} \zeta^{nc} = \ell-1$ für $n \equiv 0$, und $= -1$ für $n \not\equiv 0 \pmod{\ell}$ folgt $\sum\limits_{a=1}^{\ell-1} s^a\rho = (\ell-1)x_o - x_1 - x_2 - \ldots - x_{\ell-2}$. Hierin ist die linke Seite bei gegebenem ρ bekannt. Solche Gleichungen kann man mehr finden. Es ist

$$s^a\rho = x_o + x_1\zeta^{g^a} + x_2\zeta^{2g^a} + \ldots + x_{\ell-2}\zeta^{(\ell-2)g^a}$$

$$\zeta^{-ng^a}s^a\rho = x_o\zeta^{-ng^a} + x_1\zeta^{(1-n)g^a} + x_2\zeta^{(2-n)g^a} + \ldots + x_{\ell-2}\zeta^{(\ell-2-n)g^a}$$

daher

$$(64) \qquad \sum\limits_{a=1}^{\ell-1} \zeta^{-ng^a}s^a\rho$$

$$= -x_o - x_1 - \ldots - x_{n-1} + (\ell-1)x_n - x_{n+1} - \ldots - x_{\ell-2} \ .$$

Für $n = 0, 1, 2, \ldots, \ell-2$ stellt (64) ein System von $\ell-1$ linearen Gleichungen für $x_o, x_1, \ldots, x_{\ell-2}$ mit bekannten linken Seiten dar, dessen Determinante den Wert $\ell^{\ell-2} \neq 0$ hat. Also sind die x_i bestimmbar.)

Wir fragen nun, ob die Darstellung von $p^{\frac{\ell(\ell-1)}{2}}$ durch die homogene Form (63) vom Grade $\ell-1$ trivial werden kann dadurch, daß alle x_i durch eine Potenz von p teilbar sind, so daß wir durch diese durchdividieren können. Ist $p|x_i$, so folgt $p|\rho$; aber auch umgekehrt: ist $p|\rho$, so ist $\frac{\rho}{p} = \frac{x_o}{p} + \frac{x_1}{p}\zeta + \ldots + \frac{x_{\ell-2}}{p}\zeta^{\ell-2}$, und da $\frac{\rho}{p}$ eindeutig durch die Basis darstellbar und ganz ist, sind die $\frac{x_i}{p}$ ganz. – Nun ist

$$\rho = p^{g_o + g_{-1}s + g_{-2}s^2 + \ldots + g_{-(\ell-2)}s^{\ell-2}}$$

$$p = p^{1 + s + s^2 + \ldots + s^{\ell-2}} \ .$$

Also ist $p|\rho$, da alle $g_{-i} \geq 1$. Es ist aber <u>nicht</u> $p^2|\rho$, da wegen $g_o = 1$ p nur in erster Potenz in ρ aufgeht. (p war derjenige eindeutig bestimmte unter den konjugierten Primteilern von p, welcher in ρ in genau erster Potenz aufgeht.) $\rho^* = \frac{\rho}{p}$

ist also ganz algebraisch und $p \nmid \rho*$. $\rho*$ und p haben also keinen gemeinsamen <u>rationalen</u> Teiler. Nun ist:

$$(65) \qquad N(\rho*) = \frac{N(\rho)}{N(p)} = \frac{p^{\frac{\ell(\ell-1)}{2}}}{p^{\ell-1}} = p^{\frac{(\ell-1)(\ell-2)}{2}} \; .$$

Mit ρ ist auch $\rho*$ bekannt. Es ist $\rho* = \frac{1}{p} \left(\sum_{n \bmod p} \chi(n)\varepsilon^n \right)^\ell$. Bei der Ausmultiplikation dieses Ausdrucks muß das ε als p-te Einheitswurzel herausfallen, während die ℓ-te Einheitswurzel ζ, die in χ steckt, drin bleibt. Die zugehörigen x_i finden wir wie oben. $\rho*$ führt uns also zu einer Darstellung von $p^{\frac{(\ell-1)(\ell-2)}{2}}$ durch eine homogene Form $(\ell-1)$-ten Grades mittels eines nicht trivialen Wertsystems, d.h. eines solchen, dessen Elemente nicht alle durch p teilbar sind.

    <u>Beispiel</u>: $\ell = 3$. $k(\zeta) = k(\sqrt{-3})$. $p \equiv 1 \pmod 3$. $N(\rho*) = p^1$ zufolge (65). $\rho* = \frac{x+y\sqrt{-3}}{2}$ mit ganzen rationalen x und y. Es wird

$$(66) \qquad N(\rho*) = \frac{x^2 + 3y^2}{4} = p \; .$$

Die Kenntnis von $\rho*$ liefert uns also die Möglichkeit, die Lösung dieser Diophantischen Gleichung unmittelbar hinzuschreiben: Es ist $x = \rho* + \overline{\rho*}$, $y = \frac{\rho* - \overline{\rho*}}{\sqrt{-3}}$. Und $\rho* = \frac{\rho}{p}$ können wir ja mit Hülfe der Lagrangeschen Wurzelzahl explizite hinschreiben: Es ist nach (62):

$$\rho = \left(\sum_{n \bmod p} \chi(n)\varepsilon^n \right)^3 = \sum_{a,b,c \bmod p} \chi(a \cdot b \cdot c)\varepsilon^{a+b+c}$$

$$= \sum_{a,b,c \bmod p \text{ außer } 0} \chi(abc)\varepsilon^{a+b+c}$$

a, b, c kommen nur als Restklassen mod p in Betracht. Es sei $ab' \equiv b$, $ac' \equiv c \pmod p$. Der Charakter χ ist stets 3. Einheitswurzel, daher $\chi(r^3) = 1$. Also wird:

$$\rho = \sum_{a,b',c'=1,\ldots,p-1} \chi(a\ ab'\ ac')\varepsilon^{a+ab'+ac'}$$

$$= \sum_{a,b,c=1,\ldots,p-1} \chi(bc)\varepsilon^{a(1+b+c)} = \sum_{\substack{a=1,\ldots,p-1 \\ b,c \bmod p}} \chi(bc)\varepsilon^{a(1+b+c)}$$

$$= -\sum_{b+c+1\not\equiv 0 \ (\bmod\ p)} \chi(bc) + (p-1)\sum_{b+c+1\equiv 0 \ (\bmod\ p)} \chi(bc)\ .$$

Nun ist aber $\displaystyle\sum_{b,c \bmod p} \chi(bc) = \sum_{b \bmod p}\chi(b)\cdot \sum_{c \bmod p}\chi(c) = 0$; jeder Faktor wird 0. Also ist

$$-\sum_{b+c+1\not\equiv 0 \ (\bmod\ p)} \chi(bc) = \sum_{b+c+1\equiv 0 \ (\bmod\ p)} \chi(bc)\text{, somit}$$

$$\rho = p\cdot\sum_{b+c+1\equiv 0 \ (\bmod\ p)} \chi(bc) = p\sum_{b \bmod p}\chi(b(-b-1))$$

$$= p\cdot\chi(-1)\cdot\sum_{b \bmod p}\chi(b(b+1))\ .$$

Es ist $\chi(-1) = \chi((-1)^3) = 1$. Dann haben wir die explizite Darstellung von $\rho*$ als ganze Zahl in $k(\zeta) = k(\sqrt{-3})$:

$$\rho* = \frac{\rho}{p} = \sum_{n \bmod p} \chi(n(n+1))\text{, und damit}$$

$$x = \rho* + \overline{\rho*} = \sum_{n \bmod p} \{\chi(n(n+1)) + \overline{\chi}(n(n+1))\}$$

und analog für y. Wir haben also eine bestimmte und in ihrem letzten Resultat elementare Auflösung der Diophantischen Gleichung (66) gefunden. Die Abhängigkeit des Wertes von x und y von der Auswahl der Primitivzahl R mod p, die ja für die Bestimmung des Charakters χ eine Rolle spielt, ist dabei nur eine scheinbare: x und y sind ja im Wesentlichen, nämlich bis auf Einheitswurzelfaktoren in $\frac{x + y\sqrt{-3}}{2}$, durch p eindeutig bestimmt. Die Lösung hängt also nur von dem in der Diophantischen Gleichung selbst auftretenden p ab; und zwar bezieht sich die Abhängigkeit auf die Verteilung der <u>kubischen Reste</u> mod p. Für die χ kommt das Argument ja nur bis auf 3. Potenzen in Betracht; wir benutzten oben auch, daß $\chi(a^3) = 1$ ist. Es erscheint hier $\chi(n)$ mit $\chi(n+1)$ kombiniert. (Sie stehen in Zusammenhang mit der Klassenzahl.)

Wir können den Ausdruck für ρ noch formal etwas umformen:

$$\rho = (\sum_{n \bmod p} \chi(n)\varepsilon^n)^3 = (\sum_{n \bmod p-1} \zeta^n \varepsilon^{R^n})^3$$

$$= (\sum_{\nu=1,2,\ldots,\frac{p-1}{3}} \varepsilon^{R^{3\nu}} + \zeta \sum \varepsilon^{R^{3\nu+1}} + \zeta^2 \sum \varepsilon^{R^{3\nu+2}})^3$$

$$= (\omega_0 + \omega_1\zeta + \omega_2\zeta^2)^3 = x_0 + x_1\zeta$$

mit ganzen rationalen x_0, x_1, die man durch Ausrechnung als symmetrische Funktionen der ε-Potenzen findet. Diese Darstellung von ρ ist formal etwas anders, trägt aber auch nicht viel weiter.

Wenn man überhaupt weiß, daß eine Lösung für (66) existiert, dann ist es leicht, durch Probieren in endlich vielen Schritten dazu zu gelangen. Denn da es sich um eine definite quadratische Form handelt, kann man obere Schranken für die Werte von x und y sofort angeben. Hier hat die obige Lösungsmethode also nur den Wert, daß sie die Lösung durch einen formalen Ausdruck liefert. Ihr Wert beruht aber darin, daß sie auf <u>höhere ℓ</u> anwendbar bleibt. Für $\ell = 5$ handelt es sich um die Darstellung von p^6 durch eine Form 4. Grades. Hier hat man zunächst ohne Kenntnis der Einheiten kein Verfahren, wie man durch endliches Probieren sicher zu der Lösung gelangt.

Im Körper der 3. Einheitswurzeln ist $\zeta = -\frac{1}{2} + \frac{1}{2}\sqrt{-3}$, $\lambda = 1 - \zeta = \frac{3}{2} - \frac{1}{2}\sqrt{-3}$. Die 3. Potenz ρ einer Wurzelzahl hatte die Zerlegung $\rho = p^{f(s)}$, wo $p|p$, $p \equiv 1 \pmod 3$. Es ist $s\rho = \rho^g \alpha^3$, $\rho \equiv \pm 1 \pmod{\lambda^3}$. $g = -1$ ist Primitivzahl mod 3, also $g_0 = 1$, $g_{-1} = 2$. Wir haben also $f(s) = 1 + 2s$. Bezeichnen wir $sp = p'$ so ist also

$$(67) \qquad \rho = pp'^2$$

und $\rho' = \rho^{-1}\alpha^3$, also $\rho\rho' = \alpha^3$. p muß Hauptideal sein; denn ρ ist Hauptideal, $pp' = p$ ebenfalls, also nach (67) auch p' und damit p. Da nun jedes Primideal 1. Grades zu einem solchen p gehört, sind alle Primideale und also alle Ideale überhaupt Hauptideale, die Klassenzahl ist also 1.

Daher $p = (\pi)$, $\rho = \pi \cdot \pi'^2 \cdot \varepsilon$, $\rho\rho' = \pi^3 \pi'^3 \varepsilon\varepsilon'$. Nun ist

$N(\epsilon) = +1$, da wir in einem imaginär quadratischen Zahlkörper sind. Also $N(\rho) = N(\pi)^3$.

Ferner soll $\rho \equiv \pm 1 \pmod{\lambda^3}$ sein. Das ist nur für geeignetes ϵ erfüllt. Es gibt im Körper die 6 Einheiten ± 1, $\pm\zeta$, $\pm\zeta^2$. Nachdem wir unter den zwei Primidealteilern von p einen bestimmten ausgewählt und mit π bezeichnet haben, ist durch die Kongruenzbedingung ϵ bis aufs Vorzeichen festgelegt. Denn aus $\pi\pi'^2\epsilon_1 \equiv \pm\pi\pi'^2\epsilon_2 \pmod{\lambda^3}$ folgt $\epsilon_1 \equiv \pm\epsilon_2$ $\pmod{\lambda^3}$, also $\epsilon = \dfrac{\epsilon_1}{\epsilon_2} = \pm 1 \pmod{\lambda^3}$. $\epsilon \equiv +1 \pmod{\lambda^3}$ ist nur für $\epsilon = 1$ erfüllt; denn $\zeta - 1$ und $\zeta^2 - 1$ sind ja nur durch λ^1 teilbar, $\epsilon = -1$ erfüllt die Kongruenz nicht, und $1 + \zeta$ und $1 + \zeta^2$ sind Einheiten. Ebenso ist dann $\epsilon \equiv -1$ nur für $\epsilon = -1$ erfüllt. Also ϵ_1 und ϵ_2 stimmen bis aufs Vorzeichen überein.

Man kann durch zweckmäßige Auswahl von π unter den assoziierten erreichen, daß $\epsilon = \pm 1$ wird. Das tritt ein, <u>wenn $\pi \equiv$ einer rationalen Zahl mod λ^2 wird</u>. (λ) ist ein Primideal 1. Grades mit der Norm 3. Die Zahlen 0, 1, 2 bilden daher ein vollständiges Restsystem nach λ. Dann bilden die Zahlen $1, 2, \zeta, 2\zeta, \zeta^2, 2\zeta^2$ ein reduziertes Restsystem nach λ^2. Durch Multiplikation mit einer Potenz von ζ kann man daher jede ganze Körperzahl kongruent einer rationalen Zahl mod λ^2 machen, und dann ist $\pi\pi'^2 \equiv \pm 1 \pmod{\lambda^3}$.

$\sqrt[3]{\pi\pi'^2}$ ist die Lagrangesche Wurzelzahl selbst. Wie kommen wir zu dem kubischen Körper, zu dem sie gehört? Dieser ist reell, weil er abelsch ist. Wir haben zu bilden $\sqrt[3]{\pi\pi'^2} + \sqrt[3]{\pi^2\pi'}$, wobei die dritten Wurzeln so zu wählen sind, daß die beiden Summanden konjugiert-komplex sind. Das ist dann die erzeugende Zahl für den kubischen abelschen Körper mit der Diskriminante $d = p^2$.

Die allgemeine Darstellung der Wurzelzahlen war
$$\sum_{n \bmod p-1} \zeta^n \epsilon^{Rn},$$
ϵ eine p-te Einheitswurzel. Das ist also, wenn wir die ζ-Potenzen in geeigneter Weise sammeln, unsere Summe zweier dritter Wurzeln. Die Koeffizienten der Gleichung für die Wurzelzahlen allgemein anzugeben, ist, wie wir schon früher besprochen haben, eine ziemlich schwierige Aufgabe.

Für die Theorie der abelschen kubischen und biquadratischen Körper verweise ich auf Weber, Algebra Bd. 2.

§ 14. Zerlegungsgesetze von Primzahlen in abelschen Körpern.

Wir haben den allgemeinen abelschen Körper in zwiefacher Art aufgebaut, einmal, indem wir im Körper der ℓ-ten Einheitswurzeln die ℓ-te Wurzel aus einer Zahl zogen, und andererseits als Unterkörper der p-ten Einheitswurzeln. Wir wollen nun die wichtigsten Eigenschaften des Körpers auf Grund dieser doppelten Erzeugungsweise untersuchen, insbesondere die Zerlegungsgesetze der Primzahlen. So bekommen wir 2 Arten der Darstellung der Zerlegungsgesetze. Wir wollen die Betrachtungen ganz durchführen für die quadratischen Körper.

Sei K ein quadratischer Körper, in dessen Diskriminante nur ℓ aufgeht. Dann ist $K = K(\sqrt{\pm\ell}) = K\left(\sqrt{(-1)^{\frac{\ell-1}{2}}\ell}\right)$. Sei $p \neq 2, \ell$ eine Primzahl. Dann zerfällt p in K oder zerfällt nicht, je nachdem ob $\left(\dfrac{(-1)^{\frac{\ell-1}{2}}\ell}{p}\right) = +1$ oder -1 ist.

Andererseits ist K ein Unterkörper von $k(\zeta) = k(e^{\frac{2\pi i}{\ell}})$ und zwar der einzige quadratische Unterkörper. In $k(\zeta)$ kennen wir die Zerlegung von p:

$$(68) \qquad p = P_1 P_2 \cdots P_e$$

wenn $e = \dfrac{\ell-1}{f}$ und f der Exponent ist, zu dem p mod ℓ gehört. $p^f \equiv 1 \pmod{\ell}$. f ist der Grad jedes P_i. Durch Übergang zu den Konjugierten mittels $s\zeta = \zeta^g$ folgt $sp = p = sP_1 \cdot sP_2 \cdots sP_\ell$. Die sP_i sind also abgesehen von der Reihenfolge mit den P_i identisch. Unter den zu P_1 konjugierten Idealen $P_1, sP_1, \ldots, s^{\ell-2}P_1$ kommen also nur e verschiedene vor. Jedes der P_i bleibt invariant bei der Gruppe

$$U = (s^e, s^{2e}, \ldots, s^{fe} = 1) .$$

<u>Behauptung</u>: <u>Im quadratischen Unterkörper zerfällt p dann und nur dann, wenn e gerade ist.</u> (Das allgemeine Gesetz lautet: Im Unterkörper vom Primzahlgrade q zerfällt p nur dann, wenn $q \mid e$.)

Wir haben es also mit Idealen in verschiedenen Körpern zu
tun. Um diese Schwierigkeit können wir herumkommen, indem wir
nur mit Hauptidealen operieren. Nehmen wir zunächst an, die
Klassenzahl sei 1. Dann wäre

$$(69) \qquad p = \Pi_1 \Pi_2 \ldots \Pi_e$$

die Zerlegung von p in Primzahlen in $k(\zeta)$. Wir suchen aus Π
(gleich einem der Π_i) eine Zahl zu machen, die in K liegt.
Der Unterkörper K gehört zu der Gruppe

$$V = (s^2, s^4, \ldots, s^{\frac{\ell-1}{2} \cdot 2} = 1). \text{ Die Zahl}$$

$$(70) \qquad \pi = \Pi^{1+s^2+s^4+\ldots+s^{\frac{\ell-2}{2} \cdot 2}}$$

bleibt bei V ungeändert, gehört also zu K.

e sei gerade. Behauptung: p zerfällt in K. - Die Substitution s kommt in der Gruppe U nicht vor, da e gerade ist.
Daher ist $\Pi \neq s\Pi$, und diese Zahlen sind auch nicht assoziiert.
Ebenso ist $(\Pi) \neq s^{2v+1}(\Pi)$ für jedes v. Daher ist $s\pi$ nicht
durch Π teilbar. Nun ist

$$(71) \qquad \pi \cdot s\pi = N(\Pi)_{\text{in } k(\zeta)} = p^f .$$

Es ist nicht möglich, daß $p|\pi$. Denn wäre $p|\pi$, so wäre
$\dfrac{\pi}{p} = \dfrac{\Pi^{1+s^2+\ldots}}{p}$ eine ganze Zahl. $s\Pi \neq \Pi$ geht wegen (69) im
Nenner p auf aber wegen $s\Pi \neq s^{2v}\Pi$ nicht im Zähler. Das ist ein
Widerspruch. Also ist $p\nmid\pi$, ebenso $p\nmid s\pi$. Aber nach (71) ist
$p|\pi\cdot s\pi$. Also kann (p) kein Primideal in K sein, zerfällt also,
und dann ja genau in 2 Faktoren.

Wenn wir uns nun von den obigen beschränkenden Annahmen
freimachen wollen, so können wir (70) nicht mehr, wie unser
Schlußverfahren es erfordert, als Aussage über Ideale in verschiedenen Körpern deuten. Aber wir können uns so helfen, daß
wir die Endlichkeit der Klassenzahl h benutzen. Die h-te Potenz jedes Ideals ist ein Hauptideal. Aus (68) folgt
$(p)^h = P_1^h \cdot P_2^h \ldots P_e^h$. Die P_i^h sind Hauptideale. Es gibt also

<u>Zahlen</u> Π_i, so daß $P_i^h = (\Pi_i)$ und $p^h = \Pi_1 \cdot \Pi_2 \ldots \Pi_e$. Dann bleiben die Hauptideale (Π_i) bei U invariant. Bilde wieder

$$\pi = \Pi_1^{1+s^2+\ldots+s^{\frac{\ell-3}{2}\cdot 2}} \qquad . \quad \pi \text{ bleibt bei } U \text{ invariant, gehört also}$$

zu K.

1) <u>Ist nun e gerade</u>, so ist $sP_1 \neq P_1$ und ebenso $sP_1 \neq s^{2v}P_1$, da die Gruppe U, die allein P_1 invariant läßt, nur gerade Potenzen von s enthält. Daher ist $sP_1 \nmid \pi$. Nun ist aber $sP_1 | p$, also kann p kein Teiler von π sein. Also ist $p \nmid \pi$ und $p \nmid s\pi$. Es ist aber $\pi \cdot s\pi = N(\Pi_1) = N((\Pi_1)) = N(P_1)^h = p^{fh}$, also $p | \pi \cdot s\pi$. Folglich kann (p) kein Primideal in K sein, q.e.d.

2) <u>p zerfalle in K</u>. <u>Behauptung</u>: <u>e ist gerade</u>.
p zerfällt in K in zwei verschiedene Primideale 1. Grades, deren eines p sei. Dann ist p^h ein Hauptideal. $\pm p^h$ ist also Norm einer Zahl in K, etwa $\pm p^h = x \cdot x'$. Dabei ist $(x, x') = 1$, weil $p \neq p'$. Diese Aussage ist unabhängig vom Körper. Unter h möge dabei das Produkt der Klassenzahlen von K und k verstanden werden. Dann ist diese Aussage sicher auch richtig. Zufolge (68) ist p^h das Produkt von e zu einander teilerfremden Zahlen: $p^h = \Pi_1 \cdot \Pi_2 \ldots \Pi_e$ in $k(\zeta)$. Es ist also $\Pi_1 | xx'$. Es ist $\Pi_1 = P_1^h$. Wegen $(x, x') = 1$ können die Faktoren von Π_1 sich nicht auf x und x' verteilen. Es ist also $(\Pi_1, x) = \Pi_1$, $(\Pi_1, x') = 1$ oder $(\Pi_1, x) = 1$, $(\Pi_1, x') = \Pi_1$. Bei geeigneter Numerierung ist daher $(x) = (\Pi_1 \cdot \Pi_2 \ldots \Pi_t)$,
$(x') = (\Pi_{t+1} \cdot \Pi_{t+2} \ldots \Pi_e)$. Nun ist $sx \neq x$, denn sonst wäre x rational und also nicht teilerfremd zu x'. Daher $sx = x'$, also

$$(s\Pi_1 \cdot s\Pi_2 \ldots s\Pi_t) = (\Pi_{t+1} \cdot \Pi_{t+2} \ldots \Pi_e) \ .$$

Da $s\Pi_1$, $s\Pi_2$, $\ldots$, $s\Pi_t$ je nur ein Primideal enthalten und zu einander teilerfremd sind, und da das gleiche rechts gilt, müssen sich die Faktoren rechts und links paarweise entsprechen, insbesondere muß also auch ihre Anzahl gleich sein: $t = e - t$, also $e = 2t$, also gerade, q.e.d.

[18.VI.20.] Wir haben also die Zerlegungsgesetze von p in K von oben her gefunden, indem wir von der bekannten Zerlegung von p in $k(\zeta)$ ausgingen. p zerfällt in K genau dann, wenn e gerade ist: Diese Bedingung können wir noch umformen:

Es sei $p^{\frac{\ell-1}{2}} \equiv +1 \pmod{\ell}$. Dann ist $\frac{\ell-1}{2}$ ein Vielfaches von $f = \frac{\ell-1}{e}$, also e gerade.

Es sei e gerade: e = 2k. Dann ist $p^f = p^{\frac{\ell-1}{2k}} \equiv +1 \pmod{\ell}$, also auch $(p^{\frac{\ell-1}{2k}})^k = p^{\frac{\ell-1}{2}} \equiv +1 \pmod{\ell}$.

Die Aussage, daß e gerade ist, ist also gleichwertig mit der Aussage $p^{\frac{\ell-1}{2}} \equiv +1 \pmod{\ell}$. - Nun ist ja für jede Primzahl q und (D, q) = 1: $D^{q-1} \equiv 1 \pmod{q}$, also, da die Restklassengruppe mod q zyklisch ist: $D^{\frac{q-1}{2}} \equiv 1 \pmod{q}$ oder $\equiv -1 \pmod{q}$. Im ersten Fall ist D quadratischer Rest nach q: $(\frac{D}{q}) = +1$, im zweiten Nichtrest: $(\frac{D}{q}) = -1$. Also ist $D^{\frac{q-1}{2}} \equiv (\frac{D}{q}) \pmod{q}$. - In unserm Fall ist also $p^{\frac{\ell-1}{2}} \equiv (\frac{p}{\ell})$ (mod ℓ). Wir haben also auf diesem Wege die Aussage: <u>p zerfällt in K dann und nur dann, wenn $(\frac{p}{\ell}) = +1$ ist</u>.

Nun bringen wir beide Aussagen zusammen. Die Bedingungen für das Zerfallen von p müssen denselben Inhalt haben. So erhalten wir die Aussage:

$$(72) \qquad \left(\frac{(-1)^{\frac{\ell-1}{2}}\ell}{p}\right) = \left(\frac{p}{\ell}\right) .$$

Nun besagt der 1. Ergänzungssatz zum quadratischen Reziprozitätgesetz, den man leicht elementar herleiten kann: $(\frac{-1}{p}) = (-1)^{\frac{p-1}{2}}$. Also ist $\left(\frac{(-1)^{\frac{\ell-1}{2}}}{p}\right) = (-1)^{\frac{p-1}{2}\cdot\frac{\ell-1}{2}}$. Somit wird aus (72), da $(\frac{\ell}{p})^2 = 1$, die Aussage des <u>quadratischen Reziprozitätsgesetzes</u>:

$$(\frac{p}{\ell})(\frac{\ell}{p}) = (-1)^{\frac{p-1}{2}\cdot\frac{\ell-1}{2}} .$$

Die Idee dieses Beweises stammt von <u>Kronecker</u>. Es ist wohl der einfachste und der Natur der Sache am engsten angepaßte Weg.

Diese Methode ist auch auf andere Gradzahlen übertragbar. Es werde ein abelscher Körper K vom Grade n betrachtet. In seiner Diskriminante mögen die Primzahlen q_1, q_2, ... aufgehen und alle zu n prim sein. Setze $m = q_1 \cdot q_2 \ldots$, also gleich dem Produkt der Diskriminantenteiler, jeden einfach gesetzt. Dann ist also $(m, n) = 1$. Dann ist der Körper im Körper der m. Einheitswurzeln enthalten, und es gilt das folgende Zerlegungsgesetz: Die Primzahl p, $(p, m) = 1$, zerfällt im Körper in lauter verschiedene Faktoren f. Grades, wo f der niedrigste Exponent ist, der die Kongruenz $p^{\frac{f \cdot \varphi(m)}{n}} \equiv 1 \pmod{m}$ befriedigt. $\varphi(m)$ bedeutet dabei, wie immer, die Anzahl der teilerfremden Restklassen mod m. Für $n = \varphi(m)$ wird f der Exponent, zu dem p mod m gehört. Für $n = 2$ haben wir $p^{\frac{f \varphi(m)}{2}} \equiv 1 \pmod{m}$. Wegen $p^{\varphi(m)} \equiv 1 \pmod{m}$ ist $p^{\frac{\varphi(m)}{2}} \equiv +1$ oder -1. Ist $m = q$, also $\varphi(m) = q-1$, so folgt $p^{\frac{q-1}{2} \cdot f} \equiv 1 \pmod{q}$, also $f = 1$, wenn p quadratischer Rest nach q ist, $f = 2$, wenn p Nichtrest ist. *)

Allgemeine Reziprozitätsgesetze.

ℓ sei eine beliebige ungerade Primzahl. Wir betrachten $k(\zeta)$, $\zeta = e^{\frac{2\pi i}{\ell}}$. p sei ein Primideal, $\lambda \nmid p$, α eine beliebige ganze Zahl, $(\alpha, p) = 1$. Dann nennen wir α einen ℓ-ten Potenzrest mod p, wenn es eine ganze Zahl ξ im Körper gibt, so daß $\alpha \equiv \xi^{\ell} \pmod{p}$. Die Aussage bezieht sich nur auf $k(\zeta)$.

Es ist $N(p) = p^f \equiv 1 \pmod{\ell}$. Nach Fermat ist $\alpha^{N(p)-1} \equiv 1 \pmod{p}$, und der Exponent von α ist nach dem Vorhergehenden durch ℓ teilbar. Also steht links ein Ausdruck der Gestalt β^{ℓ}. Nun ist ja $\beta^{\ell} - 1 = \prod_{n=0}^{\ell-1} (\beta - \zeta^n)$. Also folgt

$$\prod_{n=0}^{\ell-1} \left(\alpha^{\frac{N(p)-1}{\ell}} - \zeta^n\right) \equiv 0 \pmod{p} \; .$$

Mit dieser Zerlegung gehen wir über den Körper $k(\zeta)$, in dem wir uns ja befinden, nicht hinaus. Da p Primideal ist, muß einer der Faktoren des Produkts durch p teilbar sein. Es kann

---

*) siehe Anmerkung 2.

aber auch nur ein einziger sein. Denn wären zwei der Faktoren
durch p teilbar, so wäre auch ihre Differenz, d.h. die Differenz zweier verschiedener ζ-Potenzen durch p teilbar, was
wegen $\lambda \neq p$ nicht möglich ist. Sei dies der $(\nu+1)$-te Faktor
und $\zeta^\nu = \zeta_1$ gesetzt. Dann ist also

$$\alpha^{\frac{N(p)-1}{\ell}} \equiv \zeta_1 \pmod{p} \ .$$

Der Zahl α ist also mit Bezug auf p eine ganz bestimmte ℓ-te
Einheitswurzel zugeordnet. Diese wird durch das Symbol $\{\frac{\alpha}{p}\}$ bezeichnet. Es ist also $\{\frac{\alpha}{p}\} \equiv \alpha^{\frac{N(p)-1}{\ell}} \pmod{p}$. Dies Symbol bedeutet stets eine ℓ-te Einheitswurzel.

Satz: $\underline{\alpha \text{ ist dann und nur dann } \ell\text{-ter Potenzrest mod } p, \text{ wenn}}$
$\underline{\{\frac{\alpha}{p}\} = 1 \text{ ist.}}$

1) α sei ℓ-ter Potenzrest: $\alpha \equiv \xi^\ell \pmod{p}$. Dann ist

$$\alpha^{\frac{N(p)-1}{\ell}} \equiv \xi^{N(p)-1} \equiv 1 \pmod{p} \ , \text{ also } \{\frac{\alpha}{p}\} = 1 \ .$$

2) Es sei $\{\frac{\alpha}{p}\} = 1$, also $\alpha^{\frac{N(p)-1}{\ell}} \equiv 1 \pmod{p}$. Die Gruppe der
teilerfremden Restklassen mod p ist zyklisch, genau wie bei
rationalen Primzahlen. Sei $(C, C^2, \ldots, C^{N(p)-1} = 1)$ diese
Gruppe. Zwei Potenzen von C sind nur gleich, wenn ihre Exponenten mod $N(p)-1$ übereinstimmen. Sei C^x die Restklasse von α.
Dann ist $C^{\frac{x(N(p)-1)}{\ell}} \equiv 1 \pmod{p}$, also $\ell \mid x$, etwa $x = \ell y$. Sei
ξ eine Zahl aus C^y, dann folgt $\alpha \equiv \xi^\ell \pmod{p}$, also α ist
ℓ-ter Potenzrest mod p.

Gegenüber der Einteilung der Zahlen nach ihrem $\underline{\text{quadratischen}}$
Restcharakter haben wir hier das Neue, daß wir unter den Nicht-
resten noch wieder Unterscheidungen zu treffen haben. Für einen
Nichtrest α ist $\{\frac{\alpha}{p}\}$ eine der primitiven ℓ-ten Einheitswurzeln.
Aus der Definition des Symbols folgt $\{\frac{\alpha\beta}{p}\} = \{\frac{\alpha}{p}\} \cdot \{\frac{\beta}{p}\}$. Das Pro-
dukt zweier Nichtreste ist also durchaus nicht immer ein Rest!

Der Nenner des Symbols ist ein zu ℓ teilerfremdes Primideal.
Der Zähler eine beliebige zum Nenner teilerfremde Zahl. Wir
können daher noch nicht von dem reziproken Symbol sprechen.

Wir heben die Beschränkung auf Primideale auf durch die Festsetzung: Ist $a = p_1^{c_1} \cdot p_2^{c_2} \ldots$, so soll sein

$\{\frac{\alpha}{a}\} = \{\frac{\alpha}{p_1}\}^{c_1} \cdot \{\frac{\alpha}{p_2}\}^{c_2} \ldots$ Wenn also a ein Hauptideal (β) wird, so haben wir damit $\{\frac{\alpha}{\beta}\}$ $(= \{\frac{\alpha}{\varepsilon\beta}\})$ für zwei ganze zu einander und zu ℓ teilerfremde Körperzahlen definiert. Nun hat auch $\{\frac{\beta}{\alpha}\}$ einen Sinn, falls α zu ℓ prim ist.

Für das erweiterte Legendresche Restsymbol galt

$$\left(\frac{P}{Q}\right) = \left(\frac{Q}{P}\right)(-1)^{\frac{P-1}{2} \cdot \frac{Q-1}{2}} .$$

Der Zahlenfaktor rechts hängt nur von dem Verhalten von P und Q <u>mod 4</u> ab. $\left(\frac{P}{Q}\right)$ und $\left(\frac{Q}{P}\right)$ sind gleich, wenn P <u>oder</u> Q $\equiv 1$ (mod 4) ist.

Vergleichen wir nun $\{\frac{\alpha}{\beta}\}$ und $\{\frac{\beta}{\alpha}\}$, so ergibt sich ein Gesetz von ganz gleicher Gestalt. Man nennt eine Zahl α <u>primär</u>, wenn es ein ξ gibt, so daß $\alpha \equiv \xi^\ell$ <u>(mod λ^ℓ)</u> ist. Dann gilt:

<u>Es ist</u> $\{\frac{\alpha}{\beta}\} = \{\frac{\beta}{\alpha}\}$, <u>wenn α oder β oder beide primär sind.</u>
(Für $\ell = 2$ wird $\lambda = 2$, $\lambda^\ell = 4$. Quadratischer Rest nach 4 und zu 4 teilerfremd ist nur +1. Also haben wir genau die richtige Formulierung wie oben.) Der Beweis ist schwierig und umständlich. Er läßt sich in 2 Stufen erledigen. Die eine bezieht sich auf den Fall, daß die eine der beiden Zahlen rational ist, und rührt her von <u>Eisenstein</u>. (Eisensteinsches Reziprozitätsgesetz). Dieser Teil benutzt wesentlich die Theorie der Lagrangeschen Wurzelzahlen, ihre Kongruenzeigenschaften und ihre algebraische Festlegung. Er läßt sich noch für beliebiges ℓ formulieren. Dieses Eisensteinsche Reziprozitätsgesetz ist bisher für alle Beweise des allgemeinen Reziprozitätsgesetzes ein unentbehrliches Hülfsmittel.

Bei der zweiten Stufe des Beweises haben wir zu unterscheiden, ob die Klassenzahl von $k(\zeta)$ durch ℓ teilbar ist oder nicht. Falls die Klassenzahl nicht durch ℓ teilbar ist, heißt ℓ <u>reguläre</u> Primzahl. Für reguläre Primzahlen hat zuerst Kummer das Reziprozitätsgesetz aufgestellt und bewiesen. Sein Beweis ist von Hilbert dann wesentlich vervollständigt und vereinfacht worden.

Hilbert hat sodann einige spezielle Fälle des Reziprozitätsgesetzes für solche Körper bewiesen, deren Klassenzahl durch ℓ teilbar ist, insbesondere für $\ell = 2$ das quadratische Reziprozitätsgesetz untersucht. Vor allem hat er den Zusammenhang dieser Fragen mit der Theorie der sogenannten Klassenkörper erkannt; mit diesen verallgemeinerungsfähigen Methoden hat dann Furtwängler beide Probleme angegriffen und zuerst den vollständigen Beweis für das allgemeine Reziprozitätsgesetz für ℓ-te Potenzreste in beliebigen Zahlkörpern geliefert (Abh. d. Göttinger Gesellsch. d. Wiss. 1902, Math. Ann. 63, 67 u.s.f.). Ein Teil, nämlich der erste Ergänzungssatz über den Wert von $\{\frac{\lambda}{p}\}$ steht immer noch aus.

Daß das Reziprozitätsgesetz mit der Teilbarkeit der Klassenzahl durch ℓ in Zusammenhang steht, sieht man aus Folgendem: Geht ℓ in der Klassenzahl h nicht auf, so lassen sich alle Restsymbole, deren Nenner ein Ideal ist, auf solche zurückführen, deren Nenner eine Zahl ist. Denn sei h_o eine solche ganze Zahl, daß $h \cdot h_o \equiv 1 \pmod{\ell}$ ist, so ist $\{\frac{\beta}{a}\}^{h \cdot h_o} = \{\frac{\beta}{a}\}$, und da a^h immer ein Hauptideal, etwa (α) ist:

$$\{\frac{\beta}{a}\}^{h \cdot h_o} = \{\frac{\beta}{a^h}\}^{h_o} = \{\frac{\beta}{\alpha}\}^{h_o}, \text{ also } \{\frac{\beta}{a}\} = \{\frac{\beta}{\alpha}\}^{h_o}.$$

Sei ferner ω eine primäre Zahl, so ist nach dem Reziprozitätsgesetz für jedes α: $\{\frac{\alpha}{\omega}\} = \{\frac{\omega}{\alpha}\}$, also $= 1$, wenn α ℓ-te Potenz eines Ideals oder eine Einheit ist. Insbesondere also ist, wenn ω überdies noch ein Primideal ist, jede ℓ-te Idealpotenz oder Einheit kongruent einer ℓ-ten Zahlpotenz mod ω.

Ist endlich ω eine primäre Zahl, die überdies ℓ-te Idealpotenz oder Einheit ist, ohne selbst ℓ-te Zahlpotenz zu sein (sogenannte "singuläre Primärzahl"), so gilt offenbar für jede Zahl α (prim zu ω): $\{\frac{\omega}{\alpha}\} = 1$. Das ist etwas Neues gegenüber den quadratischen Resten. Man zeigt leicht, daß wenn für jede Zahl n (prim zu c) das Restsymbol $(\frac{c}{n}) = +1$, c notwendig Quadrat einer ganzen rationalen Zahl sein muß.

Aus $\{\frac{\omega}{\alpha}\} = 1$ folgt weiter

$$(73) \qquad \{\frac{\omega}{a}\} = \{\frac{\omega}{b}\}$$

wenn $a \sim b$. Denn es gibt ja alsdann ein Ideal c in der reziproken Idealklasse, so daß $ac = (\alpha)$, $bc = (\beta)$ Hauptideale sind
und daher $1 = \{\frac{\omega}{\alpha}\} = \{\frac{\omega}{\beta}\}$ ist. Durch Division mit $\{\frac{\omega}{c}\}$ folgt (73).
Es ist also $\{\frac{\omega}{a}\}$ eine Invariante der ganzen Idealklasse. Ebenso
sieht man, daß $\{\frac{\omega}{a}\} = 1$ ist, wenn a einer Klasse angehört, die
ℓ-te Potenz einer Klasse ist, und daß daher $\{\frac{\omega}{a}\} = 1$ sein
müßte für jedes Ideal, sobald nur die Klassenzahl prim zu ℓ
ist, da sich dann jede Klasse als ℓ-te Potenz einer Klasse
schreiben läßt.

Es zeigt sich nun, daß solche singulären Primärzahlen nur
dann existieren können, wenn die Klassenzahl durch ℓ teilbar
ist, und daß sie dann auch wirklich existieren. In diesem
Nachweis besteht das eigentliche Problem des "Klassenkörpers"
zu $k(\zeta)$, der alsdann als $K(\sqrt[\ell]{\omega}, \zeta)$ definiert ist. In dessen
Diskriminante geht, wie wir uns schon früher überlegten,
- (ω ist ja ℓ-te Potenz eines Ideals!) - außer ℓ keine Primzahl auf. Und wenn man nur die "Relativdiskriminante von K
bezüglich k" untersucht (vgl. den folgenden II. Teil!), so
gehen in dieser überhaupt keine Primzahlen auf, sie ist also 1.

Die Erkenntnis der Bedeutung dieses Zusammenhangs ist das
wesentliche Verdienst Hilberts in der Zahlentheorie. (Vgl.
seinen Satz 148 im Zahlbericht.)

§ 15. Arithmetische Definition der Kreisteilungskörper.

Wir wissen, daß alle abelschen Körper Kreiskörper sind. Wir
haben sie eingeteilt nach Grad, Gruppe und Diskriminante. Durch
welche arithmetisch-algebraischen Eigenschaften sind nun gerade die Kreisteilungskörper unter allen abelschen Körpern ausgezeichnet?

Wir haben die allgemeinen Zerlegungsgesetze aufgestellt,
wenn Grad und Diskriminante prim sind. Ist K ein Körper vom
Grade n, m das Produkt seiner Diskriminantenteiler, dann zerfällt p in $\frac{n}{f}$ verschiedene Primideale f. Grades, wenn f der
kleinste Exponent ist, für den $p^{\frac{f\varphi(m)}{n}} \equiv 1 \pmod{m}$ ist. Alle p
derselben Restklasse mod m zerfallen in derselben Art. Aber
auch Primzahlen verschiedener Restklassen können in K in

derselben Art zerfallen. Es reicht aus, daß ihre $\frac{\varphi(m)}{n}$-ten Potenzen mod m kongruent sind. Ist $p^{\frac{\varphi(m)}{n}} \equiv p'^{\frac{\varphi(m)}{n}}$ (mod m), dann bestimmen p und p' dasselbe f. Das ist nur dann trivial, wenn $\varphi(m) = n$. Also der Körper K vom Grade n ist wieder ein <u>Klassenkörper</u>, gehörig zu folgender Klasseneinteilung im rationalen Grundkörper: Ist $a^{\frac{\varphi(m)}{n}} \equiv b^{\frac{\varphi(m)}{n}}$ (mod m), so werden a und b zur selben Klasse gerechnet. Diese Einteilung ist <u>gröber</u> als die gewöhnliche Restklasseneinteilung mod m. Mehrere gewöhnliche Restklassen und zwar je $\frac{\varphi(m)}{n}$ bilden zusammen eine "grobe" Klasse. Es gibt also n "grobe" Klassen. Diese bilden eine Gruppe, die mit der Gruppe n. Grades von K isomorph ist.

Die analoge Tatsache läßt sich auch beweisen für den Fall, daß Grad und Diskriminante nicht prim zu einander sind; und damit folgt:

<u>Jeder abelsche Körper ist ein Klassenkörper nach einem rationalen Modul</u>, d.h. er gehört zu einer bestimmten Klasseneinteilung der rationalen Zahlen mod m. Und umgekehrt gibt es zu jeder Klasseneinteilung mod m auch einen zugehörigen abelschen Körper.

Die Kreisteilungskörper sind nun diejenigen Klassenkörper, die zu der <u>feinst-möglichen</u> Einteilung mod m gehören. Jede gröbere Einteilung gehört zu einem Unterkörper von ihnen. Dadurch sind die Kreisteilungskörper arithmetisch-algebraisch ausgezeichnet. Das gibt der Theorie die volle Abrundung.

Damit schließen wir den ersten Teil der Vorlesung. Was noch aussteht, sind die vollständigen Zerlegungsgesetze für die Ausnahme-Primzahlen in Kreisteilungskörpern mit zusammengesetzten Exponenten. Wenn $m = \ell_1^{h_1} \cdot \ell_2^{h_2} \ldots$ ist, so kann man <u>entweder</u> so vorgehen, daß man den Körper der $\ell_1^{h_1}$-ten Einheitswurzeln bildet und darin $\ell_2^{h_2}$ zerlegt, und umgekehrt; <u>oder</u> man kann ein eleganteres Verfahren transzendenter Natur verwenden, das wir am Schluß der Vorlesung kennen lernen werden.

Teil II. Die elliptischen Modulfunktionen in der Arithmetik

Was wir bisher vom rationalen Grundkörper ausgehend gemacht haben, wollen wir nun von einem anderen Grundkörper ausgehend machen: Wir wollen uns einen vollständigen Überblick über die zu diesem relativ-abelschen Körper zu verschaffen suchen.

§ 16. Allgemeines über Relativkörper.

Gegeben sei ein Körper k vom Grade n als Grundkörper. Der Körper K entstehe durch k und die erzeugende Zahl ω. Dann wird die in K(1) irreduzible Gleichung mit rationalen Koeffizienten, der ω genügt, in k reduzibel. Aber es wird für eine K erzeugende Zahl A eine bestimmte in k irreduzible Gleichung $f(A) = 0$ vom m. Grade mit Koeffizienten aus k geben. Dann heißt m der _Relativgrad von K_. m·n ist der absolute Grad von K, der Relativgrad gegen K(1). Die Wurzeln $A^{(1)}, \ldots, A^{(m)}$ jener Gleichung sind relativ Konjugierte. Ist $\varphi(A)$ eine Zahl aus K, wo φ das Zeichen für eine rationale Funktion mit Koeffizienten aus k ist, so sind $\varphi(A^{(1)}), \ldots, \varphi(A^{(m)})$ das System der _relativ Konjugierten_. Die _Relativnorm_ ist $N_k(A) = A^{(1)} \cdot A^{(2)} \ldots A^{(m)}$. Die Zahlen $1, A, A^2, \ldots, A^{m-1}$ sind linear unabhängig in k. Daher ist jede Körperzahl $\varphi(A)$ in K darstellbar durch $\varphi(A) = \xi_0 + \xi_1 A + \ldots + \xi_{m-1} A^{m-1}$ mit Koeffizienten ξ_i aus k. Ebenso ist $\varphi(A)$ linear in $\Omega_1, \Omega_2, \ldots, \Omega_m$ darstellbar, wenn diese irgend welche in k linear unabhängige Zahlen aus K sind. Das ist dann und nur dann der Fall, wenn die mit den relativ Konjugierten gebildete Determinante

$$\begin{vmatrix} \Omega_1^{(1)} & \Omega_2^{(1)} & \ldots\ldots & \Omega_m^{(1)} \\ \vdots & \vdots & & \vdots \\ \Omega_1^{(m)} & \Omega_2^{(m)} & \ldots\ldots & \Omega_m^{(m)} \end{vmatrix}$$

nicht verschwindet.

[22.VI.20.] Es seien also $A^{(1)}, \ldots, A^{(m)}$ ein System von relativ Konjugierten, die Wurzeln von $f(A) = 0$. Man erhält die übrigen absolut Konjugierten von $A^{(1)}$, indem man zu den Konjugierten Gleichungen übergeht. Diese werden sich also in n

Systeme von je m Zahlen anordnen: $A^{(1)}, \ldots, A^{(m)}$; dann $A^{(m+1)}, \ldots, A^{(2m)}; \ldots$ endlich $A^{((n-1)m+1)}, \ldots, A^{(nm)}$. Die Relativnorm $N_k(A)$ ist eine Zahl α in k. Es bezeichne N die Absolutnorm in K und n die Absolutnorm in k. Dann ist

$$N(A) = \prod_{i=1}^{nm} A^{(i)} = N_k(A) \times \text{allen Konjugierten}$$
$$= \alpha \cdot \alpha' \ldots \alpha^{(n-1)} = n(\alpha)$$
$$= n(N_k(A)) ,$$

also die Absolutnorm ist die Norm im Unterkörper von der Relativnorm.

Es wurde schon gesagt, daß irgend welche m in k linear unabhängige Zahlen $\Omega_1, \Omega_2, \ldots, \Omega_m$ ein Relativfundamentalsystem bilden, daß man also jede Zahl B aus K eindeutig darstellen kann in der Form $B = \xi_1 \Omega_1 + \ldots + \xi_m \Omega_m$ mit ξ_i aus k. Wenn es möglich wäre, die Ω_i so zu wählen, daß für die Darstellung jedes <u>ganzen</u> B aus K auch die ξ_i in k ganz ausfielen, so hätten wir das Recht, von einer <u>Relativbasis</u> zu sprechen. Das geht sicher, wenn die Klassenzahl im Unterkörper 1 ist. Im allgemeinen Fall ist das aber <u>nicht</u> mehr möglich. Wir können daher auch den Begriff der Diskriminante, die ja als das Quadrat der Determinante aus den Zahlen einer Basis erklärt war, nicht auf diesem Wege verallgemeinern.

Wir wollen eine Beziehung zwischen Idealen in beiden Körpern herstellen. Das Zeichen $(\alpha_1, \ldots, \alpha_r)$ hat jetzt doppelte Bedeutung, wenn die α_i zu k gehören. Wir schreiben $(\alpha_1, \alpha_2, \ldots, \alpha_r)_k$ um die Gesamtheit aller Zahlen $\sum \lambda_i \alpha_i$ mit Koeffizienten λ_i aus k, also ein Ideal in k, zu kennzeichnen, und $(\alpha_1, \alpha_2, \ldots, \alpha_r)_K$, um die Gesamtheit aller Zahlen $\sum \Lambda_i \alpha_i$ mit Koeffizienten Λ_i aus K, also ein Ideal in K, zu kennzeichnen. Jedes Ideal des Unterkörpers legt in dieser Weise ein Ideal des Oberkörpers fest. Aus $(\alpha_1, \ldots, \alpha_r)_k = (\beta_1, \ldots, \beta_s)_k$ folgt $(\alpha_1, \ldots, \alpha_r)_K = (\beta_1, \ldots, \beta_s)_K$. Denn die erste Gleichheit besagt ja, daß man jedes β als Linearkombination der α mit Koeffizienten aus k und umgekehrt darstellen kann; und das ist dann ja zugleich eine Darstellung mit Koeffizienten aus K. Folgt umgekehrt aus der zweiten Gleichheit auch die erste?

Die so entstehenden Ideale in K sind nicht die allgemeinsten, sondern es ist eine besondere Eigenschaft eines Ideals in K, wenn es sich durch Zahlen aus k definieren läßt. Es sei also

$$A = (\alpha_1, \ldots, \alpha_r)_K \, , \, B = (\beta_1, \ldots, \beta_s)_K \, , \text{ und } A = B \, .$$

Ferner sei

$$a = (\alpha_1, \ldots, \alpha_r)_k \, , \, b = (\beta_1, \ldots, \beta_s)_k \, .$$

Wenn wir zeigen können, daß jede Zahl γ aus k, die in b vorkommt, auch in a vorkommt, und umgekehrt, dann ist $a = b$.

Es sei γ eine Zahl aus k, die zu A gehört. Wir wollen zeigen, daß γ dann auch zu a gehört. Es sei $\gamma = \sum_i \Lambda_i \alpha_i$. Dann gilt durch Übergang zu den relativ Konjugierten: $\gamma = \sum_i \Lambda_i^{(\kappa)} \alpha_i$, da ja die α_i und γ zu k gehören, also gleich ihren relativ-Konjugierten sind. Das sind m Gleichungen. Durch Multiplikation folgt

$$\gamma^m = \prod_{n=1}^{m} \sum_{i=1}^{r} \Lambda_i^{(\kappa)} \alpha_i \, .$$

Das ist eine homogene Funktion der α vom m. Grade mit Koeffizienten, die als symmetrische Funktionen der relativ Konjugierten zu k gehören. Das allgemeine Glied hat also die Gestalt $\lambda \alpha_{p_1} \alpha_{p_2} \ldots \alpha_{p_m}$; wo die p_i aus den Zahlen 1, $\ldots$, r entnommen sind und auch gleiche vorkommen können, und λ in k liegt. Also liegt γ^m in dem Ideal $(\ldots, \alpha_{p_1} \alpha_{p_2} \ldots \alpha_{p_m}, \ldots)_k$; das ist aber das Ideal $(\alpha_1, \ldots, \alpha_r)_k^m$. Wir schließen also: Aus $A|\gamma$ folgt $a^m|\gamma^m$, also weiter $a|\gamma$. – Umgekehrt folgt aus $a|\gamma$ unmittelbar $A|\gamma$. – Ist nun $b|\delta$, so folgt $B|\delta$, daraus nach Voraussetzung $A|\delta$ und nach dem oben Erkannten weiter $a|\delta$. Also ist $a = b$. <u>Aus A = B folgt also $a = b$.</u>

Wir betrachten nun diejenigen Ideale aus K, die sich durch Zahlen aus k erzeugen lassen. Diese bilden ein System S. Dann erscheinen die Ideale aus k denen aus dem System S umkehrbar eindeutig zugeordnet, so daß jede Teilbarkeitsaussage über Zahlen γ aus k und Ideale A aus S richtig bleibt, wenn man A durch das betreffende Ideal a ersetzt. Wir nennen daher Ideale aus den beiden Körpern, die einander in diesem Sinn entsprechen,

<u>einander gleich</u>. - Bisher hatten zwei Ideale aus verschiedenen
Körpern überhaupt keine Beziehung zu einander. - Die Gleichung
$(\alpha_1, \ldots, \alpha_r)_K = (\alpha_1, \ldots, \alpha_r)_k$ drückt eine Beziehung aus, die
unserm Beweis zufolge nicht von der zufälligen Darstellung des
Ideals durch die α_i abhängt.

Betrachte <u>irgend</u> ein Ideal A in K und sodann die Gesamtheit
der Zahlen aus k, die in A liegen. Diese bilden jedenfalls
ein Ideal a in k, denn sie reproduzieren sich durch Addition,
Subtraktion, Multiplikation und Multiplikation mit Zahlen
aus k. A = a ist aber <u>dann und nur dann richtig, wenn A zu S
gehört</u>. Im Allgemeinen ist A $\neq a$. Ist A ein Ideal aus S, so
sagt man: "<u>A liegt in k</u>". Alle Teilbarkeitsbeziehungen
zwischen solchen Idealen lassen sich dann innerhalb k entscheiden.

Nun können wir auch einen Zusammenhang zwischen Idealen
beliebiger Körper statuieren. Sei $a_1 = (\alpha_1, \ldots)_{k_1}$ ein Ideal
in k_1 und $b_2 = (\beta_1, \ldots)_{k_2}$ ein Ideal in k_2. Wir sagen $\underline{a_1 = b_2}$,
wenn diese Ideale gleich werden <u>in irgend einem Körper, der
k_1 und k_2 enthält</u>, z.B. im Körper (k_1, k_2). Diese Entscheidung
ist unabhängig von der Auswahl des Oberkörpers.

Für zwei Hauptideale $(\alpha)_{k_1}$ und $(\beta)_{k_2}$ liegt es nahe, die
Gleichheit so zu definieren: $(\alpha)_{k_1} = (\beta)_{k_2}$ dann und nur dann,
wenn alle durch α teilbaren algebraischen Zahlen auch durch β
teilbar sind und umgekehrt, d.h. offenbar, wenn α und β assoziiert sind. Das ist eine Definition der Gleichheit zweier
Hauptideale, die auf keinem speziell ausgewählten Körper beruht. Für Nicht-Hauptideale schließen wir so: Sei H eine ganze
rationale Zahl, welche durch die Klassenzahlen von k_1 und k_2
teilbar ist. Die H-te Potenz jedes Ideals aus k_1 oder k_2 wird
dann ein Hauptideal: $a_1^H = (\alpha)_{k_1}$, $b_2^H = (\beta)_{k_2}$. Wir definieren
dann $a_1 = b_2$, wenn $(\alpha)_{k_1} = (\beta)_{k_2}$, d.h. wenn α und β assoziiert
sind. Diese Definition stimmt mit der oben benutzten ersicht-
lich überein, zunächst für Hauptideale, dann aber auch für beliebige. Denn nach der ersten Definition heißt a_1^H und b_2^H in
$K(k_1, k_2)$ gleich, wenn α und β assoziiert sind. a_1 und b_2 sind
gewissen in K liegenden Idealen A_1, B_2 gleich, und diese sind

in K dann und nur dann gleich, wenn auch $A_1^H = B_2^H$, d.h. wegen $A_1^H = (\alpha)_K$, $B_2^H = (\beta)_K$, wenn α und β assoziiert sind.

Jetzt hat es einen präzisen Sinn, zu sagen: $a_1 = (^H\!\sqrt{\alpha})$, und diese Aussage ist richtig. Denn die beiden daraus entstehenden Ideale in K: $a_1 = (\alpha_1, \ldots)_K$ und $(^H\!\sqrt{\alpha})_K$ sind in K einander gleich, weil ihre H-ten Potenzen einander gleich sind, und sind folglich schlechthin "gleich".

Gleichheit von Idealen ist also eine allgemeinere von K unabhängige Aussage geworden. Anders ist es mit der Aussage, daß ein Ideal Hauptideal oder Primideal ist. Das hat nur relativ zum Körper Bedeutung. Denn es sei z.B. in einem quadratischen Körper $(p) = p_1 \cdot p_2$. Dann ist (p) ein Primideal in $K(1)$ aber nicht im quadratischen Körper.

Die Zerlegung der Primzahlen im Körper K können wir nun stufenweise vornehmen. Es sei $(p) = p_1 \cdot p_2 \ldots p_s$ in k, p_i Primideal in k, jedes p_i sooft gesetzt, als es vorkommt. Diese Gleichung ist dann auch richtig, wenn wir in den Oberkörper K übergehen. Beim Übergang von k zu K bleiben aber die p_i im allgemeinen nicht mehr Primideale. Es sei

$$p_1 = P_{11} \cdot P_{12} \ldots P_{1r_1}$$
$$p_2 = P_{21} \cdot P_{22} \ldots P_{2r_2}$$
$$\ldots\ldots\ldots\ldots\ldots\ldots\ldots\ldots\ldots$$
$$p_s = P_{s1} \cdot P_{s2} \ldots P_{sr_s}$$

wo die P_{ik} Primideale in K sind. Dann ist $(p) = \prod_{i,k} P_{ik}$ die Zerlegung von p in K. Die Frage nach der Zerlegung der Primideale aus k in K ist also die genaue Verallgemeinerung der Frage nach dem Zerfall der rationalen Primzahlen in einem beliebigen Körper.

Für Hauptideale gilt ja, wie bekannt, die Gleichung

$$N((\alpha)) = |N(\alpha)| = \pm N(\alpha) = \pm \alpha \cdot \alpha' \ldots \quad .$$

Dadurch werden zwei verschiedene Normdefinitionen, die Restklassenanzahl und das Produkt einer Zahl mit ihren Konjugierten in Zusammenhang gesetzt. Können wir etwas ähnliches für beliebige Ideale erzielen? Die Gleichung

$$(74) \qquad N(a) = a^{(1)} \cdot a^{(2)} \ \ldots \ a^{(nm)}$$

hat ja erst eine Bedeutung, nachdem wir Ideale aus verschiedenen Körpern in derselben Gleichung verwenden dürfen. Wir wollen zeigen, daß sie richtig ist. Wir wissen, daß eine solche Gleichung für Hauptideale gilt. Durch Potenzieren mit der Klassenzahl h machen wir a zu einem Hauptideal. Es sei $a^h = (\alpha)$, dann ist:

$$N(a)^h = N(a^h) = N((\alpha)) = (\Pi_i \ \alpha^{(i)}) = \Pi_i(\alpha^{(i)})$$
$$= \Pi(a^h)^{(i)} = (\Pi \ a^{(i)})^h$$

also folgt in der Tat (74). Die Norm eines Ideals ist also, als Ideal betrachtet, gleich dem Produkt der konjugierten Ideale. Für Kreisteilungskörper, wo ja alle konjugierten Ideale im gleichen Körper liegen, haben wir das schon benutzt.

Für das Folgende brauchen wir noch ein Hülfsmittel neuer Art, das Rechnen mit Formen und Funktionen irgend welcher Variablen. - Es seien x_1, x_2, $\ldots$, x_r irgend welche endlich viele Variable. Dann bezeichnet man als Form im Sinne von Kronecker, "Kroneckersche Form" jede ganze rationale Funktion von x_1, $\ldots$, x_r:

$$F(x_1, \ldots, x_r) = \sum_{a_1, a_2, \ldots} \gamma_{a_1, a_2, \ldots, a_r} \ x_1^{a_1} x_2^{a_2} \ \ldots \ x_r^{a_r},$$

wobei die γ ganze algebraische Zahlen und die a_i ganz rational und nicht negativ sind. In dieser Darstellung soll die Summe über gewisse, aber unter sich _verschiedene_ Potenzprodukte erstreckt werden. Dann richten wir unser Augenmerk auf den größten gemeinsamen Koeffiziententeiler, also auf das _Ideal_

$$I(F) = (\ldots, \gamma_{a_1 \ldots a_r}, \ldots)$$

das als _Inhalt_ der Form F bezeichnet wird. Dann gilt der _Satz_:

$$I(FG) = I(F) \cdot I(G) \ .$$

Ein Spezialfall ist in der elementaren Zahlentheorie als

"Satz von Gauss" bekannt: Eine ganze Funktion einer Variablen
mit ganzen rationalen Koeffizienten heißt <u>primitiv</u>, wenn die
Koeffizienten den größten gemeinsamen Teiler 1 haben. Dann
sagt der Satz von Gauss: Das Produkt zweier primitiver Funktionen ist wieder primitiv. Also in unserer Ausdrucksweise:
Ist $I(F) = 1$ und $I(G) = 1$, dann ist auch $I(FG) = 1$. Daraus
läßt sich der Satz im rationalen Gebiet gleich auf beliebige
Koeffiziententeiler ausdehnen: Ist $I(F) = f$, $I(G) = g$, so ist
$I(\frac{F}{f}) = 1$, $I(\frac{G}{g}) = 1$, also nach dem Satz von Gauss $I(\frac{F \cdot G}{f \cdot g}) = 1$,
d.h. $I(FG) = f \cdot g$.

Hier verallgemeinern wir nun den Satz auf mehrere Variable,
ganze algebraische Zahlen als Koeffizienten und damit auf
Ideale als Inhalte. Der Beweis ist im Prinzip derselbe wie
bei Gauss, auch im allgemeinen Fall. Wir beschränken uns beim
Beweis hier auf den Fall <u>einer</u> Variablen, der für unsere
Zwecke genügt (und verweisen für den allgemeinen Fall auf
Kronecker, Hilbert, Weber). Es sei

$$F(x) = \alpha_0 + \alpha_1 x + \ldots + \alpha_r x^r \qquad a = (\alpha_0, \alpha_1, \ldots, \alpha_r)$$

$$G(x) = \beta_0 + \beta_1 x + \ldots + \beta_s x^s \qquad b = (\beta_0, \beta_1, \ldots, \beta_s)$$

$$H(x) = F(x) \cdot G(x)$$
$$\quad = \gamma_0 + \gamma_1 x + \ldots + \gamma_{r+s} x^{r+s} \qquad c = (\gamma_0, \gamma_1, \ldots, \gamma_{r+s})$$

<u>Behauptung</u>: <u>$a \cdot b = c$</u>. - Es ist klar, daß jeder Teiler von a und
jeder von b auch ein Teiler von c ist, daß also c ein Multiplum
von a und b ist. - Sei p irgend ein Primteiler von c, p^a bezw.
p^b die höchste Potenz von p, die in a bezw. in b aufgeht. (Für
a oder b ist auch Null möglich.) Wir werden zeigen: dann geht
in c <u>genau</u> p^{a+b} auf. Damit wird die Behauptung bewiesen sein.

Unter den α_0, α_1, $\ldots$ ist jedes durch p^a und mindestens
eines nicht mehr durch p^{a+1} teilbar. Es sei α_i das erste der
Reihe, das <u>genau</u> durch p^a teilbar ist, so daß also
α_0, α_1, $\ldots$, α_{i-1} mindestens durch p^{a+1} teilbar sind. Ebenso
sei β_k das erste der Reihe β_0, β_1, $\ldots$, das genau durch p^b
teilbar wird. Es ist, wenn wir noch $\alpha_h = 0$ für $h > r$, $\beta_h = 0$
für $h > s$ setzen,

$$\gamma_{i+k} = \alpha_0 \beta_{i+k} + \alpha_1 \beta_{i+k-1} + \ldots + \alpha_{i-1} \beta_{k+1} + \alpha_i \beta_k + \alpha_{i+1} \beta_{k-1} + \ldots + \alpha_{i+k} \beta_0 \,.$$

Unter diesen Summanden ist $\alpha_i \beta_k$ genau durch p^{a+b}, alle übrigen mindestens durch p^{a+b+1} teilbar. Es ist also $\gamma_{i+k} \equiv 0$ (mod p^{a+b}) aber $\not\equiv 0$ (mod p^{a+b+1}), also $p^{a+b} \mid c$ aber $p^{a+b+1} \nmid c$, q.e.d.

Für mehrere Variable verfährt der Beweis ganz ebenso, nur ist ein geeignetes Anordnungsprinzip für die Potenzprodukte einzuführen.

- Wir kehren jetzt zur Frage nach der <u>Relativnorm eines Ideals</u> zurück. Die Relativnorm einer <u>Zahl</u> A aus K ist $N_k(A) = A^{(1)} \cdot A^{(2)} \ldots A^{(m)}$. Das ist eine Zahl aus k, da sie ja ihren relativ Konjugierten gleich ist. Tritt an die Stelle der Zahl A das Ideal A, so können wir <u>diese Schlußweise</u> nicht mehr verwenden, denn ein Ideal kann seinen relativ Konjugierten gleich sein, ohne doch im Unterkörper zu liegen, z.B. $k = k(1)$; $K = K(\sqrt{5})$. Das Ideal $(\sqrt{5})$ ist seinem Konjugierten gleich und liegt doch nicht in k. - Aber es gilt doch der Satz: <u>Die Relativnorm eines Ideals in K ist ein Ideal in k.</u> Beweis: Sei $A = (A_0, A_1, \ldots, A_r)$ ein Ideal in K. Wir bilden

$$F(\alpha) = A_0 + A_1 x + \ldots + A_r x^r$$

und alle relativ konjugierten Formen. Dann ist

$$N_k(A) = A^{(1)} \cdot A^{(2)} \ldots A^{(m)} = I(F^{(1)}) \cdot I(F^{(2)}) \ldots I(F^{(m)})$$
$$= I(F^{(1)} F^{(2)} \ldots F^{(m)})$$

Es ist aber

$$F^{(1)} F^{(2)} \ldots F^{(m)} = \prod_i (A_0^{(i)} + A_1^{(i)} x + \ldots + A_r^{(i)} x^r)$$

symmetrisch in den relativ konjugierten und also eine ganze rationale Funktion von x mit Koeffizienten aus k, etwa $\sum_{s=0}^{rm} \gamma_s x^s$. Also ist $N_k(A) = (\gamma_0, \gamma_1, \ldots)$ ein Ideal aus k, q.e.d.

Nun sei insbesondere A ein Primideal P in K. Dann geht P in einem Ideal in k [etwa in $N_k(P)$] auf. Sei $P \mid a$ und

$a = p_1 p_2 \ldots p_r$ in k. Dann muß P als Primideal in mindestens einem der p_i aufgehen. Jedes Primideal aus K geht also in einem Primideal aus k auf. Und zwar auch nur in genau einem. Denn ginge P in p_1 und p_2 auf, $(p_1 \neq p_2)$, so ginge P auch in dem größten gemeinsamen Teiler $(p_1, p_2) = 1$ auf, was nicht möglich ist.

Es sei $P \mid p$ und $p = P \cdot A$ in K. Dann ist, da auch für die Relativnorm die Produktregel gilt: $N_k(P) \cdot N_k(A) = N_k(p) = p^m$. Die beiden Ideale links liegen in k, müssen also, da p Primideal ist, Potenzen von p sein. Also folgt $N_k(P) = p^{f'}$, wo $1 \leq f' \leq m$. f' heißt der Relativgrad. p zerfällt also in K in nicht mehr als m Faktoren. Hier gilt nun genau wie oben für Zahlen: $N(P) = n(N_k(P))$. Hat also P den Relativgrad 1, so ist die Anzahl der Restklassen nach P gleich derjenigen nach p, denn es ist dann $N(P) = n(N_k(P)) = n(p)$. Jede Zahl aus K ist in diesem Fall kongruent einer Zahl aus k nach P. Ein vollständiges Restsystem ω_1, ω_2, $\ldots$, $\omega_{n(p)}$ mod p in k ist auch ein solches mod P in K. Denn die Anzahl ist $N(P)$, und die Elemente sind inkongruent mod P. In der Tat, aus $\omega_i \equiv \omega_k$ (mod P) würde folgen $\omega_i - \omega_k \equiv 0$ (mod P), also hätte $\omega_i - \omega_k$ mit p den Teiler P gemeinsam, wäre also nicht teilerfremd zu p, müßte also, da es in k liegt und p Primideal ist, durch p teilbar sein. $\omega_i \equiv \omega_k$ (mod p) widerspricht aber der Voraussetzung.

§ 17. Gebrochene Ideale.

Jeder ganzen Zahl α eines Körpers k kann man ein Ideal, nämlich (α) zuordnen. Wir wollen nun jeder gebrochenen Zahl τ aus k ein Paar von Idealen zuordnen. Es sei $\tau = \frac{\alpha}{\beta}$, wo α und β ganze Zahlen aus k sind. Es sei m der größte gemeinsame Idealteiler von α und β und etwa $(\alpha) = a \cdot m$, $(\beta) = b \cdot m$; mithin $(a, b) = 1$. Dann sollen a und b dem τ zugeordnet werden. Das ist nur auf eine Weise möglich, ist also unabhängig von der Wahl von α und β. Denn es sei noch $\tau = \frac{\alpha_1}{\beta_1}$ eine andere Darstellung von τ und $(\alpha_1) = a_1 \cdot m_1$, $(\beta_1) = b_1 \cdot m_1$, $(a_1, b_1) = 1$. Dann ist $\alpha \beta_1 = \beta \alpha_1$, also $a m b_1 m_1 = a_1 m_1 b m$, also $a b_1 = a_1 b$. Wegen $(a, b) = 1$ und $(a_1, b_1) = 1$ folgt hieraus $a \mid a_1$ und $a_1 \mid a$, also $a = a_1$, ebenso $b = b_1$. Dem τ ist also ein bestimmtes "Zählerideal" und "Nennerideal" zugeordnet. Wir schreiben dann $\tau = \frac{am}{bm} = \frac{a}{b}$. Wir sagen, der Idealbruch $\frac{a}{b}$ sei in <u>reduzierter Form</u> gegeben, wenn $(a, b) = 1$.

Unter dem <u>Hauptideal</u> (τ) verstehen wir nun die Gesamtheit aller Zahlen $\lambda\tau$, wo λ alle <u>ganzen</u> Zahlen in k durchläuft. Wir schreiben dann auch $(\tau) = \frac{a}{b} = \frac{am}{bm}$. Offenbar ist $(\tau_1) = (\tau_2)$ dann und nur dann, wenn τ_1 und τ_2 assoziiert sind. Wenn $b \mid a$, etwa $a = b \cdot c$, so ist $(\tau) = \frac{c}{o}$, d.h. τ ganz und $(\tau) = c$. - Dabei gehören der Ableitung nach a und b zur selben Klasse, denn beide werden durch Multiplikation mit m zu Hauptidealen.

Seien umgekehrt a und b zwei Ideale aus derselben Idealklasse, dann können wir ihnen eindeutig ein gebrochenes Ideal (τ) zuordnen. Denn es sei m ein Ideal der Klasse a^{-1}. Dann sind $a \cdot m = (\alpha)$ und $b \cdot m = (\beta)$ Hauptideale. Die Zahl $\tau = \frac{\alpha}{\beta}$ ist dann unabhängig von der Wahl von m bis auf Einheiten bestimmt.

Wir erweitern nun noch den Begriff des Idealbruchs auf den Fall, daß Zähler und Nenner zu verschiedenen Klassen gehören. Unter $\frac{a}{b}$ verstehen wir die Gesamtheit der - ganzen und gebrochenen - Zahlen μ, die eine Idealzerlegung $(\mu) = \frac{an}{b}$ besitzen, wobei n ein beliebiges <u>ganzes</u> Ideal ist. Hiernach ist wieder $\frac{a}{b} = \frac{a \cdot m}{b \cdot m}$.

[25.VI.20.] Ist $b = o$ das Einheitsideal, so ist $\frac{an}{o}$ eine ganze durch a teilbare Zahl; das Ideal $\frac{a}{o}$ besteht also aus allen durch a teilbaren Zahlen, ist also das Ideal a selbst. $\frac{a}{o} = a$.

Sei β eine Zahl aus b, etwa $\beta = b \cdot c$. Dann ist $\mu\beta = \frac{anbc}{b} = \frac{anc}{o} = anc$. $\mu\beta$ gehört also zu ac. - Sei umgekehrt λ eine Zahl aus ac, etwa $\lambda = acn$. Dann ist $\frac{\lambda}{\beta} = \frac{acn}{bc} = \frac{an}{b}$, $\frac{\lambda}{\beta}$ gehört also zu $\frac{a}{b}$. - Die Gesamtheit der Zahlen von $\frac{a}{b}$ ist also identisch mit der Gesamtheit der Zahlen $\frac{1}{\beta} \times$ Zahl aus ac, wenn $\beta = b \cdot c$. Daraus folgt: $\frac{a}{b} = \frac{a_1}{b_1}$ bedeutet $ab_1 = a_1b$. Denn wenn c so gewählt wird, daß $\beta = bb_1c$ ein Hauptideal ist, so folgt aus $\frac{a}{b} = \frac{a_1}{b_1}$ die Übereinstimmung der Zahlen $\beta \times$ Zahl aus $\frac{a}{b}$ und $\beta \times$ Zahl aus $\frac{a_1}{b_1}$, d.h. der durch ab_1 und der durch a_1b teilbaren Zahlen; und ebenso das Umgekehrte.

Es sei α_1, α_2, ..., α_n eine Basis von ac. $\mu \cdot \beta$ ist eine Zahl aus ac. Wir haben also mit ganzen rationalen x_i:

$$\mu\beta = acn = x_1\alpha_1 + \ldots + x_n\alpha_n \quad .$$

Durch Division mit $\beta = b \cdot c$ folgt

$$\mu = \frac{an}{b} = x_1\frac{\alpha_1}{\beta} + \ldots + x_n\frac{\alpha_n}{\beta} \quad .$$

Die Zahlen $\frac{\alpha_1}{\beta}$, $\frac{\alpha_2}{\beta}$, ..., $\frac{\alpha_n}{\beta}$ spielen also die Rolle einer Basis für $\frac{a}{b}$. Der Übergang von dieser zu einer anderen Basis desselben Ideals geschieht durch eine homogene lineare Transformation mit Determinante ±1. Die Determinante der Basiselemente ist also bis aufs Vorzeichen charakteristisch für das Ideal. Welches ist ihr Wert?

$$\Delta = \begin{vmatrix} \dfrac{\alpha_1^{(1)}}{\beta^{(1)}} & \dfrac{\alpha_2^{(1)}}{\beta^{(1)}} & \cdots\cdots & \dfrac{\alpha_n^{(1)}}{\beta^{(1)}} \\ \cdots\cdots\cdots\cdots\cdots\cdots\cdots\cdots\cdots \\ \dfrac{\alpha_1^{(n)}}{\beta^{(n)}} & \dfrac{\alpha_2^{(n)}}{\beta^{(n)}} & \cdots\cdots & \dfrac{\alpha_n^{(n)}}{\beta^{(n)}} \end{vmatrix}^2$$

$$= \frac{1}{N(\beta)^2} \cdot \left| \alpha_i^{(\kappa)} \right|^2 = \frac{1}{N(\beta)^2} \cdot N(ac)^2 \cdot d = \frac{N(a)^2}{N(b)^2} \cdot d \quad .$$

Wir werden daher definieren: $N(\frac{a}{b}) = \frac{N(a)}{N(b)}$. Diese Festsetzung bleibt dann auch unverändert gültig, wenn man den Idealbruch nicht mehr in reduzierter Form voraussetzt. - Wir haben also für gebrochene Ideale ganz denselben Zusammenhang zwischen der Basisdeterminante und Norm wie bei ganzen Idealen: Das Quadrat beider unterscheidet sich durch die Körperdiskriminante als Faktor.

<u>Multiplikation gebrochener Ideale.</u> Es sei $(\tau) = \frac{a}{b}$ und $(\tau_1) = \frac{a_1}{b_1}$. Dann setzen wir die Definition der Multiplikation zunächst für zwei Hauptideale fest: $(\tau) \cdot (\tau_1) = (\tau \cdot \tau_1)$, also $\frac{a}{b} \cdot \frac{a_1}{b_1} = \frac{aa_1}{bb_1}$, was ersichtlich für ganze Ideale mit der alten Definition übereinstimmt. Diese Regel übertragen wir sodann auch auf beliebige gebrochene Ideale: $\frac{a}{b} \cdot \frac{a_1}{b_1} = \frac{aa_1}{bb_1}$. Für

beliebige gebrochene Ideale gilt dann: Aus $r_1 \cdot r = r_2 \cdot r$ folgt $r_1 = r_2$ und umgekehrt, falls nicht r das uneigentliche Ideal (0) ist.

§ 18. Diskriminante und Differente.

(Ich werde hier nur kurz referieren und verweise für die Beweise auf Hilbert, Zahlbericht §§ 11, 12, 32; Weber, Algebra Bd. 2; sowie Bachmann.)

Die <u>Diskriminante einer Zahl</u> α ist das Differenzprodukt $d(\alpha) = \prod_{i<k} (\alpha^{(i)} - \alpha^{(k)})^2$. $d(\alpha)$ ist rational, weil symmetrisch in den Konjugierten, und für <u>ganzes</u> α ein Vielfaches der Körperdiskriminante. Als <u>Differente der Zahl α</u> bezeichnet man die Zahl

$$\delta(\alpha) = (\alpha - \alpha^{(2)})(\alpha - \alpha^{(3)}) \ldots (\alpha - \alpha^{(n)}) .$$

$\delta(\alpha)$ ist eine rationale Funktion von α, weil es in den übrigen Konjugierten symmetrisch ist. $\delta(\alpha)$ ist nur dann 0, wenn α einer seiner Konjugierten gleich ist, also zu einem Unterkörper gehört. Man sieht, daß $\pm d(\alpha) = N(\delta(\alpha))$ ist. Ist $F(x) = (x - \alpha)(x - \alpha^{(2)}) \ldots (x - \alpha^{(n)}) = 0$ die Gleichung n. Grades mit rationalen Koeffizienten und höchstem Koeffizienten 1, der α genügt, so ist $\delta(\alpha) = F'(\alpha)$. Ist $F'(\alpha) \neq 0$, so ist α erzeugende Zahl des Körpers.

Als <u>Differente des Körpers</u> bezeichnet man den größten gemeinsamen Teiler aller $\delta(\alpha)$, also das Ideal $d = (\ldots, \delta(\alpha), \ldots)$. Das ist ein charakteristisches Ideal des Körpers. Dann ist $\underline{N(d) = d}$, eine Aussage, die wir oben für Zahlen sofort erkennen konnten. Es ist aber <u>nicht</u> so, daß die Körperdiskriminante der größte gemeinsame Teiler aller Zahldiskriminanten ist! Zwar geht d in allen $d(\alpha)$ auf, aber diese können noch weitere Teiler gemeinsam haben.

Wir führen mittels einer Basis $\omega_1, \omega_2, \ldots, \omega_n$ des Körpers die <u>Basisform</u> oder <u>Fundamentalform</u>

$$\xi = u_1\omega_1 + u_2\omega_2 + \ldots + u_n\omega_n$$

ein. Die u_i sind unabhängige Variable. Dann ist die "Differente der Fundamentalform"

$$(75) \qquad \delta(\xi) = \prod_{i=2}^{n} (\xi - \xi^{(i)}) = U_1\alpha_1 + U_2\alpha_2 + \ldots$$

eine homogene Form (n-1). Grades in den u_i. Die U_i sind Abkürzungen für verschiedene Potenzprodukte aus den u mit der Exponentensumme n-1, die α_i sind ganze rationale Verbindungen der ω, also ganze algebraische Zahlen aus k. Der größte gemeinsame Teiler der α, also der Inhalt der Form (75), ist das Ideal $a = (\alpha_1, \alpha_2, \ldots)$. a teilt also $\delta(\xi)$ für alle Körperzahlen ξ. Wir können daraus noch nicht schließen, daß a der <u>größte</u> gemeinsame Teiler aller $\delta(\xi)$, also $a = d$ ist. Das sieht man an folgendem Beispiel:

u^p - u ist eine Form mit dem Inhalt 1. p sei Primzahl. Dann ist u^p - u für jedes ganze rationale u durch p teilbar. Obwohl also die Form primitiv ist, haben alle durch sie dargestellten Zahlen den gemeinsamen Teiler p.

Diese Erscheinung tritt nun für unsere Form (75) <u>nicht</u> ein, sondern es ist wirklich

$$I(\delta(\xi)) = d = (\ldots, \delta(\alpha), \ldots) .$$

Nun gehen wir aber zur Norm über. Dann wird die "Diskriminante der Fundamentalform"

$$(76) \qquad N(\delta(\xi)) = \pm \prod_{i<k} (\xi^{(i)} - \xi^{(k)})^2 = V_1a_1 + V_2a_2 + \ldots$$

eine homogene Funktion vom Grade n(n-1) in den u. Die V sind also Potenzprodukte in den u mit der Exponentensumme n(n-1), die a ganze rationale Zahlen, weil symmetrisch in den ω. Der Inhalt dieser Form (76) ist nach dem obigen Hülfssatz das Produkt der Inhalte der n konjugierten Formen (75), also:

$$(a_1, a_2, \ldots) = d^{(1)}d^{(2)} \ldots d^{(n)} = N(d) = d .$$

Es ist also richtig, daß alle durch die Form (76) dargestellten Zahlen, d.h. die Diskriminanten aller Körperzahlen, durch d teilbar sind. Aber so folgt nicht, und ist im Allgemeinen auch nicht richtig, daß d der <u>größte</u> gemeinsame Teiler aller Diskriminanten von Körperzahlen ist. Vielmehr können diese noch gemeinsame Teiler über d hinaus besitzen, sogenannte "<u>außerwesentliche Diskriminantenteiler</u>". Das kommt vor,

wenn solche Ausdrücke $u^p - u$ als Faktoren in (76) vorkommen.
Hat z.B. (76) die Gestalt $(u_1^p - u_1) \cdot G(u)$, so trägt dieser
Faktor zum Inhalt der Form d.h. zu d keinen Faktor bei, da er
den Inhalt 1 hat, aber er bringt den außerwesentlichen Teiler
p mit sich für alle Zahlen, die durch (76) dargestellt werden.

Diese Theorie ist speziell von <u>Hensel</u> weiter ausgeführt.
Dies trennt die Theorie der ganzen algebraischen Zahlen von
der der ganzen Funktionen. Sonst könnte man die ganze algebraische Zahlentheorie auf Aussagen innerhalb der rationalen
Zahlentheorie über Auflösbarkeit nicht linearer Kongruenzen
nach irgend einem rationalen Modul zurückführen.

Diese neue Definition der Diskriminante ist eine solche,
die mehr auf das Wesen der Sache geht. <u>Und sie ist der Übertragung auf Relativkörper fähig.</u>

Es sei wieder k ein Grundkörper vom Grade n und K ein Oberkörper von k vom Relativgrade m. Dann definieren wir als
<u>Relativdifferente einer Zahl</u> A aus K:

$$\delta_k(A) = (A-A^{(2)})(A-A^{(3)}) \ldots (A-A^{(m)}) = F'(A)$$

wenn $F(x) = 0$ die in k liegende Gleichung für A ist. Ferner
die <u>Relativdiskriminante</u> von A als Relativnorm der Relativ-
differente

$$d_k(A) = N_k(\delta_k(A)) = \prod_{i<k} (A^{(i)} - A^{(k)}) \, .$$

Um nun die <u>Relativdiskriminante des Körpers</u> K zu definieren, machen wir, da die ursprüngliche Definition der Diskriminante wegen des Fehlens einer Relativbasis nicht übertragbar ist, von der neuen Definition der Diskriminante Gebrauch. Als <u>Relativdifferente des Körpers</u> bezeichnen wir das
Ideal $\mathcal{D}_k = (\ldots, \delta_k(A), \ldots)$ und als Relativdiskriminante ihre
Relativnorm $d_k = N_k(\mathcal{D}_k)$. Sie ist ein Ideal in k.

Wie finden wir die <u>absolute Differente</u> $\mathcal{D}$ des Körpers K?
Es gilt: $\mathcal{D} = \mathcal{D}_k d$, wenn d die Differente von k ist. Die Differente erscheint also als ein sehr brauchbares charakteristi-
sches Element für die Zusammensetzung der Körper. Durch Übergang zur Norm haben wir:

$$N(\mathcal{D}) = N(\mathcal{D}_k)N(d) = n(N_k(\mathcal{D}_k)) \cdot n(N_k(d))$$

$$= n(d_k) \cdot n(d)^m = n(d_k) \cdot d^m$$

also für die absolute Diskriminante D von K:

$$D = d^m \cdot n(d_k) \ .$$

Die Diskriminante des Oberkörpers ist also die m-te Potenz der Diskriminante des Unterkörpers multipliziert mit der Norm der Relativdiskriminante, also jedenfalls durch die Diskriminante jedes Unterkörpers teilbar. - Hierzu siehe außer den obigen Literaturangaben noch: Hilbert, Über Galoissche Zahlkörper; Göttinger Nachrichten 1894. Vgl. Zahlbericht § 14 und 15. In Webers Algebra Bd. 2 dienen als Grundlage der Idealtheorie gerade diese Kroneckerschen Formen, die dort "Funktionale" genannt werden.

§ 19. Lineare Formen in quadratischen Körpern.

Wir werden die elliptischen Funktionen und Modulfunktionen untersuchen für den Fall, daß die Perioden ω_1 und ω_2 Zahlen aus einem imaginär quadratischen Körper sind. Dann sind lineare ganzzahlige Kombinationen $m_1\omega_1 + m_2\omega_2$ ebenfalls Perioden und bilden ein "Gitter" von Zahlen. Wir werden einen Überblick über alle Zahlen eines solchen Gitters suchen.

Es seien α_1 und α_2 zwei ganze Zahlen eines quadratischen Körpers, von denen wir nur wissen, daß sie rational unabhängig sind, daß also $\Delta = \alpha_1\alpha_2' - \alpha_1'\alpha_2 \neq 0$. Dann kann man durch geeignete Numerierung stets erreichen, daß $\Delta > 0$ oder positiv imaginär, d.h. positiv reell (im reellen Körper) oder rein imaginär mit positiv imaginärem Teil (im imaginären Körper) ist. - Wir bilden die Linearform

$$L(x) = x_1\alpha_1 + x_2\alpha_2 \ .$$

Welche Zahlen werden durch diese dargestellt, wenn die x alle ganzen rationalen Zahlen durchlaufen? Ist $a = (\alpha_1, \alpha_2)$, so sind alle Zahlen von $L(x)$ jedenfalls durch a teilbar. Das Umgekehrte ist nur dann der Fall, wenn α_1, α_2 eine Basis für a ist. Das ist dann und nur dann der Fall, wenn $\dfrac{\Delta}{N(a)\sqrt{d}} = +1$ ist, wenn $\sqrt{d}$ den positiven bezw. positiv imaginären Wert bedeutet.

Sei ω_1, ω_2 eine Basis von a und

$$(77) \qquad \begin{cases} \alpha_1 = a_{11}\omega_1 + a_{12}\omega_2 \\ \alpha_2 = a_{21}\omega_1 + a_{22}\omega_2 \end{cases}$$

$$\frac{\Delta}{N(a)\sqrt{d}} = \pm \begin{vmatrix} a_{11} & a_{12} \\ a_{21} & a_{22} \end{vmatrix} = Q .$$

Ist also $Q = \pm 1$, dann ist α_1, α_2 eine Basis von a. - Nun besteht der folgende allgemeine Satz:

Es gibt zu jeder Linearform $L(x)$ ein Ideal a, eine ganze rationale Zahl Q und eine Zahl ω, so daß alle und nur die Zahlen μ durch $L(x)$ dargestellt werden, für welche

$$\mu \equiv \omega \times \text{rationaler Zahl} \pmod{aQ} .$$

Dabei sind a und Q definiert wie oben: $a = (\alpha_1, \alpha_2)$; $Q = \dfrac{\Delta}{N(a)\sqrt{d}}$.

Für $Q = 1$ ist z.B. $\omega = 0$ eine solche Zahl; wir werden unser Interesse also besonders dem Fall zuwenden, daß $Q \neq 1$ ist. - Um den Satz zu beweisen, leiten wir eine Reihe von Hülfssätzen ab.

Wenn μ_1 und μ_2 durch die Form darstellbar sind, dann ist es auch $c_1\mu_1 + c_2\mu_2$, wo die c ganz rational sind. Das sieht man unmittelbar. Die dargestellten Zahlen bilden also einen <u>Modul</u>, d.h. ein System von Zahlen, die sich durch Addition und Subtraktion reproduzieren.

Es werden alle Zahlen μ dargestellt, für die $\mu \equiv 0 \pmod{aQ}$ ist. Wie findet man die zugehörigen x? μ gehört zu a, daher ist mit ganzen rationalen z:

$$(78) \qquad \mu = z_1\omega_1 + z_2\omega_2 .$$

Die Basiszahlen ω_i von a können wir aber durch Auflösung des Gleichungssystems (77) finden:

$$\omega_1 = \frac{a_{22}\alpha_1 - a_{12}\alpha_2}{Q} \quad \text{und analog} .$$

Setzt man dies in (78) ein, so fällt der Nenner Q heraus, denn wegen $\frac{\mu}{Q} \equiv 0 \pmod{a}$ ist $Q \mid z_i$, da die ω_1, ω_2 eine Basis sind. Also ist μ ganzzahlig aus den α darstellbar.

Ist σ durch L(x) darstellbar, dann auch τ, wenn $\tau \equiv \sigma$ (mod aQ). Denn $\mu = \tau - \sigma \equiv 0 \pmod{aQ}$ ist darstellbar also auch $\tau = \sigma + \mu$. Die Frage nach der Darstellbarkeit bezieht sich also immer gleich auf die ganze Restklasse mod (aQ).

Ist σ durch L(x) darstellbar, dann auch τ, wenn $\tau \equiv r \cdot \sigma$ (mod aQ) und r eine ganze rationale Zahl ist. Wir erhalten also mit der Restklasse σ gleich mehrere Restklassen. (Nach aQ gibt es Restklassen, die nicht durch rationale Zahlen repräsentiert werden können, da es nach Q solche gibt.)

Es läßt sich eine solche Zahl ω durch L(x) darstellen, daß $\frac{\omega}{a}$ mit Q keinen <u>rationalen</u> Teiler gemein hat. ($\frac{\omega}{a}$ ist ja ganz, weil jede durch L(x) dargestellte Zahl zu a gehört.) Es ist

$$\omega = z_1 \omega_1 + z_2 \omega_2 \quad ,$$

weil ω zu a gehört, andererseits

$$\omega = y_1 \alpha_1 + y_2 \alpha_2 \quad ,$$

weil ω durch L(x) darstellbar sein soll. Mittels (77) folgt daraus

$$(79) \qquad \begin{cases} z_1 = a_{11} y_1 + a_{21} y_2 \\ z_2 = a_{12} y_1 + a_{22} y_2 \end{cases}$$

Sooft die z sich mit ganzzahligen y so darstellen lassen, ist $\omega = z_1 \omega_1 + z_2 \omega_2$ eine Zahl der Form. Wir haben also die y_i so zu wählen, daß die z_i mit Q <u>keinen rationalen</u> Teiler haben: $(z_1, z_2, Q) = 1$, das ist die Forderung. – Das kann man erreichen, indem man y_i durch gewisse Kongruenzen bestimmt. Hätten die a_{ik} einen gemeinsamen Teiler p, so wären $\frac{\alpha_1}{p}$ und $\frac{\alpha_2}{p}$ in a. Das Ideal $(\frac{\alpha_1}{p}, \frac{\alpha_2}{p})$ hätte dann die Basis ω_1, ω_2, wäre also gleich a. Also wäre $(\alpha_1, \alpha_2) = p \cdot a$ statt a. Die a_{ik} haben daher untereinander und daher auch mit Q keinen Teiler gemein. – Sei nun $p \mid Q$, p = Primzahl, dann gibt es also ein a_{ik}, in dem p nicht aufgeht; etwa $p \nmid a_{11}$. Dann wählen wir y_1 und y_2 so, daß

$$y_1 \equiv 1 \ (\text{mod } p) \quad , \quad y_2 \equiv 0 \ (\text{mod } p) \ .$$

Dann ist $p \nmid z_1$, also (z_1, z_2, Q) enthält sicher nicht p. So kann man weiter auch alle anderen rationalen Primteiler von Q vermeiden, denn die sich für y_1, y_2 ergebenden Kongruenzbedingungen lassen sich alle gleichzeitig befriedigen, da sie nach teilerfremden Moduln gebildet sind. - Dann wird $\frac{\omega}{a}$ ganz und hat mit Q keinen rationalen Teiler gemein.

Das durch diese y_1, y_2 bestimmte ω kann man nun als das ω des obigen Satzes verwenden. Wir brauchen nur zu zeigen: Es gibt ein r_1 und ein r_2, so daß $\alpha_i \equiv r_i \omega \ (\text{mod } aQ)$ ist. Dann gilt das für alle Zahlen von $L(x)$. - Die Kongruenzbedingung für r_1 wird:

$$\alpha_1 = a_{11}\omega_1 + a_{12}\omega_2 \equiv r_1(z_1\omega_1 + z_2\omega_2) \ (\text{mod } aQ) \ .$$

Die ω_1, ω_2 sind durch a teilbar, ihre Koeffizientendifferenzen müssen also durch Q teilbar sein. Als gleichbedeutend mit der vorhergehenden Kongruenz bekommen wir daher die beiden

$$a_{11} \equiv r_1 z_1 \ (\text{mod } Q)$$
$$a_{12} \equiv r_1 z_2 \ (\text{mod } Q) \ .$$

Wegen $(z_1, z_2, Q) = 1$ gibt es N_1, N_2, N, so daß $N_1 z_1 + N_2 z_2 + NQ = 1$. Durch Multiplikation beider Kongruenzen mit N_1 bezw. N_2 und Addition erhält man

$$(80) \qquad N_1 a_{11} + N_2 a_{12} \equiv r_1 \ (\text{mod } Q) \ .$$

Umgekehrt folgt aus dieser letzten Kongruenz

$$r_1 z_1 \equiv N_1 z_1 a_{11} + N_2 z_1 a_{12} \equiv (1 - N_2 z_2)a_{11} + N_2 z_1 a_{12}$$
$$\equiv a_{11} - N_2(z_2 a_{11} - z_1 a_{12}) \equiv a_{11} \ (\text{mod } Q) \ ,$$

denn $z_2 a_{11} - z_1 a_{12} = y_2 \cdot Q$ zufolge (79). Wählt man also r_1 nach (80) und r_2 analog, so ist, wie zu beweisen war:

$$(81) \qquad \alpha_i \equiv r_i \cdot \omega \ (\text{mod } aQ) \ .$$

Nun können wir auch zeigen, daß $\frac{\omega}{a}$ und Q nicht nur keinen rationalen, sondern überhaupt keinen Teiler gemein haben. Denn jeder solche müßte nach (81) auch in den zu einander teilerfremden Idealen $\frac{\alpha_1}{a}$ und $\frac{\alpha_2}{a}$ aufgehen. Es ist also $(\frac{\omega}{a}, Q) | (\frac{\alpha_1}{a}, \frac{\alpha_2}{a})$, oder $(\omega, aQ) | a$, also $(\frac{\omega}{a}, Q) = 1$.

[29.VI.20.] Jetzt wollen wir umgekehrt zeigen, daß, wie wir eben zu einer gegebenen Form ein ω bestimmt haben, man umgekehrt auch zu einem vorgegebenen ω eine Form bestimmen kann, d.h. ω sei eine beliebige ganze Körperzahl, die durch a teilbar ist. Behauptung: alle Zahlen $\mu \equiv r\omega \pmod{aQ}$, Q ganz rational, werden durch eine gewisse lineare Form dargestellt, für welche a und Q die früheren Bedeutungen haben.

Unter einem <u>Modul</u> versteht man eine Gesamtheit von ganzen Körperzahlen, die sich durch Addition und Subtraktion reproduzieren, und unter denen zwei linear unabhängige Zahlen vorkommen, d.h. zwei solche, deren Diskriminante nicht verschwindet; diese letzte Bedingung schließt aus, daß der Modul aus der Gesamtheit der Zahlen der Form $n \cdot \alpha$ besteht. (Für zwei solche $n_1\alpha$ und $n_2\alpha$ ist ja $n_1\alpha \cdot n_2\alpha' - n_1\alpha' \cdot n_2\alpha = 0$.)

Die Gesamtheit der Zahlen $\mu \equiv r\omega \pmod{aQ}$ bilden einen Modul, denn sie reproduziert sich durch Addition und Subtraktion, und bereits unter den $\mu \equiv 0 \pmod{aQ}$ gibt es zwei linear unabhängige.

Wir wollen nun zeigen, daß jeder Modul eine <u>Basis</u>, d.h. zwei Zahlen β_1, β_2 besitzt, so daß alle Zahlen des Moduls durch $x_1\beta_1 + x_2\beta_2$ mit ganzen rationalen x_i dargestellt werden. - Sei ω_1, ω_2 eine Körperbasis. Die Modulzahlen sind dann alle von der Form $n_1\omega_1 + n_2\omega_2$, wobei die n_1, n_2 aber nicht mehr alle ganzen rationalen Zahlen durchlaufen, sondern durch die Zugehörigkeit von $n_1\omega_1 + n_2\omega_2$ zum Modul eingeschränkt werden. Wir achten nun zunächst auf den zweiten Koeffizienten n_2 aller Modulzahlen. Die Gesamtheit dieser n_2 bilden offenbar auch einen Modul im Körper der rationalen Zahlen und besteht daher aus allen Vielfachen einer gewissen Zahl K, des größten gemeinsamen Teilers aller n_2, oder auch der kleinsten positiven der Zahlen n_2. Es sei etwa $\beta_1 = e\omega_1 + K\omega_2$ eine solche Zahl des Moduls, bei der $n_2 = K$ ist. - Nun betrachten wir weiter alle Modulzahlen, für die $n_2 = 0$ ist. Solche gibt es, da 0 zum Modul gehört. Sei K' der größte gemeinsame Teiler aller n_1 von diesen Zahlen, der dann wieder selbst unter diesen vorkommt. Sei $\beta_2 = K'\omega_1$. <u>Dann bilden</u> β_1 <u>und</u> β_2 <u>eine Basis</u>. Denn es sei $\mu = m_1\omega_1 + m_2\omega_2$ eine beliebige Modulzahl. Dann ist $m_2 = x \cdot K$. Also ist $\mu - x\beta_1 = (m_1 - xe)\omega_1$ und da μ und β_1 zum Modul gehören, gehört auch $\mu - x\beta_1$ dazu, folglich ist der Koeffizient von ω_1 hierin durch K' teilbar, etwa yK'. Also $\mu = x\beta_1 + y\beta_2$.

Hierbei haben wir nur benutzt, daß der Modul sich durch Addition und Subtraktion reproduziert. Wir benutzen nun die Existenz zweier linear unabhängiger Zahlen μ_1 und μ_2, um zu beweisen, daß $\Delta(\beta) = \beta_1\beta_2' - \beta_2\beta_1' \neq 0$. Sei $\mu_1 = a\beta_1 + b\beta_2$, $\mu_2 = c\beta_1 + d\beta_2$. Dann ist $\Delta(\mu) = (ad - bc) \cdot \Delta(\beta)$, also wegen $\Delta(\mu) \neq 0$ auch $\Delta(\beta) \neq 0$. - Es ist nach der Definition von β: $\Delta(\beta) = -\Delta(\omega) \cdot K \cdot K'$. Durch Vertauschung der Numerierung können wir erzielen, daß $\Delta(\beta) > 0$ oder positiv imaginär ist. Dann sind ein Ideal $b = (\beta_1, \beta_2)$ und eine Zahl $Q' = \dfrac{\Delta(\beta)}{N(b)\sqrt{d}}$ bestimmt. - Es zeigt sich dann weiter, was ich nicht ausführe, daß $b = a$ und $Q' = Q$ ist, wenn a und Q die den Modul definierenden Elemente waren (wobei $(\frac{\omega}{a}, Q) = 1$ vorausgesetzt wird).

Wie können wir entscheiden, ob zwei Zahlenpaare α_1, α_2 und β_1, β_2 denselben Modul erzeugen? Wir bezeichnen den Modul durch eine [ ]. Ist $[\alpha_1, \alpha_2] = [\beta_1, \beta_2]$, so gibt es ganze rationale Zahlen a, b, c, d, A, B, C, D, so daß

$$\beta_1 = a\alpha_1 + b\alpha_2 \qquad\qquad \alpha_1 = A\beta_1 + B\beta_2$$
$$\beta_2 = c\alpha_1 + d\alpha_2 \qquad\qquad \alpha_2 = C\beta_1 + D\beta_2 .$$

Dann ist $\Delta(\beta) = (ad - bc)\Delta(\alpha) = (ad - bc)(AD - BC)\Delta(\beta)$. Wegen $\Delta(\beta) \neq 0$ folgt also $(ad - bc) = (AD - BC) = \pm 1$. Diese Determinanten müssen +1 sein wegen der Normierungsbedingungen für $\Delta(\alpha)$ und $\Delta(\beta)$. Umgekehrt vermittelt auch jede ganzzahlige lineare homogene Transformation mit Determinante +1 den Übergang von einer Modulbasis zu einer anderen.

Wir multiplizieren nun die Basiszahlen α_1 und α_2 eines Moduls mit einer beliebigen, selbst gebrochenen Zahl λ. Damit dann $[\lambda\alpha_1, \lambda\alpha_2]$ wieder ein Modul ist, ist nötig, daß der Nenner von λ in a aufgeht, damit $\lambda\alpha_1$, $\lambda\alpha_2$ ganz werden, und daß wegen der Normierungsbedingungen $N(\lambda) > 0$ ist. Dies letztere ist im

imaginär quadratischen Körper von selbst erfüllt. Wir schreiben
dann $[\lambda\alpha_1, \lambda\alpha_2] = \lambda[\alpha_1, \alpha_2]$.

Nun gewinnen wir eine <u>Einteilung der Moduln in Klassen</u>, indem wir $[\alpha_1, \alpha_2]$ mit $[\beta_1, \beta_2]$ zur selben Klasse rechnen, wenn
es zwei ganze Zahlen λ und μ so gibt, daß $\lambda[\alpha_1,\alpha_2] = \mu[\beta_1,\beta_2]$
ist. Diese Definition ist symmetrisch und transitiv. Wir
können dafür auch schreiben $[\beta_1, \beta_2] = \frac{\lambda}{\mu}[\alpha_1, \alpha_2]$, indem wir
für den Faktor auch gebrochene Werte zulassen und in der Folge
dann mit gebrochenen Idealen rechnen. - λ sei ganz oder gebrochen. Ist dann $[\beta_1, \beta_2] = \lambda[\alpha_1, \alpha_2]$, so ist das Ideal
$b = (\beta_1, \beta_2) = (\lambda\alpha_1, \lambda\alpha_2) = \lambda a$ und also
$Q' = \dfrac{\Delta(\lambda a)}{N(\lambda a)\sqrt{d}} = \dfrac{\Delta(a)}{N(a)\sqrt{d}} = Q$, da sich $N(\lambda)$ heraushebt. Äquivalente Moduln haben also dasselbe Q. Das Q gehört der Klasse
an.

$Q^2 d = (\frac{\Delta(a)}{N(a)})^2$ nennen wir die <u>Diskriminante des Moduls</u>. Sie
unterscheidet sich also um ein ganzes Quadrat von der Körperdiskriminante und gehört der <u>Modulklasse</u> an.

In jeder Modulklasse gibt es Moduln, deren a teilerfremd
zu Q ist. Denn in der Idealklasse von $a = (\alpha_1, \alpha_2)$ gibt es
immer ein solches b, daß $(b, Q) = 1$ ist. Ist nun $b = \lambda a$ mit
ganzem oder gebrochenem λ, so ist $[\lambda\alpha_1, \lambda\alpha_2]$ ein Modul der geforderten Art.

Ein solcher Modul, für den $(a, Q) = 1$ ist, heißt <u>regulär</u>.
In jeder Modulklasse gibt es also reguläre Moduln. Für einen
solchen können wir die Bedingung $\mu \equiv r\omega \pmod{aQ}$, welche die
Modulzahlen festlegt, durch die zwei anderen ersetzen:
$\mu \equiv 0 \pmod{a}$; $\mu \equiv r\omega \pmod{Q}$, ω ist dann auch prim zu Q. -
Jeder reguläre Modul der Diskriminante $Q^2 d$ ist daher völlig
charakterisiert durch zwei unabhängige Bestimmungsstücke:
eine Zahl ω, die prim zu Q ist; und ein Ideal a prim zu Q.
Mit Rücksicht auf die Gesamtheit <u>aller</u> regulären Moduln der
Diskriminante $Q^2 d$ ist nun ein gewisser Bereich von Körperzahlen in folgender Art ausgezeichnet: Sind μ_1 und μ_2 zwei
Modulzahlen, so ist im Allgemeinen $\mu_1 \cdot \mu_2$ keine Modulzahl, denn
das würde bedeuten, daß $\omega^2 \equiv r\omega \pmod{Q}$, also $\omega \equiv r \pmod{Q}$

sein müßte, was ja nicht für alle ω der Fall ist. Es sei aber κ eine solche ganze Zahl des Körpers, daß $\kappa \equiv k \pmod Q$, wo k eine ganze rationale Zahl ist. Wenn dann μ zum (regulären) Modul gehört, dann auch $\kappa \cdot \mu$; denn es ist $\kappa \cdot \mu \equiv 0 \pmod a$ und $\kappa \cdot \mu \equiv k \cdot r \cdot \omega \pmod Q$. κ ist eine ganze Körperzahl, die in Bezug auf die feste Zahl Q ausgezeichnet ist (aber nicht in Bezug auf das variable a). Da die Restklassenzahl mod Q im Körper Q^2 und in K(1) Q ist, ist nicht jede ganze Zahl des Körpers ein κ. Die Gesamtheit der Zahlen κ nennt man einen Zahlring des Körpers. Q heißt der Führer des Ringes. Dedekind und Weber sagen "Ordnung" statt "Ring". Mit zwei Ringzahlen gehört auch Summe, Differenz und Produkt beider zum Ring. Die Ringzahlen reproduzieren sich also wie die ganzen rationalen Zahlen. Man nennt den "Ring" daher auch "Integritätsbereich". Alle ganzen Körperzahlen bilden einen Ring, ebenso alle Zahlen eines Ideals. Jedem Modul ist ein Zahlring zugeordnet, derjenige, dessen Führer Q ist. Der Ring hängt also nur von dem Q, nicht von dem a des Moduls ab, er gehört der Modulklasse an.

Gibt es unter den Moduln der Klasse einen solchen, der nur aus Zahlen des Ringes besteht? Wir müssen also einen solchen äquivalenten Modul finden, dessen ω rational ist. Dem ω für $[\alpha_1, \alpha_2]$ entspricht $\lambda\omega$ für $[\lambda\alpha_1, \lambda\alpha_2]$. Wir wählen nun λ so, daß $\lambda\omega \equiv 1 \pmod Q$ und $N(\lambda) > 0$ ist. Dann ist $(\lambda, Q) = 1$. Wegen $(a, Q) = 1$ ist dann auch $(\lambda a, Q) = 1$, d.h. auch dieser neue Modul ist regulär. Dieser Modul umfaßt alle Zahlen μ, für die $\mu \equiv 0 \pmod{\lambda a}$ und $\mu \equiv$ rat. Zahl $\pmod Q$ ist. Er besteht also nur aus Ringzahlen, nämlich aus allen denjenigen Ringzahlen, die überdies einem bestimmten Ideal (hier λa) angehören. Die Zahlen dieses Moduls reproduzieren sich durch Addition, Subtraktion, Multiplikation und Multiplikation mit Ringzahlen: mit $\mu_1, \mu_2, \ldots$ gehört auch $\kappa_1\mu_1 + \kappa_2\mu_2 + \ldots$ dem System an, wo die κ_i Ringzahlen sind. Die Eigenschaften dieses Moduls zeigen also große Ähnlichkeit mit denjenigen eines Ideals: diese reproduzieren sich durch Komposition mit ganzen Zahlen des Körpers. Daher nennt man diesen Modul ein Ideal im Ring, Ringideal. (Wir haben es hier nur mit ganzen Idealen zu tun.)

Wir verstehen also unter dem Ringideal a_R die Gesamtheit derjenigen Zahlen aus dem Körperideal a, die überdies zu dem durch Q bestimmten Ringe gehören, und nennen a_R ein <u>reguläres Ringideal</u>, wenn $(a, Q) = 1$ ist. <u>In jeder Modulklasse gibt es also reguläre Ringideale.</u> (Die Definition von a_R behält noch Sinn, wenn $(a, Q) \neq 1$ ist.) - Ist nun $[\beta_1, \beta_2]$ ein Modul und β_1, β_2 eine Basis desselben, und gelangen wir durch Multiplikation mit λ zu einem äquivalenten Modul, der ein reguläres Ringideal a_R ist, so ist $\alpha_1 = \lambda\beta_1$, $\alpha_2 = \lambda\beta_2$ eine <u>Basis des Ringideals</u>, d.h. alle seine Zahlen sind durch $x_1\alpha_1 + x_2\alpha_2$ mit ganzen rationalen x_1, x_2 darstellbar. Das Ideal $(1)_R$ umfaßt alle Ringzahlen.

$Q^2 d$ bezeichnet man als die <u>Diskriminante des Ringes</u>. Ist sie prim zu 2, dann ist $1, \dfrac{1+\sqrt{Q^2 d}}{2}$ eine Basis von $(1)_R$. Ist sie teilbar durch 2 (- dann ist sie teilbar durch 4 -), dann ist $1, \dfrac{1}{2}\sqrt{Q^2 d}$ eine Basis von $(1)_R$. Beide Fälle werden umfaßt durch die allgemeine Form: $1, \dfrac{Q^2 d + \sqrt{Q^2 d}}{2}$. Das ist also eine <u>Basis des Ringes</u> schlechthin.

Offenbar ist die Diskriminante jeder Ringzahl ein Vielfaches der Ringdiskriminante, da aus $\mu \equiv r \pmod{Q}$ folgt $\mu = r + Q\alpha$, $\mu' = r + Q\alpha'$, $(\mu - \mu')^2 = Q^2(\alpha - \alpha')^2$, also durch $Q^2 d$ teilbar.

Wie gestaltet sich die Übertragung des Äquivalenzbegriffs? Zwei <u>Ringideale</u> a_R und b_R heißen <u>äquivalent</u> (oder die Körperideale a und b <u>äquivalent im Ring</u>), wenn es zwei Ringzahlen λ und μ gibt, so daß für die <u>Körperideale</u> $\lambda a = \mu b$ wird, wobei $N(\frac{\lambda}{\mu}) > 0$; dabei machen wir aber aus einem sogleich ersichtlichen Grunde die Einschränkung, daß für λ und μ nur solche Ringzahlen zugelassen werden, die <u>zu Q prim</u> sind. (λ) und (μ) sollen also regulär sein. - Die Definition der Äquivalenz ist symmetrisch und transitiv. Aus $a \sim b$, $c \sim d$ folgt $ac \sim bd$, die Äquivalenz überall im Ringe verstanden. Die Klassen äquivalenter Ringideale lassen sich daher zu einer Abelschen Gruppe vereinigen. Sind zwei Ideale äquivalent im Ringe, so sind sie es per definitionem auch im Körper. Seien umgekehrt die Körperideale $a \sim b$ im Körper, etwa $\lambda a = \mu b$, wo λ und μ irgend welche

Körperzahlen sind. Dann ist $Q\lambda a = Q\mu b$, und $Q\lambda$ und $Q\mu$ sind Ringzahlen. Es würde also die Äquivalenz im Ringe folgen, wenn wir nicht bei der Definition solche Faktoren ausgeschlossen hätten, die mit Q einen Teiler gemein haben. Dann folgt aus der Äquivalenz der Körperideale im Allgemeinen nicht die der Ringideale.

Wir wollen diese Definition noch durch Hinzunahme gebrochener Zahlen und Ideale vereinfachen. Wir betrachten Quotienten von ganzen Ringzahlen κ_1 und κ_2, wobei κ_2 aber teilerfremd zu Q sein soll, und bezeichnen die Gesamtheit dieser Zahlen $\mu = \frac{\kappa_1}{\kappa_2}$ in erweitertem Sinne durch $\mu \equiv$ rat. Zahl (mod Q). ($\frac{1}{\kappa_2}$ bedeutet mod Q ein Element der zu κ_2 reziproken Restklasse; diese gibt es wegen $(\kappa_2, Q) = 1$.) Die Gesamtheit dieser Zahlen reproduziert sich dann durch Addition, Subtraktion, Multiplikation und Division, falls durch eine zu Q teilerfremde Zahl dividiert wird. Dies Q können wir wieder den "Excludenten" nennen. Jetzt können wir die Definition der Äquivalenz einfacher schreiben: Die Ideale a und b sind äquivalent im Ringe, wenn es eine (ganze oder gebrochene) Ringzahl μ mit positiver Norm gibt, so daß $a = \mu b$ im Körper. - Der Ring mit dem Führer 1 ist der ganze Körper und der Äquivalenzbegriff in diesem ist der engere Äquivalenzbegriff.

Wie verhalten sich nun Äquivalenz im Ring und im Körper zu einander? Alle Ideale einer Ringklasse gehören zur selben Körperklasse; aber in wieviel Ringklassen spaltet sich eine Körperklasse?

Seien A_1 und A_2 zwei Ringklassen, die der Körperhauptklasse entsprechen, a_1 und a_2 zwei Ideale aus ihnen, die also im Körper Hauptideale sind. Dann ist auch $a_1 \cdot a_2$ ein Hauptideal, $A_1 \cdot A_2$ entspricht also ebenfalls der Körperhauptklasse. Die Ringklassen, die der Körperhauptklasse entsprechen, bilden also eine Gruppe U, eine Untergruppe der Ringklassengruppe G.

Wir "zerlegen nun G nach U". Ist A_2 ein Element von G, das nicht zu U gehört, - also eine Ringklasse, die nicht der Körperhauptklasse entspricht -, so gibt A_2, mit den Elementen von U multipliziert, lauter Elemente, die unter einander und

von den Elementen von U verschieden sind. Ihre Gesamtheit sei
mit $A_2 U$ bezeichnet. Ist A_3 ein Element von G, das weder in U
noch in $A_2 U$ vorkommt, so bildet $A_3 U$ eine neue solche "Nebengruppe". Solche Bestandteile bekommen wir im ganzen h, wenn h
die Klassenzahl des Körpers ist. Denn es seien die Ideale
a_1, a_2, ..., a_h ein vollständiges System von repräsentierenden
Idealen für die h Klassen des Körpers und a_1 ein Hauptideal.
Seien A_1, A_2, ..., A_h die entsprechenden Ringklassen, insbesondere also A_1 ein Element von U. b sei ein beliebiges Ideal,
B die zugehörige Ringklasse. Als Körperideal sei $b \sim a_k$. Also
ist $\frac{b}{a_k}$ äquivalent der Hauptklasse, also BA_k^{-1} ein Element von U,
B also in der Nebengruppe $A_k U$ enthalten. Wir haben also die
Zerlegung: $G = A_1 U + A_2 U + \ldots + A_h U$. h ist der Index der
Untergruppe U in G.

Wieviel Elemente U besitzt, hängt im Wesentlichen nur von
den Resteigenschaften von Q ab. Sei ρ_1, ρ_2, ..., ρ_g ein System
von Repräsentanten der zu Q teilerfremden Restklassen im
Körper; $g = \varphi_K(Q)$. (ρ_1), (ρ_2), ..., (ρ_g) definieren bestimmte
Ringklassen. Diese sind aber teilweise untereinander äquiva-
lent im Ring, nämlich wenn z.B. $\rho_1 \equiv r \cdot \rho_2 \pmod{Q}$. Dabei ist
$(r, Q) = 1$, da $(\rho_1, Q) = 1$. r kann also $\varphi(Q)$ Werte haben, und
die ρ_i werden mindestens zu je $\varphi(Q)$ dieselben Ringklassen definieren. Der Grad von U ist daher höchstens $\dfrac{\varphi_K(Q)}{\varphi(Q)}$. (Auch der
Grad von G ist daher endlich.) Der Grad von U kann unter Um-
ständen noch kleiner sein als $\dfrac{\varphi_K(Q)}{\varphi(Q)}$. Das hängt damit zusammen,
daß ρ und $\varepsilon\rho$ (ε = Einheit) zu verschiedenen Restklassen mod Q
gehören können, so daß (ρ) noch keine Restklasse mod Q fest-
legt und die zugehörige Ringklasse also noch mehr als $\varphi(Q)$
Restklassen entsprechen kann.

Der gewöhnliche Äquivalenzbegriff für Ideale steht ja im
Zusammenhang mit der Theorie der quadratischen Formen. Was
leistet in diesem Zusammenhang der jetzige <u>verfeinerte</u> Äquivalenzbegriff? Man beherrscht alle quadratischen Formen mit
Diskriminante d, wenn man alle Ideale im Körper mit der Diskriminante d kennt. Wie aber, wenn die Diskriminante
$D = B^2 - 4AC$ der Form $Ax^2 + Bxy + Cy^2$ gar keiner Körperdiskri-

minante entspricht? Dann muß sie sich von einer solchen um
einen quadratischen Faktor unterscheiden: $D = Q^2 d$. Man hat
dann im Körper mit Diskriminante d die Ringideale (für den
Führer Q des Ringes) zu untersuchen.

Sei α_1, α_2 eine Basis eines Ringideals.
$a = (\alpha_1, \alpha_2)$. Dann ist $N(x\alpha_1 + y\alpha_2)$ eine quadratische Form in
x und y. Die Koeffizienten derselben haben den größten gemein-
samen Teiler $a \cdot a' = N(a)$. $\dfrac{N(x\alpha_1 + y\alpha_2)}{N(a)} = Ax^2 + Bxy + Cy^2$ ist
daher eine primitive quadratische Form. Ihre Diskriminante
findet man durch Ausrechnung zu

$$B^2 - 4AC = \frac{\Delta(\alpha)^2}{N(a)^2} = Q^2 d$$

also gleich der Diskriminante des Ringideals $[\alpha_1, \alpha_2]$.

Umgekehrt führt eine gegebene Form auf eine ganze Klasse
äquivalenter Ringideale. Quadratische Formen, die im elementaren Sinne äquivalent sind, führen zu im Ring äquivalenten
Idealen und umgekehrt. Aus einer anderen Basis des obigen
Ideals (α_1, α_2) entsteht eine in elementarem Sinn mit
$Ax^2 + Bxy + Cy^2$ äquivalente Form.

Die Komposition der Ringklassen ist nun, ebenso wie die der
gewöhnlichen Idealklassen, etwas sehr Einfaches, während die
Theorie der entsprechenden Kompositionen der Formenklassen, wie
sie durch Gauss entwickelt worden ist, schwierig und schwer
zugänglich ist. Auch gegenüber den Vereinfachungen, welche
hauptsächlich Dirichlet hier eingeführt hat, ist der Zugang
zu diesen Fragen über die Idealtheorie bei weitem leichter.

§ 20. Zahlklassen und Idealklassen.

Wir wollen nun einen Zusammenhang der Ringzahlen mit Begriffen der Funktionentheorie herstellen. Wir ordnen einem
Ringideal $a = (\alpha_1, \alpha_2)$ nicht, wie bisher, zwei Zahlen, sondern
eine einzige, den Quotienten $\tau = \dfrac{\alpha_1}{\alpha_2}$ zu. Dann haben zwei äquivalente Ideale dasselbe τ. Es wird daher gleichgültig sein,
ob wir von Moduln schlechthin sprechen oder uns auf reguläre
Moduln und reguläre Ringideale beschränken, da solche in jeder
Modulklasse vorkommen.

Sei $\beta_1 = a\alpha_1 + b\alpha_2$, $\beta_2 = c\alpha_1 + d\alpha_2$ eine andere Basis von a. Dann ist $ad - bc = +1$ wegen der Normierung der Idealbasen. Ist $\tau_1 = \frac{\beta_1}{\beta_2}$, so wird also $\tau_1 = \frac{a\tau + b}{c\tau + d}$. Demselben Ideal kommt also ein ganzes System im Sinne der _Modulgruppe_ äquivalenter Zahlen τ zu, und die Zuordnung ist umkehrbar. Wenn τ zu einer Idealbasis gehört, dann auch jede zu τ äquivalente Zahl.

Welche Zahlen τ kommen vor? Sind Ideal und Ring durch τ festgelegt? - Man setze für τ den Quotienten aus zwei ganzen Zahlen: $\tau = \frac{\lambda}{\mu}$. Sollen diese als Idealbasis unserer Normierung genügen, so muß $\Delta = \lambda\mu' - \lambda'\mu > 0$ oder positiv imaginär sein. Im reellen Körper kann man das stets erreichen; denn ist $\Delta < 0$, so setze man $\tau = \frac{\lambda\rho}{\mu\rho}$, wobei ρ eine zu Q teilerfremde Zahl mit negativer Norm ist.

Im imaginären Körper muß τ positiv-imaginären Bestandteil haben; denn es ist

$$\tau - \tau' = \frac{\lambda\mu' - \lambda'\mu}{\mu\mu'} \quad .$$

Hierin ist der Nenner $N(\mu) > 0$. Soll also der Zähler positiv imaginär sein, so muß es $\tau - \tau'$ sein, also τ positiv imaginären Bestandteil haben.

[2.VII.20]. Durch τ ist der Ringführer Q und die Klasse von a umgekehrt eindeutig festgelegt; denn wenn $\tau = \frac{\alpha_1}{\alpha_2}, \alpha_1 = a_1 \cdot a$, $\alpha_2 = a_2 \cdot a$, so ist τ der reduzierte Idealbruch $\frac{a_1}{a_2}$ und $\tau - \tau' = \frac{\Delta(\alpha)}{\alpha_2\alpha_2'} = \frac{Q\sqrt{d}}{N(a_2)}$, also $Q\sqrt{d} = (\tau - \tau') \times$ Norm des Nenners von τ. Also ist Q und damit der Ring durch τ eindeutig festgelegt.

$Q^2 d = N(a_2)^2(\tau - \tau')^2$ nennt man die _Diskriminante von_ τ und zwar aus folgendem Grunde: Für ganzes τ (also $a_2 = o$) ist das die Diskriminante im gewöhnlichen Sinn. In jedem Fall ist es die Diskriminante der _primitiven ganzzahligen Gleichung 2. Grades_, der τ genügt:

$$(x - \frac{\alpha_1}{\alpha_2})(x - \frac{\alpha_1'}{\alpha_2'}) = \frac{1}{N(\alpha_2)}(\alpha_2 x - \alpha_1)(\alpha_2' x - \alpha_1') = \frac{N(a)(Ax^2 + Bx + C)}{N(a)N(a_2)} \quad .$$

Dabei sind A, B, C ganz rational und teilerfremd, da $(\alpha_2 x - \alpha_1)$

bezw. $(\alpha_2' x - \alpha_1')$ den größten gemeinsamen Koeffiziententeiler a bezw. a', das Produkt also $N(a)$ hat. Dabei findet man durch Ausrechnung $B^2 - 4AC = Q^2 d$. - Jedem Ringe sind also solche Zahlen τ (und zwar unendlich viele) zugeordnet, und jede von diesen bestimmt den Ring vollständig. Die Diskriminante von τ ist dasselbe, wie die Diskriminante des Ringes.

Welche Zahlen τ kommen nun als zugeordnete zu Zahlringen vor? - τ muß natürlich Körperzahl sein. Ferner darf τ nicht rational sein, sonst ist $\tau - \tau'$, also die Diskriminante von τ wird O. Der Quotient zweier Basiszahlen eines Ideals ist nie rational. Im imaginär quadratischen Körper muß τ überdies einen positiv imaginären Teil haben.

<u>Diese Eigenschaften reichen aber auch aus, damit τ einem Ringe zugeordnet ist.</u> Beweis: Es sei 1) $\tau \neq \tau'$ und 2) Falls $\tau = x + iy$ und $d < O$ ist, sei $y > O$. Dann wollen wir zeigen, daß τ einem Ringe zugeordnet ist. - τ ist jedenfalls als Quotient zweier ganzer Zahlen darstellbar: $\tau = \frac{\alpha}{\beta}$; also $\tau - \tau' = \frac{\alpha\beta' - \alpha'\beta}{N(\beta)}$. Ist $d < O$, so ist $N(\beta) > O$ und dann nach Voraussetzung 2) $\alpha\beta' - \alpha'\beta$ positiv imaginär. Nun bestimmen α und β einen Modul. Zu diesem gehört ein Q, nämlich $Q = \frac{\alpha\beta' - \alpha'\beta}{\sqrt{d}\, N((\alpha,\beta))}$. Dann können wir, da es in jeder Modulklasse reguläre Ringideale gibt, α und β mit einem solchen λ multiplizieren, daß $(\lambda\alpha, \lambda\beta) = a$ teilerfremd zu Q wird. Dabei bilden dann $\lambda\alpha$ und $\lambda\beta$ eine Basis von a im Ringe, wenn $\lambda\alpha \cdot \lambda'\beta' - \lambda'\alpha' \cdot \lambda\beta = N(\lambda)(\alpha\beta' - \alpha'\beta)$ positiv oder positiv imaginär ist. Das ist bei unseren Voraussetzungen im imaginären Körper von selbst erfüllt, im reellen können wir es nötigenfalls erreichen, indem wir λ überdies so wählen, daß $N(\lambda)$ ein geeignetes Vorzeichen hat.

Also jedes τ, das den Voraussetzungen genügt, ist einem und nur einem Ringe zugeordnet. Darüberhinaus ordnen wir τ noch derjenigen Idealklasse des Ringes zu, welche durch das reguläre Ringideal $a = (\alpha_1, \alpha_2)$ definiert ist, wo $\tau = \frac{\alpha_1}{\alpha_2}$. - Auch diese Klasse ist eindeutig durch τ bestimmt. Denn es sei noch $\tau = \frac{\beta_1}{\beta_2}$ und $b = (\beta_1, \beta_2)$ ein reguläres Ringideal. Wegen $\frac{\alpha_1}{\alpha_2} = \frac{\beta_1}{\beta_2}$

gibt es dann eine Körperzahl λ, so daß $\lambda\beta_1 = \alpha_1$, $\lambda\beta_2 = \alpha_2$ ist. Behauptung: dann sind a und b im Ringe äquivalent. - Es ist $a = \lambda b$, die beiden Ideale sind also im <u>Körper</u> äquivalent. Es ist $\Delta(\alpha) = \Delta(\beta)N(\lambda)$, also $N(\lambda) > 0$ wegen der Normierungsbedingung für die Idealbasen α_1, α_2 bezw. β_1, β_2. Da ferner $\lambda = \frac{a}{b}$, so ist λ als Quotient zweier ganzer zu Q teilerfremder Zahlen darstellbar. Die α_i und β_i sind Ringzahlen, also kongruent rationalen Zahlen mod Q; sei etwa $\beta_1 \equiv r_1$, $\beta_2 \equiv r_2$ (mod Q). Dabei ist $(r_1, r_2, Q) = 1$, weil das für die β_i gilt. Es gibt daher x_1, x_2, so daß $x_1 r_1 + x_2 r_2 \equiv 1$ (mod Q) ist. Dann folgt $\lambda \equiv x_1\alpha_1 + x_2\alpha_2$ (mod Q) und daher $\equiv$ rat. Zahl (mod Q), weil das für die α_i gilt. Also ist λ Ringzahl, also a mit b <u>im Ringe</u> äquivalent, q.e.d. Dabei wurde wesentlich benutzt, daß (β_1, β_2) ein reguläres Ringideal ist.

τ ist also eindeutig einer bestimmten Ringklasse zugeordnet. Wir untersuchen nun, welche Zahlen τ der gleichen Ringklasse zugeordnet sind. Hier gilt der Satz:

> τ und τ_1 gehören dann und nur dann zur selben Ringklasse, wenn τ nach der Modulgruppe mit τ_1 äquivalent ist.

<u>Beweis</u>: 1) Es sei $\tau_1 = \frac{a\tau + b}{c\tau + d}$, $ad - bc = 1$. Behauptung: τ und τ_1 gehören zur selben Ringklasse. - Sei $\tau = \frac{\alpha_1}{\alpha_2}$, also $\tau_1 = \frac{a\alpha_1 + b\alpha_2}{c\alpha_1 + d\alpha_2}$. Wir setzen

$$(82) \qquad \begin{cases} \beta_1 = a\alpha_1 + b\alpha_2 \\ \beta_2 = c\alpha_1 + d\alpha_2 \end{cases}$$

Dann ist $\Delta(\beta) = (ad - bc)\Delta(\alpha) = \Delta(\alpha)$. Aus (82) folgt, daß der größte gemeinsame Teiler von α_1 und α_2 in β_1 und ebenso in β_2 aufgeht. Da das Gleichungssystem aber wegen $ad - bc = 1$ ganzzahlig auflösbar ist, folgt ebenso, daß auch der größte gemeinsame Teiler von β_1 und β_2 auch in α_1 und α_2 aufgeht. Also ist $a = (\alpha_1, \alpha_2) = b = (\beta_1, \beta_2)$. Folglich ist $Q = \frac{\Delta(\alpha)}{N(a)\sqrt{d}} = \frac{\Delta(\beta)}{N(b)\sqrt{d}}$ für τ und τ_1 dasselbe. Beide Zahlen gehören also zum selben <u>Ring</u>. In diesem gehören sie auch zur selben <u>Klasse</u>. Denn wir können annehmen, α_1, α_2 sei Basis eines regulären Ringideals. Dann ist auch β_1, β_2 eine solche, weil es aus der ersten durch

eine lineare homogene Transformation mit Determinante 1 hervorgeht. Die Klassen von a und b sind dann identisch, weil die
Ideale selbst identisch sind.

2) Es seien τ und τ_1 derselben Ringklasse zugeordnet. Behauptung: dann sind τ und τ_1 äquivalent nach der Modulgruppe.
- Sei $\tau = \dfrac{\alpha_1}{\alpha_2}$ und $a = (\alpha_1, \alpha_2)$; $\tau_1 = \dfrac{\beta_1}{\beta_2}$ und $b = (\beta_1, \beta_2)$; dabei
a und b reguläre Ringideale und nach Voraussetzung $a \sim b$ im
Ring. Dann gibt es also eine - ganze oder gebrochene - Ring-
zahl λ mit $N(\lambda) > 0$, so daß $a = \lambda b$. $\lambda \beta_1$ und $\lambda \beta_2$ gehören also
zu a. Also ist $\lambda \times$ Zahl aus b = Zahl aus a, und man erhält so
alle Zahlen aus a. Nun ist β_1, β_2 eine Basis von b, also
$x\beta_1 + y\beta_2$ sind alle Ringzahlen aus b. $x\lambda\beta_1 + y\lambda\beta_2$ sind daher
alle Zahlen aus a, also $\lambda\beta_1$, $\lambda\beta_2$ eine Basis von a. Wegen
$N(\lambda) > 0$ erfüllen $\lambda\beta_1$, $\lambda\beta_2$ auch die Normierungsbedingungen.
Also geschieht der Übergang von α_1, α_2 zu $\lambda\beta_1$, $\lambda\beta_2$ durch lineare homogene Transformation mit Determinante +1:

$$\left. \begin{aligned} \lambda\beta_1 &= a\alpha_1 + b\alpha_2 \\ \lambda\beta_2 &= c\alpha_1 + d\alpha_2 \end{aligned} \right\} \text{ mit } ad - bc = +1 \ .$$

Daher folgt $\tau_1 = \dfrac{a\tau + b}{c\tau + d}$, q.e.d.

Wir teilen nun auch <u>alle Zahlen τ in Klassen</u> ein, indem wir
alle solche τ zur selben Klasse rechnen, die durch Substitutionen der Modulgruppe aus einander hervorgehen. Alle Zahlen
derselben Klasse haben dann dieselbe Diskriminante. Umgekehrt
gibt es zu jeder Diskriminante soviel nicht äquivalente
Zahlen, also so viel Klassen von Zahlen, als es nicht äquivalente Ringklassen für diese Diskriminante gibt; und das sind
ja endlich viele. Von hier aus ist es nur ein Schritt zu den
<u>quadratischen Formen</u>: τ genüge der primitiven ganzzahligen
Gleichung $Ax^2 + Bx + C = 0$ (mit $A > 0$), ebenso τ_1 der Gleichung
$A_1 u^2 + B_1 u + C_1 = 0$. Sind τ und τ_1 äquivalente Zahlen, so sind
die beiden Formen $A_1 x^2 + B_1 xy + C_1 y^2$ und $Ax^2 + Bxy + Cy^2$ äquivalent; und umgekehrt: sind die Formen äquivalent, so stehen
die Nullstellen in dieser linearen Beziehung zu einander. Also

ist die Theorie der Äquivalenz der Formen identisch mit der
Theorie der Äquivalenz der Ringideale. Ist der Führer $Q = 1$,
so erweitert sich der Ring zum Körper, und wir kommen zu dem
Zusammenhang der Formen mit Diskriminante d mit den Idealen
in $K(\sqrt{d})$. Unser jetziger Standpunkt ist aber weiter, dadurch
daß er auch Formen mit solchen Diskriminanten umfaßt, die
nicht Körperdiskriminanten sind.

- Zwischen den Zahlen derselben Zahlklasse besteht ein Zusammenhang durch die Modulsubstitutionen. Aber auch zwischen
den Zahlen verschiedener Zahlklassen, wenn sie zum selben Ring
gehören, läßt sich ein ähnlicher Zusammenhang herstellen.

Als "Transformation der Ordnung n" bezeichnen wir eine
Transformation $\frac{a\tau + b}{c\tau + d}$, wenn $ad - bc = n$ ist. (Dabei sei stets
$n > 0$.) Als "lineare Transformation" bezeichnet man dann auch
gelegentlich den Fall $n = 1$. Zahlen verschiedener Klassen
hängen dann durch Transformationen höherer Ordnung zusammen.
Voraussetzung: Sei τ der Ringklasse A und τ_1 der Ringklasse B
zugeordnet. Sei C die Klasse, für welche $B = AC$ ist. Sei c ein
reguläres Ringideal aus C, $(c, Q) = 1$; sei ferner $N(c) = n$.
Behauptung: Dann gibt es eine Transformation $\left(\begin{smallmatrix} a & b \\ c & d \end{smallmatrix}\right)$ der Ordnung n, so daß $\tau_1 = \frac{a\tau + b}{c\tau + d}$. Beweis: Sei
$\tau = \frac{\alpha_1}{\alpha_2}$ und $a = (\alpha_1, \alpha_2)$ ein reguläres Ringideal. Dann ist ac
ein reguläres Ringideal der Klasse $AC = B$. Sei γ_1, γ_2 eine
Basis desselben. $\tau_2 = \frac{\gamma_1}{\gamma_2}$ entspricht dann der Klasse B. Also
ist $\tau_2 \sim \tau_1$. Wir untersuchen nun den Zusammenhang zwischen τ_2
und τ. γ_1, γ_2 gehören zu ac, also zu a. Also gibt es ganze
rationale a, b, c, d, so daß $\gamma_1 = a\alpha_1 + b\alpha_2$, $\gamma_2 = c\alpha_1 + d\alpha_2$.
Dann ist

$$\Delta(\gamma) = N(ac)\sqrt{d}\cdot Q = (ad - bc)\Delta(\alpha) = (ad - bc)N(a)\cdot Q\cdot \sqrt{d} \quad .$$

(Es handelt sich ja um Ideale desselben Ringes.) Also ist
$ad - bc = N(c) = n$. - Den Zusammenhang zwischen τ und τ_1 be-
kommen wir nun durch Zusammensetzung dieser Transformationen.
Wir verwenden dabei eine abkürzende Bezeichnung:

$$\tau_2 = \frac{a\tau + b}{c\tau + d} = \left(\begin{smallmatrix} a & b \\ c & d \end{smallmatrix}\right)\tau \quad , \text{ wo } ad - bc = n$$

$$\tau_1 = \frac{a'\tau_2 + b'}{c'\tau_2 + d'} = \left(\begin{smallmatrix} a' & b' \\ c' & d' \end{smallmatrix}\right)\tau_2 \quad , \text{ wo } a'd' - b'c' = 1 .$$

Also ist $\tau_1 = \left(\begin{smallmatrix} a' & b' \\ c' & d' \end{smallmatrix}\right)\left(\begin{smallmatrix} a & b \\ c & d \end{smallmatrix}\right)\tau = \left(\begin{smallmatrix} A & B \\ C & D \end{smallmatrix}\right)\tau$. Dabei ist also

$$\begin{cases} A = a'a+b'c \ , & B = a'b+b'd \\ C = c'a+d'c \ , & D = c'b+d'd \end{cases} \quad \text{und es ist}$$

$$\begin{vmatrix} A & B \\ C & D \end{vmatrix} = \begin{vmatrix} a' & b' \\ c' & d' \end{vmatrix} \cdot \begin{vmatrix} a & b \\ c & d \end{vmatrix} = n.$$

Wenn c ohne <u>rationalen</u> Teiler ist, so ist die Transformation <u>primitiv</u>, d.h. ohne gemeinsamen Koeffiziententeiler. Hätten nämlich A, B, C, D einen gemeinsamen Teiler r, dann auch a, b, c, d, und es wären auch $\frac{\gamma_1}{r}$ und $\frac{\gamma_2}{r}$ ganze Zahlen aus a, also $r \mid c$. Hat aber c einen rationalen Teiler r, so daß c = (r) × einem regulären Ringideal, so ist $a\frac{c}{r}$ ein ganzes Ideal und seine Basiszahlen $\frac{\gamma_1}{r}$, $\frac{\gamma_2}{r}$ sind ganze Ringzahlen aus a, also durch α_1, α_2 ganzzahlig darstellbar, d.h. r geht in a, b, c, d auf; und dann geht r auch in A, B, C, D auf. - Nun wollen wir auch das Umgekehrte zeigen:

<u>Voraussetzung</u>: Es sei $\tau = \frac{\alpha_1}{\alpha_2}$, $\tau_1 = \frac{\beta_1}{\beta_2}$. Die regulären Ringideale $a = (\alpha_1, \alpha_2)$ bezw. $b = (\beta_1, \beta_2)$ gehören zu den Ringklassen A bezw. B. Ferner sei $\tau_1 = \left(\begin{smallmatrix} a & b \\ c & d \end{smallmatrix}\right)\tau$, dabei

(a, b, c, d) = 1, ad - bc = n, (n, Q) = 1.

<u>Behauptung</u>: Dann gibt es ein Ideal c aus der Ringklasse $\frac{B}{A}$, so daß N(c) = n ist; und c hat keinen rationalen Teiler.

<u>Beweis</u>: Es gibt ein λ, so daß

$$(83) \qquad \begin{cases} \lambda\beta_1 = a\alpha_1 + b\alpha_2 \\ \lambda\beta_2 = c\alpha_1 + d\alpha_2 \end{cases}$$

$\lambda\beta_1$, $\lambda\beta_2$ sind Ringzahlen, weil die α_1, α_2 es sind. Wenn wir wüßten, daß $(\beta_1, Q) = 1$ wäre, könnten wir daraus schon schließen, daß λ Ringzahl ist. Aber β_1 braucht ja nicht teilerfremd zu Q zu sein, nur über (β_1, β_2) ist dies vorausgesetzt. Aber wir können schließen, wie früher:

$\lambda\beta_1 \equiv r_1 \pmod{Q}$, $\lambda\beta_2 \equiv r_2 \pmod{Q}$. Es gibt x und y, so daß $x\beta_1 + y\beta_2 \equiv 1 \pmod{Q}$. Also $\lambda \equiv xr_1 + yr_2 \pmod{Q}$, d.h. λ ist Ringzahl.

Da nun β_1, β_2 Basis des Ringideals b sind, sind $\lambda\beta_1$, $\lambda\beta_2$ Basis des Ringideals λb. Aus (83) folgt

$N(\lambda)\Delta(\beta) = (ad - bc)\Delta(\alpha) = n\Delta(\alpha)$; also $N(\lambda)N(b)Q\sqrt{d} = nN(a)Q\sqrt{d}$, also

$$(84) \qquad N(\lambda)N(b) = nN(a) \ .$$

Nach (83) ist nun $a|\lambda b$. Es gibt also ein c, so daß $ac = \lambda b$ ist. Dann folgt aus (84) $N(c) = n$. Dabei ist $(c, Q) = 1$ wegen $(n, Q) = 1$; wegen $ac = \lambda b$ ist also auch $(\lambda, Q) = 1$, also λ reguläre Ringzahl. Hätte nun c einen rationalen Teiler r, so müßte dieser aufgehen in $c = \frac{\lambda b}{a}$, also $\frac{\lambda \beta_1}{r}$ und $\frac{\lambda \beta_2}{r}$ müßten Zahlen aus a sein, und zwar Ringzahlen, da $(r, Q) = 1$ wegen $(c, Q) = 1$. Dann müßten aber nach (83) a, b, c, d durch r teilbar sein entgegen der Voraussetzung. Daher hat c keinen rationalen Teiler. - Diesen letzten Schluß können wir nicht machen, wenn wir nicht wissen, daß $(r, Q) = 1$ ist. Die Voraussetzung $(n, Q) = 1$ über die Transformation ist also wesentlich.

Sind die Ringklassen B und A identisch, etwa durch die Annahme $\tau_1 = \tau$, so ist $C = 1$ die Hauptringklasse, die also die Ringzahlen selbst umfaßt. Dann sagt der Satz folgendes: Es sei c ein reguläres Ideal der Hauptklasse und $N(c) = n$, $(n, Q) = 1$. Dann gibt es zu jedem τ mit der Diskriminante $Q^2 d$ eine Transformation n. Ordnung $\left(\begin{smallmatrix} a & b \\ c & d \end{smallmatrix}\right)$, so daß $\tau = \left(\begin{smallmatrix} a & b \\ c & d \end{smallmatrix}\right)\tau$. <u>$\tau$ bleibt also invariant bei dieser Transformation n. Ordnung.</u> Es gibt also zu jedem regulären Ringideal c der Hauptklasse eine Transformation der Ordnung $N(c)$, die ein bestimmtes τ invariant läßt. Solche Transformationen nennt man <u>Automorphien</u> von τ. Wenn umgekehrt τ eine solche Automorphie besitzt und $(n, Q) = 1$ ist, so gibt es ein Ideal der Hauptklasse, durch das sie erzeugt wird, d.h. n ist Norm einer ganzen Ring<u>zahl</u>.

Wir brauchen solche Automorphien auch dann, wenn $(n, Q) > 1$ ist. Sei $\tau = \left(\begin{smallmatrix} a & b \\ c & d \end{smallmatrix}\right)\tau$, $(a, b, c, d) = 1$, $ad - bc = n$, n beliebig. <u>Dann ist n Norm einer ganzen Zahl des Ringes, die aber vielleicht nicht regulär ist.</u> Sei $\tau = \frac{\alpha_1}{\alpha_2}$, so daß α_1, α_2 Basis eines regulären Ringideals ist. Dann gibt es ein λ, so daß $\lambda\alpha_1 = a\alpha_1 + b\alpha_2$, $\lambda\alpha_2 = c\alpha_1 + d\alpha_2$. Daraus folgt für λ die Gleichung

$$\begin{vmatrix} a-\lambda & b \\ c & d-\lambda \end{vmatrix} = 0 \ .$$

λ ist also ganz. Und ebenso wie oben schließen wir, daß λ Ringzahl ist wegen $(\alpha_1, \alpha_2, Q) = 1$. Dann folgt $N(\lambda)\Delta(\alpha) = n \cdot \Delta(\alpha)$, also $N(\lambda) = n$. $- \lambda$ kann mit Q noch einen Teiler gemeinsam haben. Wir können aber doch so viel schließen: λ kann im Ringe keinen <u>rationalen</u> Teiler haben, wenn die Automorphie primitiv ist. Denn es sei $r | \lambda$. Wir schreiben $\frac{\lambda}{r}\alpha_1 = \frac{a}{r}\alpha_1 + \frac{b}{r}\alpha_2$ und analog. Aus $r | \lambda$ folgt noch nicht, daß $\frac{\lambda}{r}$ Ringzahl ist (z.B. ist $Q\sqrt{d}$ Ringzahl, ohne daß doch $\frac{Q\sqrt{d}}{Q} = \sqrt{d}$ es ist). Ist aber $\lambda = r \times$ <u>Ringzahl</u>, also $\frac{\lambda}{r}$ Ringzahl, so folgt, daß $\frac{a}{r}\alpha_1 + \frac{b}{r}\alpha_2$ und ebenso $\frac{c}{r}\alpha_1 + \frac{d}{r}\alpha_2$ Zahlen aus a sind, entgegen der Voraussetzung, daß α_1, α_2 eine Basis von a und $(a, b, c, d) = 1$ ist. λ hat also keinen "<u>rationalen Faktor im Ringe</u>", wenn $\left(\begin{smallmatrix} a & b \\ c & d \end{smallmatrix}\right)$ primitiv ist.

[6.VII.20.] Diese Zahl λ ist offenbar nur von τ und der Transformation, aber nicht von der Art der Spaltung von τ in Zähler und Nenner abhängig. Die Transformation ändert sich nicht, und ihre Koeffizienten bleiben primitiv, wenn wir dieselben mit -1 multiplizieren und das ist offenbar die einzig mögliche Abänderung des Koeffizientenschemas der Transformation. Hierbei tritt dann $-\lambda$ an Stelle von λ.

Um die Anzahl aller primitiven Automorphien von der Ordnung n zu ermitteln, bedenken wir, daß auch sofort der umgekehrte Satz folgt:

Hat λ die Eigenschaften 1) $N(\lambda) = n$, 2) λ Ringzahl ohne rationalen Teiler im Ringe, so gibt es eine zugehörige Transformation $M = \left(\begin{smallmatrix} a & b \\ c & d \end{smallmatrix}\right)$ von der Ordnung n. Es ist nämlich, da λ Ringzahl ist: $\lambda\alpha_1 = a\alpha_1 + b\alpha_2$, $\lambda\alpha_2 = c\alpha_1 + d\alpha_2$; und hieraus folgt $\left|\begin{smallmatrix} a & b \\ c & d \end{smallmatrix}\right| = N(\lambda) = n$, so daß wir den Satz formulieren können:

Für jede Zahl τ der Diskriminante $Q^2 d$ gibt es genau so viele verschiedene primitive Automorphien von der Ordnung n, als es verschiedene ganze Ringzahlen λ ohne rationalen Teiler im Ringe mit $N(\lambda) = n$ gibt. Dabei sind aber λ und $-\lambda$ als nicht verschieden anzusehen.

In imaginären Körpern, auf die wir uns fortan beschränken, ist diese Anzahl endlich. Die Anzahl der Automorphien hängt also nicht von τ, sondern nur vom Ringe ab.

Wir untersuchen jetzt speziell Automorphien von der Ordnung 1. Da lautet die Frage also: Wie oft ist die Zahl $+1$ als Norm einer Ringzahl λ darstellbar? Dazu muß λ offenbar eine Einheit sein. Während es im reell quadratischen Körper unendlich viele solche Einheiten gibt, sind Einheiten im imaginär quadratischen Körper, bis auf die Körper der 3. und 4. Einheitswurzeln, nur die Zahlen ± 1. Automorphien der Ordnung 1 gibt es im imaginär quadratischen Körper im allgemeinen also nicht (wenn man die identische Substitution nicht mitrechnet). Wir besprechen nun die beiden Ausnahmen.

1) $d = -3$. Die Einheiten sind hier ± 1, $\pm\zeta$, $\pm\zeta^2$, wo ζ eine primitive 3. Einheitswurzel ist. Ist nun $\zeta \equiv$ rat. Zahl (mod Q), so ist, da 1 und ζ eine Basis des Körpers bilden, jede ganze Körperzahl Ringzahl. Es muß also $Q = 1$ sein. - Wir können dies auch erkennen, ohne zu benutzen, daß 1 und ζ eine Basis des Körpers bilden. Ist $\zeta \equiv r$ (mod Q), so bilden wir durch Übergang zur Konjugierten: $\zeta^{-1} \equiv r$ (mod Q), also $\zeta \equiv \zeta^{-1}$ oder $\zeta^2 \equiv 1$ (mod Q). Nun ist aber $(\zeta^2-1)(\zeta-1) = 3$, und da $\zeta - 1$ keine Einheit ist, kann keine rationale Zahl Q Teiler von $\zeta^2 - 1$ sein außer $Q = 1$. Es muß also $Q = 1$ sein. Dann führen alle 6. Einheitswurzeln zu Automorphien der Ordnung 1, da aber je zwei sich nur durch das Vorzeichen unterscheiden, so ergeben sich nach unserer Rechnungsart 3 verschiedene Automorphien erster Ordnung.

2) $d = -4$. Die Einheiten sind ± 1, $\pm i$. Ist i Ringzahl, also $i \equiv r$ (mod Q), so folgt $i \equiv -i$, also $-1 \equiv 1$ (mod Q), was nur für $Q = 1$ oder 2 sein kann. $Q = 2$ kann nicht sein, denn dann wäre $i \equiv 1$ (mod 2). Die Zahl $(i - 1)$ gibt als Norm 2, teilt also 2 und nicht umgekehrt. Es bleibt also nur $Q = 1$ übrig. Als Ring haben wir dann den Körper der 4. Einheitswurzeln, und wir bekommen durch $\pm i$ Automorphien nicht trivialer Art. Wir verzeichnen hier also 2 Automorphien.

Aus diesen Überlegungen folgt, daß wenn M_1 und M_2 zwei Automorphien von der Ordnung n sind: $\tau = M_1\tau$; $\tau = M_2\tau$; diese nur äquivalent sein können in den beiden eben besprochenen Sonderfällen. Sei nämlich $M_1 = LM_2$, wo L eine Substitution der Modulgruppe ist. Dann folgt $LM_2\tau = M_1\tau$, also $L\tau = \tau$. -

Umgekehrt ist es sofort zu sehen, daß es in den Sonderfällen
zu jeder Automorphie n. Grades 3 bezw. 2 äquivalente gibt (die
Äquivalenz durch die identische Substitution mitgerechnet).
Die verschiedenen primitiven Automorphien der Ordnung n für
eine Zahl τ sind also alle <u>inäquivalent</u>, <u>außer</u> bei Q = 1,
d = -3, wo sie zu je dreien äquivalent, und bei Q = 1, d = -4,
wo sie zu je zweien äquivalent sind.

Ohne weiteres springt auch der Zusammenhang zwischen unseren linearen Automorphien und den <u>Fixpunkten der Substitutionen
der Modulgruppe</u> in die Augen. Jeder dieser Fixpunkte muß sich
bei unsern zahlentheoretischen Betrachtungen hier wiederfinden,
denn er muß einer quadratischen Gleichung genügen, wie aus
$\tau = \dfrac{a\tau + b}{c\tau + d}$ folgt; nämlich der Gleichung

$$c\tau^2 + (d - a)c - b = 0 \, .$$

Von Seiten der Funktionentheorie wissen wir, daß die einzigen
beiden Fixpunkte im Fundamentalbereich die Punkte der 3. und 4.
Einheitswurzeln sind; das sind Repräsentanten der einzigen Zahlklassen der Diskriminante -3 bezw. -4, was wir soeben ja auf
ganz anderem Wege festgestellt haben.

Wir haben gesehen, daß man die verschiedenen Zahlklassen
derselben Diskriminante nicht durch lineare Transformationen,
wohl aber durch Transformationen höherer Ordnung in Verbindung
bringen kann. Wir wollen nun noch feststellen, durch wieviel
Transformationen der Ordnung n man von einer Zahlklasse der
Diskriminante $Q^2 d$ zu einer anderen derselben Diskriminante gelangen kann; wir setzen hierbei aber (n, Q) = 1 voraus. - Wir
betrachten also alle primitiven Transformationen n. Ordnung,
die wohl τ ändern, indessen die Diskriminante unverändert
lassen. Wir sehen sofort, daß die verlangte Anzahl unendlich
ist; denn wenn M die Diskriminante von τ ungeändert läßt, dann
tut dies auch LM, wo L der Modulgruppe angehört. Wir fragen
also nach der <u>Anzahl der inäquivalenten primitiven Transformationen der Ordnung n</u>, welche die Diskriminante von τ nicht
ändern, also zu einer Zahlklasse derselben Diskriminante
führen. Wir stellen τ als Quotienten zweier Basiszahlen α_1, α_2
eines regulären Ringideals a dar. Ist dann c ein ganzes Ideal

ohne rationalen Teiler, so führt dies Ideal in folgender Art
zu einer Klasse von Transformationen der verlangten Art. Man
bilde eine Basis γ_1, γ_2 des regulären Ringideals ac. Da γ_1, γ_2
zugleich Zahlen aus a sind, ist etwa $\gamma_1 = a\alpha_1 + b\alpha_2$,
$\gamma_2 = c\alpha_1 + d\alpha_2$. Da $\frac{\gamma_1}{a}$ und $\frac{\gamma_2}{a}$ nach Voraussetzung ohne gemeinsamen rationalen Teiler sind, sind a, b, c, d teilerfremd.
Ferner ist $\Delta(\gamma) = (ad - bc)\cdot\Delta(\alpha)$. Also, da a und ac zum selben
Ringe gehören, ist $N(ac)Q\sqrt{d} = (ad - bc)N(a)Q\sqrt{d}$, mithin
$ad - bc = N(c) = n$. Ist also $\tau_1 = \frac{\gamma_1}{\gamma_2}$, so ist $\tau_1 = M\tau$. c führt
also zu einer Transformation der Ordnung $n = N(c)$, die aus τ
wieder eine Zahl desselben Ringes macht.

δ_1, δ_2 sei nun eine andere Basis von ac. Dann ist etwa
$\delta_1 = A\gamma_1 + B\gamma_2$, $\delta_2 = C\gamma_1 + D\gamma_2$, wo $AD - BC = +1$ ist, weil wir
ja nur eine Transformation von einer Basis zu einer anderen im
selben Ringideal vorgenommen haben. Wir schreiben symbolisch:
$(\delta_1, \delta_2) = \begin{pmatrix} A & B \\ C & D \end{pmatrix}\begin{pmatrix} a & b \\ c & d \end{pmatrix}(\alpha_1, \alpha_2)$, wo die beiden Substitutionen
zusammen wieder eine primitive Substitution der Ordnung n er-
geben. Die Transformation $\begin{pmatrix} A & B \\ C & D \end{pmatrix}\begin{pmatrix} a & b \\ c & d \end{pmatrix}$ führt daher ebenfalls von
τ zu einer Zahl mit derselben Diskriminante, ist aber mit $\begin{pmatrix} a & b \\ c & d \end{pmatrix}$
äquivalent. Es führt also jedes Ideal c zu <u>einer</u> Klasse äquiva-
lenter Transformationen der verlangten Art.

Wir betrachten jetzt die <u>Umkehrung</u>: Es sei $M = \begin{pmatrix} a & b \\ c & d \end{pmatrix}$ eine
solche Transformation, die τ in eine Zahl τ_1 derselben Diskri-
minante überführt. Wir spalten τ wie oben in α_1 und α_2, und es
sei $\tau_1 = \frac{\gamma_1}{\gamma_2}$, wo γ_1, γ_2 Basis eines regulären Ringideals
ist. Dann ist $\frac{\gamma_1}{\gamma_2} = \frac{a\alpha_1 + b\alpha_2}{c\alpha_1 + d\alpha_2}$; es gibt also wieder ein λ, so daß
$\lambda\gamma_1 = a\alpha_1 + b\alpha_2$, $\lambda\gamma_2 = c\alpha_1 + d\alpha_2$. λ ist, wie wir schon früher
sahen, dann notwendig Ringzahl, und folglich auch $\lambda\gamma_1$, $\lambda\gamma_2$
Basis eines Ringideals $b = (\lambda\gamma_1, \lambda\gamma_2)$, das jedenfalls durch a
teilbar ist, $b = ac$. Da a, b, c, d teilerfremd sind, hat $\frac{b}{a} = c$
keinen rationalen Teiler, und für die Determinante findet sich

$$\Delta(\lambda\gamma) = (ad - bc)\Delta(\alpha) = nN(a)Q\sqrt{d} \text{ , andererseits}$$

$$\Delta(\lambda\gamma) = N(b)Q\sqrt{d} \text{ , also } N(c) = n.$$

c ist also eindeutig durch M bestimmt. - Beide Aussagen zusammen zeigen an:

Die Anzahl der nicht äquivalenten Transformationen der Ordnung n, die eine Zahl τ mit der Diskriminante $Q^2 d$ in Zahlen mit derselben Diskriminante überführen, ist, wenn $(n, Q) = 1$, gleich der Anzahl der verschiedenen Ideale c ohne rationalen Teiler mit $N(c) = n$. Diese Anzahl hängt also nicht von τ, sondern lediglich von d, nicht einmal von Q ab.

Die so entstehenden Zahlklassen bei festem n brauchen nicht verschieden zu sein. Ist z.B. c ein Hauptideal, so bekommen wir dieselbe Klasse wieder. - Wir betrachten nun noch besonders den Fall, daß die Ordnung n eine rationale Primzahl p ist. Dann ist die Anzahl der c zwei oder Null, je nachdem p zerfällt oder Primzahl im Körper ist. Im ersten Fall bekommen wir durch Transformation der Ordnung p aus einer Ringklasse A nur die beiden Klassen AP und AP^{-1}, wenn P die Klasse des Primideals p mit $N(p) = p$ ist. Diese zwei Klassen können auch noch zusammenfallen, wenn nämlich $P = P^{-1}$, d.h. $p^2 \sim 1$ ist.

§ 21. Die Modulgruppe und die elliptischen Modulfunktionen.

Wir betrachten in der komplexen Zahlebene die Gesamtheit der Substitutionen $\tau_1 = \dfrac{a\tau + b}{c\tau + d}$ mit ganzen rationalen Koeffizienten und $ad - bc = +1$. Wegen der letzten Forderung liegen τ und τ_1 in derselben Halbebene bezüglich der reellen Achse, wie man sofort durch Ausrechnen bestätigt. Zuerst behaupten wir, daß die Gesamtheit dieser Substitutionen bei Zusammensetzung eine Gruppe bildet, die sogenannte __Modulgruppe__. Haben wir $\tau_1 = \left(\begin{smallmatrix} a & b \\ c & d \end{smallmatrix}\right)\tau$, ferner $\tau_2 = \left(\begin{smallmatrix} a' & b' \\ c' & d' \end{smallmatrix}\right)\tau_1$, so ist
$\tau_2 = \left(\begin{smallmatrix} a' & b' \\ c' & d' \end{smallmatrix}\right)\left(\begin{smallmatrix} a & b \\ c & d \end{smallmatrix}\right)\tau = \left(\begin{smallmatrix} aa'+b'c & a'b+b'd \\ c'a+d'c & c'b+d'd \end{smallmatrix}\right)\tau$. Daß auch die anderen Gruppenforderungen erfüllt sind, bestätigt man leicht. Das Einheitselement ist die identische Substitution $E = \left(\begin{smallmatrix} 1 & 0 \\ 0 & 1 \end{smallmatrix}\right)$. Zwei Transformationen sollen wieder nicht als verschieden gelten, wenn sie sich in allen 4 Koeffizienten nur im Vorzeichen unterscheiden. Ist $V = \left(\begin{smallmatrix} a & b \\ c & d \end{smallmatrix}\right)$ ein Element der Modulgruppe, so bezeichnen wir mit V^{-1} die Substitution, die der Gleichung $V^{-1}V = E$ genügt. Es ist $V^{-1} = \left(\begin{smallmatrix} d & -b \\ -c & a \end{smallmatrix}\right)$. Für jedes Element M gilt (wie in jeder Gruppe): $ME = EM = M$.

Wir nennen nun zwei __Punkte__ in der komplexen Zahlebene

<u>äquivalent</u>, wenn sie durch eine Substitution der Modulgruppe
in einander übergeführt werden können. Ein Bereich, in dem
keine zwei äquivalenten Punkte liegen, aber zu jedem Punkte
der Ebene ein äquivalenter, soll <u>Fundamentalbereich</u> heißen.
Ein solcher wird z.B. begrenzt von den Geraden $x = \pm\frac{1}{2}$ und dem
Einheitskreis um den Nullpunkt. Hierbei ist der Rand geeignet
mitzuzählen, etwa so, daß wir die Begrenzung durch die Gerade
$x = -\frac{1}{2}$ mit zum Bereich zählen und von dem Einheitskreis das
Stück zwischen den Punkten ε und i (ε = 3. Einheitswurzel).
Diese beiden Punkte spielen eine besondere Rolle. Sie sind als
Fixpunkte bei bestimmten Modultransformationen mit sich selber
3 bezw. 2 Mal äquivalent.

Bei Anwendung aller Transformationen der Modulgruppe auf
diesen Fundamentalbereich mit der getroffenen Festsetzung über
die Hinzurechnung des Randes wird die obere Halbebene einfach
und lückenlos überdeckt.

Uns interessieren nun insbesondere diejenigen <u>Funktionen</u>,
die zu dieser Substitutionengruppe gehören, d.h. bei ihr
<u>invariant</u> bleiben. Dies sind die <u>Modulfunktionen</u>, die zuerst
in der Theorie der elliptischen Funktionen auftreten. Die
elliptischen Funktionen sind charakterisiert durch ihre Inva-
rianz gegenüber der Substitution $u' = u + m_1\omega_1 + m_2\omega_2$, wo
m_1, m_2 ganze rationale Zahlen sind und $\frac{\omega_1}{\omega_2} = \tau$ komplex oder
rein imaginär ist. Dann konstruieren wir uns die Funktionen:

$$g_2 = 60 \cdot \sum_{m_1,m_2} \frac{1}{(m_1\omega_1 + m_2\omega_2)^4} \quad ; \quad g_3 = 140 \cdot \sum_{m_1,m_2} \frac{1}{(m_1\omega_1 + m_2\omega_2)^6} \, .$$

Die Nenner werden nicht 0, da $\frac{\omega_1}{\omega_2}$ nie rational ist. Man zeigt
leicht die absolute Konvergenz beider Reihen. Da die Gesamt-
heit der Zahlen $m_1\omega_1 + m_2\omega_2$ ein Modul ist und ω_1, ω_2 eine Basis desselben, so bekommen wir durch $m_1\omega_1' + m_2\omega_2'$ dieselben
Zahlen, wenn $\omega_1' = a\omega_1 + b\omega_2$, $\omega_2' = c\omega_1 + d\omega_2$, dabei a, b, c, d
ganz rational sind und $ad - bc = +1$ ist. Deshalb ist auch
$g_i(\omega_1, \omega_2) = g_i(\omega_1', \omega_2')$.

Die Größen g_2 und g_3 treten in der Theorie der elliptischen
Funktionen zuerst auf in der Differentialgleichung für die
einfache elliptische Funktion $\wp(u)$:

$$p'(u)^2 = 4p(u)^3 - g_2 p(u) - g_3 \,.$$

Diese Differentialgleichung führt zur Funktion $f(z) = 4z^3 - g_2 z - g_3$. Diese hat lauter verschiedene Nullstellen. Die Diskriminante $\frac{\Delta}{16} = \frac{1}{16}(g_2^3 - 27g_3^2)$, die wieder in den ω_i homogen ist, wird in der oberen Halbebene nie Null.

Aus g_2 und g_3 gewinnen wir Funktionen, die nur vom Quotienten $\tau = \frac{\omega_1}{\omega_2}$ abhängen

$$g_2 \omega_2^4 = 60 \sum_{m_1,m_2} \frac{1}{(m_1\tau+m_2)^4} = G_2(\tau) \;;$$

$$g_3 \omega_2^6 = 140 \sum_{m_1,m_2} \frac{1}{(m_1\tau+m_2)^6} = G_3(\tau) \,.$$

Wenden wir hier die obige Transformation der ω_i in ω_i' an, so erhalten wir:

$$G_2\left(\frac{a\tau+b}{c\tau+d}\right) = g_2' \omega_2'^4 = g_2 \omega_2'^4 = G_2(\tau)\frac{\omega_2'^4}{\omega_2^4} = G_2(\tau)\cdot(c\tau+d)^4$$

Ebenso $G_3\left(\frac{a\tau+b}{c\tau+d}\right) = \text{------------------------} = G_3(\tau)\cdot(c\tau+d)^6 \,.$

Aus G_2 und G_3 können wir nun eine <u>absolute Invariante der Modulgruppe</u> bilden

$$J(\tau) = \frac{1728 g_2^3}{\Delta} = \frac{1728 G_2^3}{G_2^3 - 27 G_3^2}$$

Aus dem Verhalten von G_2 und G_3 gegenüber Transformationen der Modulgruppe folgt:

$$J\left(\frac{a\tau+b}{c\tau+d}\right) = J(\tau) \,.$$

Insbesondere gilt auch $J(\tau+1) = J(\tau)$. Diese Funktionalgleichung gilt auch schon für G_2 und G_3. Wir können diese Funktionen deshalb nach Fourierschen Reihen entwickeln. Den dabei ständig auftretenden Term $e^{2\pi i\tau}$ bezeichnen wir mit q. Dann ist $|q| < 1$ in der ganzen oberen Halbebene. Denn ist $\tau = \alpha + i\beta$ und $\beta > 0$, so ist $|q| = |e^{-2\pi\beta + i\cdot 2\pi\alpha}| = |e^{-2\pi\beta}| < 1$ wegen $\beta > 0$.

G_2 und G_3 ergeben Entwicklungen der Gestalt $C_0 + C_1 q + C_2 q^2 + \dots$. Aus diesen leitet sich weiter die Fourierentwicklung von $J(\tau)$ her und zwar ergibt sich der <u>fundamentale Satz</u>: Es gilt mit ganzen rationalen Zahlen a_i

die Entwicklung:

$$J(\tau) = q^{-1} + a_o + a_1 q + a_2 q^2 + \ldots \, .$$

[9.VII.20.] Aus der Darstellung von $J(\tau)$ als rationalem Ausdruck in G_2 und G_3, sowie dem Nichtverschwinden von Δ in der ganzen oberen Halbebene folgt die Regularität von $J(\tau)$ in der ganzen Halbebene bis auf den Punkt $+\infty$. Aus der q-Reihe für $J(\tau)$ ersehen wir, daß $J(\tau)$, <u>in q gemessen</u>, einen einfachen Pol 1. Ordnung besitzt, wenn man sich im Fundamentalbereich dem Punkt $+\infty$ nähert. Der Nenner $\Delta(\tau)$ von $J(\tau)$ ist als unendliches Produkt darstellbar. Es ist $\Delta(\tau) = (2\pi)^{12} \eta(\tau)^{24}$, wo

$$\eta(\tau) = q^{\frac{1}{24}} \prod_{n=1}^{\infty} (1 - q^n)$$

$\eta(\tau+1) = \eta(\tau) \times 24.$ Einheitswurzel.

Es ist $\Delta(\tau) = (2\pi)^{12}(q + c_2 q^2 + \ldots)$, wo die c_i ganz rational sind.

Für $J(\tau)$ zählen wir nun einige Sätze auf:

<u>Satz 1</u>: $J(\tau)$ nimmt im Fundamentalbereich jeden Wert ein und nur einmal an. Dabei ist der Rand in geeigneter Weise mitzurechnen, so wie oben angegeben. Dieser Satz besagt also: $J(\tau) = c$ hat für jedes c eine Lösung τ, und ist $J(\tau) = J(\tau_1)$, so ist $\tau \sim \tau_1$.

Die Funktion $J(\tau)$ gibt Anlaß zur Definition einer ganzen Klasse von Funktionen, den <u>Modulfunktionen</u>. Wir nennen eine Modulfunktion eine analytische Funktion, die den Bedingungen genügt: 1) $f(\frac{a\tau+b}{c\tau+d}) = f(\tau)$, $ad - bc = 1$; 2) $f(\tau)$ ist ohne wesentliche Singularitäten in der oberen Halbebene. 3) $f(\tau)$ hat einen Limes, wenn man sich dem Punkte $+\infty$ im Fundamentalbereich nähert, d.h. $f(\tau)$ hat, als Funktion von q betrachtet, bei $q = 0$ keine Singularitäten, oder nur einen Pol. - Für diese Funktionen gilt

<u>Satz 2</u>: Jede Modulfunktion ist rational in J darstellbar.

Insbesondere gilt auch

<u>Satz 3</u>: Es gibt keine überall endlich bleibende Modulfunktion.

<u>Satz 3a</u>: Eine Modulfunktion $f(\tau)$ ist als Funktion von J dann und nur dann rational, aber nicht ganz, wenn im Inneren der oberen Halbebene Pole sind.

Sind nämlich im Inneren der oberen Halbebene keine Pole von $f(\tau)$, so heißt das, daß für endliche Werte von J auch $f(\tau) = \Phi(J)$ nur endliche Werte hat. $\Phi(J)$ ist deshalb ganz. Solche Funktionen nennen wir <u>ganze Modulfunktionen</u>.

Von J wußten wir, daß es, in eine q-Reihe entwickelt, ganzzahlige Koeffizienten hat. Haben wir nun eine weitere ganze Modulfunktion, die, nach q entwickelt, ganzzahlig ist, so ist sie auch als ganze Funktion von J ganzzahlig. Um dies einzusehen, brauchen wir nur zu beachten, daß J, nach q entwickelt, beginnt mit $q^{-1} + \dots$. Beginnt $f(\tau)$ mit $A_m q^{-m}$, so beginnt $f(\tau) - A_m J^m$ mit $q^{-(m-1)}$. So fahren wir fort. Dieser Process muß nach endlich vielen Schritten abbrechen, indem $f(\tau) - A_m J^m - A'_{m-1} J^{m-1} - \dots$ verschwindet gemäß Satz 3. Es gilt also:

<u>Satz 4</u>: Jede Modulfunktion mit ganzzahliger q-Reihe läßt sich ganzzahlig durch $J(\tau)$ ausdrücken.

Mit $f_1(\tau) \equiv f_2(\tau)$ (mod p; q) wollen wir ausdrücken, daß in den ganzzahligen q-Reihen für f_1 und f_2 die Koeffizienten gleich hoher Potenzen von q mod p kongruent sind. Diese Bezeichnung ist also nur eingeführt für ganzzahlige q-Reihen.

Ferner bedeute $G_1(J) \equiv G_2(J)$ (mod p; J), daß in den ganzzahligen Polynomen $G_1(J)$ und $G_2(J)$ die Koeffizienten gleich hoher Potenzen von J mod p kongruent sind.

Dann gilt zwischen den beiden eben definierten Kongruenzen die Beziehung:

<u>Satz 5</u>: Seien $f_1(\tau)$, $f_2(\tau)$ <u>ganze</u> Modulfunktionen, also $= G_1(J)$, $G_2(J)$; wenn dann $f_1(\tau) \equiv f_2(\tau)$ (mod p; q), so folgt $G_1(J) \equiv G_2(J)$ (mod p; J). Auch die Umkehrung gilt.

Es ist nämlich $\dfrac{f_1(\tau) - f_2(\tau)}{p}$ eine ganzzahlige q-Reihe, also $= G(J)$, wo $G(J)$ ein ganzzahliges Polynom ist. $f_1(\tau) - f_2(\tau) = p \cdot G(J)$. Also $G_1(J) - G_2(J) = p \cdot G(J)$, q.e.d. Das Umgekehrte ist selbstverständlich.

§ 22. Transformationstheorie.

Wir wollen in diesem § eine algebraische Relation zwischen $u = J(\tau)$ und $v = J(\frac{\tau}{n})$ herstellen, wo n ganz rational ist. Zu solchen Beziehungen wird man von der Theorie der elliptischen Funktionen aus geführt. Für ganzes rationales n hat z.B. $p(nu)$ offenbar die Perioden von $p(u)$. Andererseits ist jede elliptische Funktion mit den Perioden von $p(u)$ rational durch $p(u)$ und $p'(u)$ darstellbar. Also gibt es zwischen $p(u)$ und $p(nu)$ eine algebraische Gleichung. Ferner gilt doch bei der Exponentialfunktion, wenn $E(z) = e^{2\pi i z}$ gesetzt ist, $E(nz) = E^{n}(z)$.

Verstehen wir unter $L = \begin{pmatrix} a & b \\ c & d \end{pmatrix}$ (wie auch später unter L' etc.), Modulsubstitutionen, so wissen wir, daß dann und nur dann $J(ML\tau) = J(M\tau)$ ist, wenn es ein L' der Modulgruppe gibt, so daß $ML\tau = L'M\tau$. Diese Gleichung ist nur dann für alle τ richtig, wenn $ML = L'M$. Das können wir schreiben

$$(85) \qquad MLM^{-1} = L' .$$

Ist nun $M = \begin{pmatrix} 1 & 0 \\ 0 & n \end{pmatrix}$, so ist $M^{-1} = \begin{pmatrix} 1 & 0 \\ 0 & \frac{1}{n} \end{pmatrix}$, also wird

$$L' = \begin{pmatrix} 1 & 0 \\ 0 & n \end{pmatrix}\begin{pmatrix} a & b \\ c & d \end{pmatrix}\begin{pmatrix} 1 & 0 \\ 0 & \frac{1}{n} \end{pmatrix} = \begin{pmatrix} a & b \\ nc & nd \end{pmatrix}\begin{pmatrix} 1 & 0 \\ 0 & \frac{1}{n} \end{pmatrix} = \begin{pmatrix} a & \frac{b}{n} \\ nc & d \end{pmatrix} .$$

Dieses letzte Schema hat die Determinante 1, und wenn es also eine Substitution der Modulgruppe darstellt, müssen die Koeffizienten ganz, also $b \equiv 0 \pmod{n}$ sein. Man sieht sofort, daß diese Substitutionen L, für die (85) gilt, eine Untergruppe der Modulgruppe bilden, denn multipliziert miteinander ergeben sie wieder eine Substitution mit der gleichen Eigenschaft.

Wir untersuchen jetzt, wie viel inäquivalente Transformationen n. Ordnung es gibt. Ist $S = \begin{pmatrix} A & B \\ C & D \end{pmatrix}$ eine primitive Transformation mit $AD - BC = n$, so gibt es ein $L = \begin{pmatrix} a & b \\ c & d \end{pmatrix}$ der Modulgruppe, so daß $LS = \begin{pmatrix} A' & B' \\ 0 & D' \end{pmatrix}$ ist. Dazu ist nur nötig, ein solches c und d zu finden, daß $cA + dC = 0$ ist. Sei x der größte gemeinsame Teiler von A und C. $A = A_0 x$, $C = C_0 x$. Dann setzen wir $c = -C_0$ und $d = A_0$. Da c und d teilerfremd sind,

gibt es ganze rationale a, b, so daß ad - bc = 1. Zu jeder
Transformation der Ordnung n gibt es also eine äquivalente
von der Form $\begin{pmatrix} A & B \\ O & D \end{pmatrix}$. Hierin können wir noch evtl. durch Multiplikation aller Koeffizienten mit -1 erreichen, daß D > O.

Zur Beantwortung unserer Frage haben wir also nur noch zu
untersuchen, wieviele inäquivalente Transformationen $\begin{pmatrix} A & B \\ O & D \end{pmatrix}$ von
n-ter Ordnung mit D > O es gibt. Sind $\begin{pmatrix} A & B \\ O & D \end{pmatrix}$ und $\begin{pmatrix} A' & B' \\ O & D' \end{pmatrix}$ einander äquivalent, so gilt

$$\begin{pmatrix} A & B \\ O & D \end{pmatrix} = \begin{pmatrix} a & b \\ c & d \end{pmatrix}\begin{pmatrix} A' & B' \\ O & D' \end{pmatrix} = \begin{pmatrix} aA' & aB' + bD' \\ cA' & cB' + dD' \end{pmatrix} \ .$$

Zunächst muß dann AD = A'D' sein.

Da A' ≠ O sein muß, ist c = O, und hieraus folgt wieder
wegen ad - bc = 1, daß a = d = ±1 ist. Die Transformation
lautet also noch $\begin{pmatrix} aA' & aB'+bD' \\ O & aD' \end{pmatrix}$, und daraus sehen wir, daß
sein muß

aA' = A , aD' = D , also a = +1 , da D und D' > O

B = aB' + bD' , also B ≡ B' (mod D = D') .

So folgt:

Zwei Transformationen n-ter Ordnung $\begin{pmatrix} A & B \\ O & D \end{pmatrix}$ und $\begin{pmatrix} A' & B' \\ O & D' \end{pmatrix}$ sind
dann und nur dann mit einander äquivalent, wenn

A = A' , D = D' , B ≡ B' (mod D) .

Wir bekommen also je einen Vertreter aller inäquivalenten
Transformationen n. Ordnung, wenn wir A und D die Teiler von n
so durchlaufen lassen, daß AD = n ist, und ferner bei festem D
noch B alle inkongruenten Klassen mod D durchlaufen lassen, wobei jedoch zu beachten ist, damit wir nur primitive Transformationen bekommen, daß B teilerfremd ist zum größten gemeinsamen Teiler von A und B. Wir sehen also:

Die Anzahl der inäquivalenten Transformationen der Ordnung n ist endlich.

Aus jeder Transformationsklasse wählen wir jetzt einen Repräsentanten $M_1, M_2, \ldots, M_h$. Dann ist $M_1 L, M_2 L, \ldots, M_h L$, wo
L eine beliebige Modultransformation ist, wieder ein voll-

ständiges System nicht äquivalenter Transformationen, da sonst
offenbar gegen die Voraussetzung folgen würde, daß mindestens
2 der M_i äquivalent sind. Es stimmen also
$J(M_1\tau)$, $J(M_2\tau)$, ..., $J(M_h\tau)$ bis auf die Reihenfolge überein
mit $J(M_1L\tau)$, $J(M_2L\tau)$, ..., $J(M_hL\tau)$.

Ist $S(J(M_1\tau)$, $J(M_2\tau)$, ..., $J(M_h\tau))$ eine symmetrische Funktion in $J(M_1\tau)$, ..., $J(M_h\tau)$, so wird S, da es gegenüber der
Modulgruppe invariant ist, eine Modulfunktion sein, wenn nur
noch nachgewiesen sein wird, daß in S keine wesentlichen Singularitäten auftreten. Und dann sind auch die Koeffizienten
der ganzen rationalen Funktion h-ten Grades in t

$$(86) \qquad F_n(t, J(\tau)) = \prod_{k=1}^{h} (t - J(M_k\tau)) = F_n(t, u)$$

Modulfunktionen; h ist dabei die Anzahl der inäquivalenten
Transformationen n-ter Ordnung. Mittels dieser Funktion werden
wir den zu Anfang dieses § angekündigten Zusammenhang zwischen
u und v aufstellen können. - Wir müssen also noch beweisen:

<u>Satz 6</u>: Jede ganze rationale symmetrische Funktion
$S(J(M_1\tau)$, ..., $J(M_h\tau))$ ist eine ganze Modulfunktion.

Es ist nur noch zu zeigen, daß in S keine wesentlichen Singularitäten vorkommen. Um das einzusehen, bedenken wir, daß jedes $J(\frac{A\tau + B}{D})$ eine q-Entwicklung besitzt, zwar mit gebrochenen
Exponenten, aber mit nur endlich vielen negativen Exponenten.
Also muß das Gleiche gelten für S als Funktion von τ. Andererseits ändert sich S nicht, wenn τ durch $\tau + 1$ ersetzt wird,
als Invariante der Modulgruppe. Folglich können in S nur Potenzen von q mit ganzen rationalen Exponenten auftreten, und,
wie gezeigt, nur endlich viele negative Exponenten. Für endliche Werte von τ verhält sich aber eo ipso S regulär, weil
die $J(\frac{A\tau + B}{D})$ hier selbst regulär sind. Also ist S eine ganze
Modulfunktion, das heißt eine ganze rationale Funktion von
$J(\tau)$. - Wir erkennen also, daß unsere Funktion $F_n(t, u)$ in (86)
in <u>t und u</u> eine ganze rationale Funktion ist.

Bei gegebenem u können wir die Lösungen von $F_n(t, u) = 0$
sofort angeben, denn mittels $u = J(\tau)$ können wir τ bestimmen,
und die Lösungen lauten dann $J(M_1\tau)$, $J(M_2\tau)$, ..., $J(M_h\tau)$. -

Die Gleichung $F_n(t, u) = 0$ heißt <u>Transformationsgleichung der Ordnung n für $J(\tau)$</u> oder auch die <u>Invariantengleichung der Ordnung n</u>.

In ähnlicher Weise läßt sich das Bestehen einer algebraischen Gleichung zwischen $f(M\tau)$ und $f(\tau)$ nachweisen, wenn $f(\tau)$ eine beliebige Modulfunktion ist. Jede dieser algebraischen Gleichungen wird "Transformationsgleichung der Ordnung n" genannt. Die so entstehenden algebraischen Gleichungen kann man nun auch von der algebraischen Seite her studieren, indem man die Begriffe der Galois'schen Gleichungstheorie auf sie anwendet. Der Zugang zu diesen Fragen ist dadurch gegeben, daß wir die Wurzeln dieser Gleichungen auf dem Umweg über die transzendente Variable τ völlig beherrschen. Ein besonderes Interesse hat der Fall $n = 5$, der mit der Auflösung der allgemeinen Gleichung 5. Grades zusammenhängt. (Vgl. Kleins Vorlesungen über das Ikosaeder.)

§ 23. Die Koeffizienten der Invariantengleichung.

Um die Natur der Koeffizienten in $F_n(t, u)$ kennen zu lernen, stellen wir uns eine Übersicht über die Werte A, B, D her, welche bei dem System der Transformationen $M_1, \ldots, M_h$ vorkommen. Wir spalten D in $P \cdot Q$, worin P und Q teilerfremd sind, und zwar P alle diejenigen Primfaktoren von D enthält, welche <u>auch in A</u> aufgehen, Q alle diejenigen, welche <u>nicht in A</u> aufgehen. Ein vollständiges Restsystem mod D = PQ erhält man dann in der Form

$$PX + QY$$

falls man X ein vollständiges Restsystem mod Q, Y ein solches mod P durchlaufen läßt. Die Restklassen B mod D, die in dem System $M_1, \ldots, M_h$ vorkommen, sollen nun teilerfremd zu (A, D), d.h. teilerfremd zu P sein, haben also die Gestalt PX + QY, wo Y überdies teilerfremd zu P ist. Folglich ist

$$F_n(t, J(\tau)) = \prod_{AD=n} \prod_{\substack{X \bmod Q \\ Y \bmod P, (Y,P)=1}} \left(t - J\left(\frac{A\tau + PX + QY}{D}\right)\right).$$

Betrachten wir erst den Teil des Produkts mit einem festen

A, D und tragen hierin für J die q-Reihe ein. Es wird

$$J(\frac{A\tau + PX + QY}{D}) = P(e^{2\pi i \frac{A\tau + PX + QY}{PQ}}) \text{ wenn wir mit } P(e^{2\pi i\tau})$$

die ganzzahlige q-Reihe für $J(\tau)$ bezeichnen. Setzen wir $\zeta_Q = e^{\frac{2\pi i}{Q}}$ und $\zeta_P = e^{\frac{2\pi i}{P}}$, so ist bei festem A, D:

$$(87) \qquad \prod_{X,Y} (t - J(\frac{A\tau + PX + QY}{D})) = \prod_{X,Y} (t - P(q^{\frac{A}{D}}\zeta_Q^X\zeta_P^Y)) .$$

Dies Produkt ist also symmetrisch in <u>allen</u> Q-ten Einheitswurzeln ζ_Q^X und symmetrisch in <u>allen primitiven</u> P-ten Einheitswurzeln ζ_P^Y, ist also eine Reihe nach $q^{\frac{A}{D}}$ mit <u>ganzen rationalen Koeffizienten</u>. Hierbei wird also die Tatsache benutzt, daß die primitiven P-ten Einheitswurzeln die Wurzeln einer Gleichung mit ganzen rationalen Koeffizienten sind.

Bilden wir endlich noch das Produkt aller Ausdrücke (87) über die verschiedenen A, D, so erhalten wir wieder (identisch in t) eine q-Entwicklung mit ganzen rationalen Koeffizienten, von der wir aus dem vorangehenden § bereits wissen, daß sie q nur mit ganzen Exponenten enthält.

Also hat $F_n(t, J(\tau))$ als q-Reihe geschrieben (identisch in t) ganze rationale Koeffizienten und hat folglich nach Satz 4 (§ 21) auch als Funktion von t, J ganze rationale Koeffizienten.

Ist n = p eine Primzahl, so sind die inäquivalenten Transformationen n-ter Ordnung sehr einfach anzugeben. Da p = AD sein muß, so bekommen wir p + 1 Transformationen, nämlich:

1) A = p, D = 1; dann ist B = O, weil B nur mod D = 1 **zu** laufen braucht.

2) A = 1, D = p; dann durchläuft B ein vollständiges Restsystem mod p. Also erhalten wir insgesamt die p + 1 Transformationen:

$$p\tau, \ \frac{\tau}{p}, \ \frac{\tau+1}{p}, \ \frac{\tau+2}{p}, \ \ldots, \ \frac{\tau+p-1}{p} \ .$$

Tragen wir dies in $F_p(t, J)$ ein, so ergibt sich:

$$(88) \qquad F_p(t, J) = (t - J(p\tau)) \prod_{m=0}^{p-1} (t - J(\frac{\tau+m}{p})) .$$

Nun interessieren uns die Koeffizienten von F_p. Im analogen Fall der Transformationsgleichung für $E(z) = e^{2\pi i z}$ kennen wir die Koeffizienten genau. Ist dort $u = E(\frac{z}{p})$ und $v = E(z)$, so ist $u^p - v = 0$ die entsprechende Gleichung. Bei F_p werden wir die Koeffizienten nicht absolut bestimmen. Indessen wird es uns gelingen, eine Kongruenz dafür anzugeben.

Wir gehen aus von der bekannten Kongruenz identisch in x, y für eine Primzahl p:

$$(x + y)^p \equiv x^p + y^p \pmod{p} ,$$

die sich durch den Schluß von n auf n + 1 leicht verallgemeinern läßt auf n Variable:

$$(x_1 + x_2 + \ldots + x_n)^p \equiv x_1^p + x_2^p + \ldots + x_n^p \pmod{p} .$$

Hieraus folgt auch für Potenzreihen $P(q) = c_0 + c_1 q + c_2 q^2 + \ldots$ mit ganzen rationalen c_i:

$$(89) \qquad P(q)^p \equiv c_0^p + c_1^p q^p + c_2^p q^{2p} + \ldots \pmod{p} .$$

Denn der Koeffizient von q^k in $P(q)^p$ hängt nur von den Koeffizienten c_m mit $m \leqq kp$ ab und stimmt folglich überein mit dem Koeffizienten von q^k in der Partialsumme
$s_N^p = (c_0 + c_1 q + \ldots + c_N q^N)^p$ für $N > kp$. Für diese gilt aber wie oben:

$$s_N^p \equiv c_0^p + c_1^p q^p + \ldots + c_N^p q^{Np} \pmod{p} .$$

Aus (89) folgt aber wegen des Fermatschen Satzes $c^p \equiv c \pmod{p}$ die Kongruenz $P(q)^p \equiv P(q^p) \pmod{p}$. Insbesondere also für die Invariante $J(\tau)$

$$J(\tau)^p \equiv J(p\tau) \pmod{p; q} .$$

Sei p das Ideal $1 - e^{\frac{2\pi i}{p}}$ im Körper der p-ten Einheitswurzeln, so folgt zunächst, da alle Potenzen von $e^{\frac{2\pi i}{p}} \equiv 1 \pmod{p}$ sind,
$J(\frac{\tau+m}{p}) \equiv J(\frac{\tau}{p}) \pmod{p; q}$, und hieraus

$$\prod_{m=0}^{p-1} (t - J(\tfrac{\tau+m}{p})) \equiv \prod_{m=0}^{p-1} (t - J(\tfrac{\tau}{p})) = (t - J(\tfrac{\tau}{p}))^p$$

$$\pmod{p; t, q}$$

also

$$(90) \qquad \equiv t^p - J(\tfrac{\tau}{p})^p \equiv t^p - J(\tau) \pmod{p;\ t,\ q}\ .$$

Ferner ist

$$t - J(p\tau) \equiv t - J(\tau)^p \pmod{p;\ t,\ q}\ .$$

In (90) stehen nun auf beiden Seiten q-Reihen mit ganzen rationalen Koeffizienten, folglich gilt die Kongruenz nicht nur mod p, sondern auch mod p. Da ferner beide Seiten identisch in t ganze Modulfunktionen sind, so folgt aus der Gültigkeit der Kongruenz für die q-Reihen sofort auch nach Satz 5, Seite die Gültigkeit der Kongruenz für die entsprechenden Ausdrücke durch $J(\tau)$, d.h.

Satz 7: Die ganze rationale Funktion $F_p(t,\ J)$ der beiden Variablen t, J hat die Kongruenzeigenschaft:
$$F_p(t,\ J) \equiv (t - J^p)(t^p - J) \pmod{p;\ t,\ J}\ .$$

Damit haben wir alles über die Transformationsgleichung zusammen, was wir gebrauchen werden.

§ 24. Die Multiplikatorgleichung.

Sei $G(\omega_1,\ \omega_2)$ irgend eine Modulform, also invariant bei den Transformationen der Modulgruppe in den homogenen Variablen ω_1, ω_2, also, wenn L eine solche bedeutet:

$$G(L(\omega_1,\ \omega_2)) = G(\omega_1,\ \omega_2)\ .$$

Sind jetzt M und M' = LM zwei äquivalente Transformationen der Ordnung n, so ist offenbar $G(M(\omega_1,\ \omega_2)) = G(M'(\omega_1,\ \omega_2))$. Wir verstehen nun unter $M_1, \ldots, M_h$ wieder ein vollständiges System inäquivalenter primitiver Transformationen der Ordnung n. Die h Funktionen $G(M_k(\omega_1,\ \omega_2))$ $(k = 1,\ 2,\ \ldots,\ h)$ sind dann völlig bestimmt und bis auf die Reihenfolge unabhängig von der Auswahl der Repräsentanten $M_1,\ \ldots,\ M_h$. Üben wir auf ω_1, ω_2 die Substitution L aus der Modulgruppe aus, so gehen diese h Funktionen in ihrer Gesamtheit in sich über und vertauschen evtl. nur ihre Anordnung derart, daß sie genau dieselbe Vertauschung erfahren, wie $J(M_1\tau)$, $J(M_2\tau)$, $\ldots$, $J(M_h\tau)$ bei der Ausübung von L. Denn immer wenn $J(M_kL\tau) = J(M_{k'}\tau)$, also $M_kL \sim M_{k'}$, ist auch

$G(M_k L(\omega_1, \omega_2)) = G(M_k, (\omega_1, \omega_2))$. Von den <u>Modulformen</u> gehen wir jetzt zu Funktionen von $\tau = \dfrac{\omega_1}{\omega_2}$ über, indem wir die Quotienten dieser transformierten Modulformen und der ursprünglichen bilden:

$$\varphi_k(\tau) = \frac{G(M_k(\omega_1, \omega_2))}{G(\omega_1, \omega_2)} \qquad (k = 1, 2, \ldots, h) .$$

Alle symmetrischen Funktionen dieser h Größen $\varphi(\tau)$ bleiben dann bei allen Transformationen der Modulgruppe invariant und sind daher, wenn keine wesentlichen Singularitäten auftreten, rational durch $J(\tau)$ ausdrückbar. Also ist in diesem Fall

$$\prod_{k=1}^{h} (t - \varphi_k(\tau))$$

eine ganze rationale Funktion von t, deren Koeffizienten rational in $J(\tau)$ sind, etwa gleich $\Phi(t, J)$. Die Wurzeln t der Gleichung $\Phi = 0$ sind die Funktionen φ_k. Derartige algebraische Gleichungen nennen wir <u>Multiplikatorgleichungen der Ordnung n</u>.

Aus der Tatsache, daß die $\varphi_k(\tau)$ bei einer Modulsubstitution genau die gleichen Vertauschungen erfahren, wie die $J(M_k\tau)$, schließen wir:

<u>Satz 8</u>: Die Wurzeln einer Multiplikatorgleichung der Ordnung n sind stets rational durch $J(\tau)$ und die entsprechende Wurzel der Invariantengleichung n-ter Ordnung ausdrückbar.

Denn die Funktion

$$F_n(t, J(\tau)) \cdot \sum_{k=1}^{h} \frac{\varphi_k(\tau)}{t - J(M_k\tau)}$$

mit der Unbestimmten t ist eine ganze rationale Funktion von t, weil F_n gerade die Faktoren $t - J(M_k\tau)$ hat, und ist als Funktion von τ invariant bei der Modulgruppe, folglich rational durch $J(\tau)$ darstellbar, etwa $= H(t, J(\tau))$.

Setzen wir in dieser Identität in t und τ: $t = J(M_1\tau)$, so verschwinden alle Glieder links bis auf das erste, woraus folgt

$$\varphi_1(\tau) = \frac{H(J(M_1\tau), J(\tau))}{F_n'(J(M_1\tau), J(\tau))} .$$

Hierin bedeutet F_n' die Ableitung von F_n nach der ersten

Variablen. Die Funktionen in Zähler und Nenner, H und F_n', sind durch n und die zugrunde gelegte Modulform G vollständig bestimmt, sind also für alle φ_k die gleichen:

$$\varphi_k(\tau) = \frac{H(J(M_k\tau),\ J(\tau))}{F_n'(J(M_k\tau),\ J(\tau))}\ .$$

Wir wählen jetzt die Modulform G speziell gleich der Diskriminante $\Delta(\omega_1, \omega_2)$. Diese wird, wie wir wissen, im Inneren der oberen Halbebene nirgends Null. Die Funktionen φ, welche wir hier noch mit einem geeigneten Zahlfaktor multiplizieren wollen, sind

$$\varphi_k(\tau) = \frac{\Delta(M_k(\omega_1,\omega_2))}{\Delta(\omega_1,\omega_2)}\ n^{12} = \frac{\Delta(a\omega_1 + b\omega_2,\ c\omega_1 + d\omega_2)}{\Delta(\omega_1,\ \omega_2)}\ n^{12}$$

$$= \left(\frac{\eta\left(\dfrac{a\tau + b}{c\tau + d}\right)}{\eta(\tau)}\right)^{24} (c\tau + d)^{-12} n^{12}\ .$$

Hierin können wir als repräsentierende Transformation M_k solche wählen, wo $c = 0$, also $ad = n$ ist:

$$\varphi_k(\tau) = \frac{\eta\left(\dfrac{a\tau + b}{d}\right)^{24}}{\eta(\tau)^{24}}\ a^{12}\ .$$

Aus der Produktentwicklung

$$\eta(\tau) = q^{\frac{1}{24}} \prod_{n=1}^{\infty} (1 - q^n)$$

schließen wir, daß die Entwicklung nach q für $\varphi_k(\tau)$ in der Tat bloß endlich viele Glieder mit negativen Exponenten hat und daß die auftretenden numerischen Koeffizienten, von d-ten Einheitswurzeln als Faktoren abgesehen, ganze rationale Zahlen sind.

Insbesondere betrachten wir die <u>Multiplikatorgleichung für</u> <u>$\eta(\tau)$ für die Primzahlordnung $n = p$.</u> Dafür ist

$$\varphi_m(\tau) = \frac{\eta\left(\dfrac{\tau+m}{p}\right)^{24}}{\eta(\tau)^{24}},\quad (m=1,2,\ldots,p),\ \text{und}\ \varphi_{p+1}(\tau) = \frac{\eta(p\tau)^{24}}{\eta(\tau)^{24}}\ p^{12}.$$

Die linke Seite der zugehörigen Multiplikatorgleichung ist

$$\Phi(t, J) = (t - \frac{\eta(p\tau)^{24}}{\eta(\tau)^{24}} p^{12}) \prod_{m=1}^{p} (t - \frac{\eta(\frac{\tau+m}{p})^{24}}{\eta(\tau)^{24}}) \ .$$

Ihre q-Entwicklung hat offenbar ganze <u>rationale</u> Koeffizienten, weil sie symmetrisch von allen p-ten Einheitswurzeln abhängt. Überdies ist jedes $\varphi_k(\tau)$ im Inneren der oberen Halbebene regulär, (da $\eta(\tau) \neq 0$); folglich ist $\Phi(t, J)$ auch in J eine ganze rationale Funktion und hat ganze rationale Zahlkoeffizienten. Ebenso schließen wir, daß in der Darstellung von $\varphi_k(\tau)$ durch $J(\tau)$ und $J(M_k\tau)$

$$\varphi_k(\tau) = \frac{H(J(M_k\tau), J(\tau))}{F_p'(J(M_k\tau), J(\tau))}$$

H eine <u>ganze</u> rationale Funktion seiner Argumente ist und daß daher diese Darstellung nur für solche speziellen Argumente τ versagen kann, wo der Nenner verschwindet, also das bestimmte $J(M_k\tau)$ gleich einem der übrigen $J(M_{k'}\tau)$ für $k' \neq k$ ist, d.h. $M_k\tau \sim M_{k'}\tau$.

Endlich wollen wir das von t freie Glied der Multiplikatorgleichung noch berechnen. Es hat den Wert $A = \prod_{k=1}^{p+1} \varphi_k(\tau)$, ist also eine Modulfunktion, welche im Innern des Fundamentalbereichs weder Null noch Unendlich wird, also eine ganze rationale Funktion von $J(\tau)$ ohne Nullstellen im Endlichen, d.h. eine Konstante. Aus der Produktentwicklung von $\eta(\tau)$ finden wir das von q freie Glied in A, das also das einzig vorhandene Glied sein muß, gleich p^{12}, also $A = p^{12}$. - Wir formulieren also:

<u>Satz 9</u>: In der Multiplikatorgleichung der Ordnung p für $\eta(\tau)$, $\Phi(t, J) = 0$, ist der höchste Koeffizient in t = 1, die übrigen Koeffizienten sind ganze rationale Funktionen von J mit ganzen rationalen Koeffizienten. Das von t freie Glied hat den Wert p^{12}.

§ 25. Singuläre Invarianten und Moduln.

Wir wollen in diesem § die Funktion $J(\tau)$ für bestimmte Zahlen τ betrachten. τ soll nämlich eine Zahl eines imaginär quadratischen Körpers sein. Die zu τ gehörige Diskriminante sei $Q^2 d = -m$, wo d die zugehörige Körperdiskriminante ist. Wir

behaupten nun, daß der Wert $J(\tau)$ der Invariante für ein
solches τ einer algebraischen Gleichung $H_m(u) = 0$ mit ganzen
rationalen Koeffizienten genügt, deren Grad gleich der Klassenzahl des Ringes mit der Diskriminante $-m$ ist. Es ist noch
nicht behauptet, daß diese Gleichung irreduzibel ist. Im Beweis des ersten Teils der obigen Aussage bedenken wir, daß τ
als Zahl eines quadratischen Zahlkörpers jedenfalls Automorphien hat; es sei M eine solche der Ordnung $n > 1$. Da nun
$F_n(J(M\tau), J(\tau)) = 0$ und $J(\tau) = J(M\tau)$ ist, so genügt $J(\tau)$ der
algebraischen Gleichung $F_n(u, u) = 0$ mit rationalen Zahlkoeffizienten. Wenn sie nicht identisch in u erfüllt ist, folgt also,
daß $J(\tau)$ eine algebraische Zahl ist. Um das einzusehen, suchen
wir nun Lösungen von $F_n(u, u) = 0$ zu bestimmen. Ist u Lösung
dieser Gleichung, so wähle man τ derart, daß $u = J(\tau)$ ist. Die
Wurzeln der Gleichung $F_n(t, J(\tau)) = 0$ sind $t = J(M_k\tau)$, und
wenn unter diesen Wurzeln $J(\tau)$ selbst vorkommen soll, so muß
sein $J(\tau) = J(M_k\tau)$, das heißt, es gibt ein L aus der Modulgruppe, so daß $\tau = LM_k\tau$. τ muß also eine primitive Automorphie
der Ordnung $n > 1$ haben. Aus einer solchen Gleichung $\tau = \dfrac{a\tau + b}{c\tau + d}$
folgt $c\tau^2 + (d - a)\tau - b = 0$, d.h. für τ eine quadratische
Gleichung mit ganzen rationalen Koeffizienten, die nicht
identisch erfüllt sein kann, da sonst $c = b = 0$, $a = d$, die
Transformation also wegen $n > 1$ nicht primitiv wäre. Also ist
$F_n(u, u) = 0$ nicht identisch erfüllt, und die Lösungen sind
algebraische Zahlen.

Die Zahlen τ, welche also beliebige nicht reelle Zahlen
eines imaginär quadratischen Körpers sind, nennt man in diesem
Zusammenhang <u>singuläre Moduln</u> und die Zahlen $J(\tau)$ <u>singuläre
Invarianten</u>. Wir haben also gefunden:

<u>Satz 10</u>: Jede singuläre Invariante ist eine algebraische Zahl.

Damit haben wir gleichzeitig einen Überblick über <u>sämtliche
Wurzeln</u> der Gleichung $F_n(z, z) = 0$ gewonnen. Wir haben nämlich
alle Ringe ins Auge zu fassen, welche die Eigenschaft haben,
daß der Transformationsgrad n die Norm einer ganzen Zahl α
dieses Ringes ohne rationalen Teiler im Ringe ist. Jede Zahl τ,
welche einer Idealklasse eines solchen Ringes zugeordnet ist,

hat alsdann eine primitive Automorphie der Ordnung n und führt
daher in $z = J(\tau)$ zu einer Wurzel der betrachteten Gleichung.
Da jene Bedingung für n und den Ring nur von der Diskriminante
$-m$ des Ringes abhängt, so kommen stets gleich sämtliche Zahlklassen τ, welche zur Diskriminante $-m$ gehören, bei den Wurzeln
$z = J(\tau)$ in Frage, sofern überhaupt eine vorkommt. Ist $h = h(m)$
die Klassenzahl der Diskriminante $-m$, so folgt also aus der
Existenz einer Wurzel $z = J(\tau_1)$, wo τ_1 die Diskriminante $-m$
hat, die Existenz von h Wurzeln unserer Gleichung.

Daß bei gegebenem n nur endlich viele Diskriminanten $-m$ in
Frage kommen können, ist klar, da ja $F_n(z, z) = 0$ nur endlich
viele Wurzeln hat. Die sich hieraus ergebende Schranke für m
läßt sich folgendermaßen berechnen. Die ganzen Zahlen eines
Ringes der Diskriminante $-m = Q^2 d$ haben die Eigenschaft

$$\alpha \equiv r \pmod{Q} \quad , \quad \alpha = r + Q\beta$$

wo r ganz rational, β ganz, also $\alpha - \alpha' = Q(\beta - \beta') \equiv 0$
$\pmod{Q\sqrt{d}}$; d.h. $\dfrac{(\alpha - \alpha')^2}{-m}$ ist eine ganze, also ganze rationale
Zahl, die > 0 also ≥ 1 ist, wenn α nicht rational, also jedenfalls, wenn α ohne rationalen Teiler im Ringe ist. Wenn daher:

$$n = N(\alpha) = \alpha\alpha' = |\alpha||\alpha'| = |\alpha|^2 \quad ; \quad |\alpha| = \sqrt{n} \quad ,$$

so ist:

$$m \leq |\alpha - \alpha'|^2 \leq (|\alpha| + |\alpha'|)^2 = 4|\alpha|^2 = 4n .$$

Es kommen daher bei gegebenem n nur solche Ringe bei den
Wurzeln von $F_n(z, z) = 0$ in Frage, deren Diskriminante dem
Betrage nach 4n nicht übersteigt.

[16.VII.20.] Verstehen wir jetzt unter τ_1, τ_2, $\ldots$, τ_h ein
vollständiges System inäquivalenter Zahlen der Diskriminante
$-m$. Wir nennen die h Zahlen $J(\tau_1)$, $J(\tau_2)$, $\ldots$, $J(\tau_h)$ die
<u>Klasseninvarianten der Diskriminante $-m$</u>. Jede einzelne ist
einer ganz bestimmten Zahlklasse der Diskriminante $-m$ und damit auch einer ganz bestimmten Idealklasse des Ringes mit der
Diskriminante $-m$ zugeordnet. Wir werden auch folgende Bezeichnung verwenden: Gehört τ_1 zur Zahl- oder Idealklasse C_1,
so schreiben wir auch <u>$J(C_1)$ für $J(\tau_1)$</u>.

Ist ferner irgend eine <u>Modulform</u> $G(\omega_1, \omega_2)$ der Dimension k gegeben, so verstehen wir unter $G(a)$ den Wert $G(\alpha_1, \alpha_2)$, worin α_1, α_2 eine Basis des regulären Ringideals a bedeutet; als Invariante der Modulgruppe ist $G(a)$ in der Tat nur von a, nicht von der speziellen Auswahl der Basis von a abhängig. Sind a und b äquivalente Ringideale, $a = \lambda b$, so ist:

$$G(a) = G(\lambda b) = \lambda^k G(b) = \left(\frac{a}{b}\right)^k G(b) \, .$$

Modulformen der Dimension O, die also nur von dem Quotienten $\frac{\omega_1}{\omega_2} = \tau$ abhängen, wie die Invariante J, haben für äquivalente Ringideale denselben Wert, hängen nur von der <u>Ringklasse</u> ab:

$$J(a) = J(b) \quad , \quad \text{wenn} \quad a \sim b \, .$$

Die Funktion h-ten Grades

$$H_m(z) = (z - J(\tau_1))(z - J(\tau_2)) \, \ldots \, (z - J(\tau_h))$$

deren Wurzeln die Klasseninvarianten der Diskriminante -m sind, heiße die <u>Klassenfunktion der Diskriminante -m</u>.

Um die Natur der Koeffizienten von $H_m(z)$ festzustellen, müssen wir zunächst untersuchen, in welcher Vielfachheit die einzelnen Wurzeln von $H_m(z) = O$ bei $F_n(z, z) = O$ auftreten. Wir werden zeigen:

Alle Wurzeln von $H_m(z)$ treten in derselben, nur von m abhängigen Vielfachheit in $F_n(z, z)$ auf. $z_1 = J(\tau_1)$ ist k_1-fache Wurzel von $F_n(z, z)$, wenn $(z - z_1)^{k_1}$ in $F_n(z, z)$ aufgeht, aber keine höhere Potenz. Diesen Exponenten k_1 können wir bestimmen, indem wir von der algebraischen Variablen z in $F_n(z, z)$ zu der transzendenten Variablen ω übergehen dadurch, daß wir $z = J(\omega)$ setzen. Wir haben also zu fragen: Welches ist der größte Wert von k_1, für den die Funktion

$$(91) \qquad \frac{F_n(J(\omega), \, J(\omega))}{(J(\omega) - J(\tau_1))^{k_1}}$$

der unabhängigen Variablen ω an der Stelle $\omega = \tau_1$ noch regulär ist? Nun ist nach Definition

$$(92) \qquad F_n(J(\omega), J(\omega)) = \prod_\ell \, (J(\omega) - J(M_\ell \omega)) \, ,$$

worin M_ℓ ein vollständiges System inäquivalenter primitiver
Transformationen der Ordnung n durchläuft. Es verschwinden von
diesen Faktoren bei $\omega = \tau_1$ alle und nur die, für die $\underline{\tau_1 \sim M_\ell \tau_1}$.
Es muß also τ_1 eine mit M_ℓ äquivalente Automorphie besitzen.
Die Anzahl der in (92) verschwindenden Faktoren ist daher
gleich der Anzahl der nicht äquivalenten Automorphien von τ_1
der Ordnung n. Diese Anzahl k(m) hängt nur von der Diskriminante von τ_1, nicht von τ_1 selbst ab, wie Seite 137 gezeigt
wurde. - Um zu wissen, in welcher Ordnung in $\omega - \tau_1$ jeder
Faktor verschwindet, haben wir die Anfangsglieder der Reihenentwicklung festzustellen.

Sei $M = \begin{pmatrix} a & b \\ c & d \end{pmatrix}$ die Automorphie von τ_1: $\tau_1 = M\tau_1$. Hierin ist
$c \neq 0$, da diese Gleichung für τ_1 notwendig vom 2. Grade sein
muß. Dann ist:

$$J(\omega) - J(M\omega) = J(\omega) - J(\tau_1) - \{J(M\omega) - J(M\tau_1)\}$$

und $J(\omega) - J(\tau_1) = A_1(\omega - \tau_1) +$ höhere Glieder, wo $A_1 \neq 0$. Denn
$J(\omega) - J(\tau_1)$ verschwindet bei $\omega = \tau_1$ in genau 1. Ordnung, wenn
nur τ_1 nicht mit der komplexen 3. oder 4. Einheitswurzel äquivalent ist, d.h. $\underline{m \neq 3, 4,}$ was wir voraussetzen wollen. Dann
ist:

$$J(M\omega) - J(M\tau_1) = A_1(M\omega - M\tau_1) + \ldots$$
$$= A_1 \frac{n(\omega-\tau_1)}{(c\omega+d)(c\tau_1+d)} + \ldots$$
$$= A_1 \frac{n(\omega-\tau_1)}{(c\tau_1+d)^2} + \ldots \quad .$$

Also $J(\omega) - J(M\omega) = A_1(\omega - \tau_1)\{1 - \frac{n}{(c\tau_1+d)^2}\} + \ldots$

Diese Klammer verschwindet nicht, weil sonst $(c\tau_1 + d)^2 = n$,
also τ_1 wegen $c \neq 0$ reell wäre. Insgesamt verschwinden
also in dem Produkt (92) genau k(m) Faktoren, jeder von ihnen
in 1. Ordnung, falls nicht die Diskriminante von τ_1 -3 oder -4
ist. Der größte Wert von k_1, wofür (91) noch regulär ist, ist
daher $\underline{k_1 = k(m),}$ weil auch $J(\omega) - J(\tau_1)$ in erster Ordnung verschwindet. - Damit ist gezeigt, daß $F_n(z, z)$ durch $H_m(z)^{k(m)}$
teilbar ist und der Quotient zu $H_m(z)$ prim ist. Auch für die

Ausnahmediskriminanten m = 3 und m = 4 folgt direkt die Richtigkeit dieser Behauptung. Denn die Klassenzahlen h(3) und h(4) sind 1, d.h. $H_3(z)$ und $H_4(z)$ sind lineare Funktionen. Also ist allgemein

$$F_n(z, z) = C \cdot \prod_m H_m(z)^{k(m)} \quad ,$$

wobei das Produkt über die endlich vielen Diskriminanten $-m$ zu erstrecken ist, wofür $k(m) \neq 0$. Dieses $k(m)$ ist für $m > 4$ nach Seite 137 gleich der Anzahl der nicht assoziierten ganzen Ringzahlen λ mit $N(\lambda) = n$, wo λ keinen rationalen Teiler im Ringe hat. C ist eine Konstante, gleich dem höchsten Koeffizienten von $F_n(z, z)$, also eine ganze rationale Zahl.

§ 26. Die Koeffizienten der Klassengleichung.

Um zu zeigen, daß $H_m(z)$ rationale Koeffizienten hat, zeigen wir es erst direkt für m = 3 und m = 4, sodann für allgemeines m durch vollständige Induktion. Es ist

$$H_3(z) = z \quad \text{und} \quad H_4(z) = z - 1728 \ .$$

Denn im Ringe mit m = 4 ist 1, -i eine Basis, ebenso wie i, 1, und die Modulform

$$g_3(1, -i) = g_3(i, 1) \ .$$

Da g_3 die Dimension -6 hat, ist aber
$g_3(1, -i) = g_3(-ii, -i \cdot 1) = (-i)^6 g_3(i, 1)$ und wegen $(-i)^6 \neq 1$
also $g_3(i,1) = 0$, $J(i) = 1728$, $H_4(z) = z - 1728$. Ebenso ist für

$\rho = e^{\frac{2\pi i}{3}}$ im Ringe mit m = 3 eine Basis 1, ρ^2 und auch ρ, 1;
also die Modulform der Dimension -4:

$$g_2(\rho, 1) = g_2(1, \rho^2) \ , \quad \text{aber auch}$$

$$g_2(\rho, 1) = g_2(\rho \cdot 1, \rho \cdot \rho^2) = \rho^{-4} g_2(1, \rho^2) \ ,$$

also $g_2(\rho,1) = 0$, $J(\rho) = 0$, $H_3(z) = z$.

Bei gegebenem Transformationsgrad n haben wir nun für die möglichen Diskriminanten $-m$, wo $k(m) > 0$ ist, $m \leq 4n$ erhalten. Wir fragen nun zunächst, welche Werte von $k(m)$ zu den höchstmöglichen Werten von m gehören.

1) $m = 4n$. Wie viel Zahlen λ ohne rationalen Teiler im Ringe mit $N(\lambda) = n$ gibt es im Ringe mit Diskriminante $-4n$? Eine Basis des Ringes ist $1, \sqrt{-n}$. Es ist also $\lambda = x + y\sqrt{-n}$, $N(\lambda) = n = x^2 + y^2 n$. Für $y = 0$ hätte $\lambda = x > 1$ einen rationalen Teiler im Ringe. Es bleiben also nur die Möglichkeiten: $x = 0$, $y = \pm 1$, also $\lambda = \pm\sqrt{-n}$. Da beide Werte assoziiert sind, ist das nur eine Lösung. Es ist also $k(4n) = 1$ für die Ordnung n.

2) $m = 4n - 1$. Eine Basis ist $1, \dfrac{1 + \sqrt{-4n+1}}{2}$. Es ist also $\lambda = x + y\,\dfrac{1 + \sqrt{-4n+1}}{2}$, $N(\lambda) = n = x^2 + xy + y^2 n$. Für $y = 0$ hätte wieder $\lambda = x > 1$ einen rationalen Teiler im Ringe. Dann kommt nur noch $y = \pm 1$ in Betracht. Für x gilt dann $x^2 \pm x = 0$, mit den Lösungen $x = 0$ und $x = \pm 1$. Wir haben also die 4 Fälle:

$$y = +1 \ , \ x = \begin{cases} 0 \\ -1 \end{cases} \quad ; \quad y = -1 \ , \ x = \begin{cases} 0 \\ +1 \end{cases}$$

also $k(4n - 1) = 2$ für die Ordnung n. $F_n(z, z)$ fängt also an:

$$F_n(z, z) = C \cdot H_{4n}(z) \cdot H_{4n-1}(z)^2 \ \ldots$$

und enthält weiter nur Klassenfunktionen für absolut kleinere Diskriminanten als Faktoren. Die Werte $-(4n-2)$ und $-(4n-3)$ können für $-m$ nicht vorkommen, da sie nicht Diskriminanten sein können, weil sie nicht die Bedingung $\equiv \{{}^{0}_{1}$ (mod 4) erfüllen. Die nächsten beiden Diskriminanten, die vorkommen können, sind $-4(n-1)$ und $-4(n-1) + 1$. $H_{4(n-1)}$ und $H_{4(n-1)-1}$ kommen aber nach derselben Schlußweise schon in F_{n-1} vor. Wenn wir also bewiesen haben, daß alle $H_m(z)$ für $m \leq 4(n-1)$ rationale Koeffizienten haben, so folgt dasselbe, da $F_n(z, z)$ rationale Koeffizienten hat, auch für

$$H_{4n}(z) \cdot H_{4n-1}(z)^2 \ \ .$$

Damit folgt es auch für diese Faktoren einzeln. Denn man kann auf rationalem Wege aus diesem Produkt die einfachen Wurzeln, die $H_{4n}(z)$ entsprechen, von den Doppelwurzeln, die $H_{4n-1}(z)$ entsprechen, trennen.

Für H_3 und H_4 ist der Satz aber oben bewiesen. Also folgt allgemein, daß $H_m(z)$ für jedes m rationale Koeffizienten hat.

Wir weisen nun weiter nach: $H_m(z)$ hat <u>ganze</u> rationale Koeffizienten.

Wir brauchen nur zu zeigen, daß die Wurzeln von $H_m(z)$ <u>einer</u> (nicht notwendig irreduziblen) Gleichung mit ganzen rationalen Koeffizienten und höchstem Koeffizienten 1 genügen, und zwar zeigen wir, daß in unendlich vielen $F_n(z, z)$ der höchste Koeffizient +1 ist.

Es ist $F_n(z, z) = Cz^N + (z^{N-1})$, wenn N der Grad von $F_n(z, z)$ ist.

$$F_n(J(\omega), J(\omega)) = Cq^{-N} + (q^{-(N-1)})$$

da $z = q^{-1} + a_o + a_1 q + \dots$. Wir haben hierin C und N zu bestimmen. Dazu rechnen wir uns die q-Entwicklung von $F_n(J(\omega), J(\omega))$ aus. Es ist

$$F_n(J(\omega), J(\omega)) = \prod_{AD=n,\ D>0;\ B \bmod D\ (A,B,D)=1} (J(\omega)) - J\left(\frac{A\omega+B}{D}\right)$$

$$J\left(\frac{A\omega+B}{D}\right) = q^{-\frac{A}{D}} e^{-\frac{2\pi i B}{D}} + \text{höhere Glieder in } q .$$

Das niedrigste Glied in der Reihenentwicklung des Faktors $J(\omega) - J\left(\frac{A\omega+B}{D}\right)$ ist also für $A < D$: q^{-1} und für $A > D$: $q^{-\frac{A}{D}} \times$ Einheitswurzel. Der Fall $A = D$ kann nur vorkommen, wenn $A^2 = n$, also n eine Quadratzahl ist. Wir nehmen an, <u>n sei kein Quadrat</u>. Dann ist der Koeffizient C des niedrigsten Gliedes in der q-Entwicklung von F_n also ein Produkt aus Einheitswurzeln und also ± 1, da es ja rational ist.

Wir sehen also: Alle Klasseninvarianten, welche Wurzeln einer Gleichung $F_n(z, z) = 0$ sind, wo n kein Quadrat ist, sind ganze algebraische Zahlen. Wenn wir daher zeigen, daß in jedem Ringe ganze Zahlen λ existieren, deren Norm kein rationales Quadrat ist, so folgt, daß die Wurzeln aller $H_m(z)$ ganz sind. Um solche λ in einem Ringe mit der Diskriminante $-m$ zu finden, sei etwa b ein beliebiges, zu m teilerfremdes Ideal in $k(\sqrt{-m})$, dessen Norm kein Quadrat ist, z.B. ein Primideal 1. Grades. Nach elementaren Sätzen gibt es dann stets in der zu b reziproken Körperklasse ein Ideal a, das zu einem beliebigen Ideal

teilerfremd ist. Wir wählen a so, daß es zu m·N(b) prim ist.
Dann ist offenbar $\mu = ab$ eine Körperzahl, deren Norm kein
Quadrat ist, weil N(b) keines ist und N(a) und N(b) prim zu
einander sind. Alsdann bestimmen wir eine ganze Körperzahl α,
so daß $\lambda = \alpha\mu \equiv 1$ (mod m) und α prim zu N(b). Dann ist
N(λ) = n auch kein Quadrat und λ liegt im Ringe mit der Diskriminante -m.

Die obige Entwicklung zeigt auch, wie man den Grad N von
F_n(z, z) durch die A, B, D als elementare arithmetische
Funktion von n ausdrücken kann. Andererseits folgt der Grad
auch aus der Darstellung von F_n(z, z) als Produkt der Klassenfunktionen H_m(z) mit den Exponenten k(m)

$$N = \sum_m h(m) \cdot k(m) \ .$$

Man erhält so das einfachste Beispiel der von Kronecker, nachher allgemeiner von Hurwitz aufgestellten <u>Klassenzahlrelationen</u>,
merkwürdigen Beziehungen zwischen Klassenzahlen verschiedener
Diskriminanten, welche man auf anderem Wege noch nicht hat herleiten können. Auf diese Fragen wollen wir indes hier nicht
näher eingehen. Vgl. Weber, Bd. III. § 116 und Fricke-Klein,
Ellipt. Modulfunktionen, Bd. II, S. 161-231 und S. 637-663.

§ 27. Verhalten der Klassengleichung im rationalen Zahlkörper.

Wir gehen wieder aus von einem festen imaginär-quadratischen
Körper k und darin einem Zahlring mit Diskriminante -m. Zahlen
der verschiedenen Zahlklassen des Ringes gehen auseinander
durch Transformationen höherer Ordnung hervor. Folglich bestehen zwischen den verschiedenen Klasseninvarianten desselben
m auch noch die durch die Transformationsgleichungen ausge-
drückten Beziehungen. <u>Wir achten insbesondere auf Transformationen von Primzahlordnung p.</u>

Sei p ein reguläres Primideal 1. Grades, p = N(p). Alsdann
gibt es nach § 20, S. 141 zu jeder Zahlklasse τ genau zwei
nichtäquivalente Transformationen der Ordnung p, etwa M_1 und
M_2, welche τ wieder in eine Zahl derselben Diskriminante überführen. Und zwar, wenn τ zur Klasse C gehört, gehören $M_1\tau$, $M_2\tau$
resp. zu PC und P^{-1}C. Dabei ist P die Klasse von p und P^{-1} die

Klasse von p', die ja reziprok zu der von p ist. Diese beiden
Klassen brauchen nicht verschieden zu sein, vielmehr kann
$P = P^{-1}$, also $P^2 = 1$, also p^2 ein Hauptideal sein. Dann nennt
man P eine <u>ambige</u> oder <u>zweiseitige Klasse</u>. Wir setzen zuerst
voraus, P sei <u>nicht</u> zweiseitig.

Das wenden wir auf die Klassenfunktion an. Sei $u_1 = J(\tau_1)$.
Die Transformationsgleichung $F_p(v,u_1) = 0$ hat den Grad p + 1.
Die sämtlichen Lösungen sind $v = J(M\tau_1)$, wenn M ein System von
inäquivalenten Transformationen p-ter Ordnung, das sind p + 1
verschiedene, durchläuft. Unter diesen sind zwei und nicht mehr,
die zu Zahlen derselben Diskriminante führen, etwa M_1 und M_2.
$F_p(v, u_1) = 0$ hat also genau 2 verschiedene Lösungen mit $H_m(v)$
gemein, nämlich $J(M_1\tau_1)$ und $J(M_2\tau_1)$. Also ist, in der Variablen
v gebildet,

$$(F_p(v,u_1), H_m(v)) = [v-J(M_1\tau_1)][v-J(M_2\tau_1)] = v^2 - \Phi v + \Psi ,$$

wo Φ und Ψ rationale Funktionen von $u_1 = J(\tau_1)$ mit rationalen
Koeffizienten sind. v ist also nicht direkt durch u_1 darstellbar, sondern erst durch Vermittlung von $\sqrt{\Phi^2 - 4\Psi}$. - Macht man
nun dasselbe für $u_2 = J(\tau_2)$, so folgt ebenso, daß

$$(F_p(v, u_2), H_m(v)) = v^2 - \Phi_2 v + \Psi_2 ,$$

wobei Φ_2 und Ψ_2 rationale Funktionen von u_2 sind. Man kann nun
nicht als selbstverständlich schließen, daß dies dieselben
Funktionen sind, wie die von u_1 gebildeten Φ und Ψ. Hierzu muß
man näher in den Bildungsprozess des größten gemeinsamen Teilers zweier Funktionen eindringen. Es gilt der folgende Satz:
Wenn von zwei Funktionen f(v) und g(v), deren Koeffizienten
noch variabel sein dürfen, bekannt ist, daß für alle in Betracht kommenden Werte dieser Koeffizienten der größte gemeinsame Teiler T(v) ein- und denselben Grad besitzt, so sind die
Koeffizienten von T(v) völlig bestimmte rationale Funktionen
der Koeffizienten von f und g, deren Gestalt ausschließlich
von f und g abhängt. (Vgl. Weber, Algebra Bd. I, § 54.) -
Auf Grund dieses Satzes sind also Φ und Ψ rationale Funktionen
von $u = J(\tau)$ mit rationalen Koeffizienten, deren Gestalt außer
von m nur noch von der Primzahl p abhängt. Da Φ gleich der

Summe der Wurzeln ist, so gilt also

$$J(PC) + J(P^{-1}C) = \Phi_P(J(C))$$

für jede Klasse C und für jede ein reguläres Primideal p repräsentierende Klasse P, wenn $P^2 \neq 1$. Die Gestalt der Funktion Φ_P rechts hängt nur von der Primzahl p, also sogar nur von der Klasse P ab, da ja links nicht die Primzahl p selbst, sondern nur die Klasse P vorkommt. Es ist also:

$$J(P^{-1}C) = -J(PC) + \Phi_P(J(C)) \ .$$

Ersetzt man C durch $P^{-1}C$, so folgt

$$J(P^{-2}C) = -J(C) + \Phi_P(J(P^{-1}C))$$

und sofort auch für die höheren Potenzen. Ebenso folgt

$$J(P^2C) = -J(C) + \Phi_P(J(PC)) \ .$$

Durch Fortsetzung des Verfahrens folgt:

$$J(P^kC) = R_{pk}(J(C), J(PC))$$

$$J(P^{-k}C) = R_{pk}(J(C), J(P^{-1}C))$$

Wo R_{pk} in beiden Gleichungen dieselbe rationale Funktion mit rationalen Koeffizienten bedeutet.

[20.VII.20.] Ist nun aber $P^2 = 1$, so ist der größte gemeinsame Teiler von $F_p(v, u_1)$ und $H_m(v)$ für alle u_1, welche $H_m = 0$ befriedigen, vom ersten Grade und daher auf Grund des oben zitierten Satzes für jede zweiseitige Klasse P, welche durch ein reguläres Primideal repräsentiert werden kann,

$$J(PC) = R_P(J(C)) \ ,$$

wo R_P eine durch die Klasse P eindeutig bestimmte rationale Funktion mit rationalen Koeffizienten ist.

§ 28. Die Klassengleichung im Körper $k(\sqrt{-m})$.

Um die Wurzeln $J(PC)$ und $J(P^{-1}C)$ für sich durch $J(C)$ ausdrücken zu können, ist noch die Adjunktion von $\sqrt{-m}$ erforderlich. Hierzu ziehen wir die in § 24 betrachtete Multiplikatorgleichung für Δ heran. Wenn M eine Transformation der Ordnung p ist, so ist

$$(93) \qquad \frac{\Delta(M(\omega_1, \omega_2))}{\Delta(\omega_1, \omega_2)} \, p^{12} = \frac{H(J(M\tau), J(\tau))}{F_p'(J(M\tau), J(\tau))} \quad ,$$

worin H und F_p' ganze rationale, durch p allein völlig bestimmte Funktionen ihrer beiden Argumente sind. Diese Darstellung verliert nur dann ihren Sinn, wenn $J(M\tau)$ eine mehrfache Wurzel der Invariantengleichung ist. Ist nun in der Bezeichnung des vorigen Paragraphen α_1, α_2 eine Basis eines Ideals c der Klasse C und P nicht zweiseitig, so ist $v = J(pc) = J(PC)$ einfache Wurzel der Transformationsgleichung $F_p(v, J(C)) = 0$ und folglich ist

$$(94) \qquad \frac{\Delta(pc)}{\Delta(c)} \, p^{12} = \varphi_p(J(PC), J(C)) \quad ,$$

worin φ_p eine rationale Funktion mit rationalen Koeffizienten ist. (Wir erinnern daran, daß der Übergang von einer Basis des Ringideals c zu einer von pc durch eine Transformation der Ordnung $N(p) = p$ vermittelt wird.) Die Gestalt von φ_p ist von der Klasse C unabhängig, dagegen abhängig von der Primzahl p. Ersetzen wir in dieser Gleichung c successive durch pc, $p^2c,\ldots$, so kommt allgemein

$$(95) \qquad \frac{\Delta(p^k c)}{\Delta(p^{k-1}c)} \, p^{12} = \varphi_p(J(P^k C), J(P^{k-1}C)) \quad ; \quad k = 1, 2, \ldots \ .$$

Ebenso folgt, wenn wir p durch p', also P durch P^{-1} ersetzen:

$$(96) \qquad \frac{\Delta(p'^k c)}{\Delta(p'^{k-1}c)} \, p^{12} = \varphi_p(J(P^{-k}C), J(P^{-k+1}C)) \quad ; \quad k = 1, 2, \ldots$$

mit derselben Funktion φ_p wegen (93).

    - Nun sei f der kleinste positive Exponent derart, daß $p^f = 1$, also $p^f \sim 1$ im Ringe. Wir multiplizieren dann die Gleichungen (95) für $k = 1, 2, \ldots, f$ mit einander, und bedenken, daß alle $J(P^k C)$ rational durch $J(C)$ und $J(PC)$ ausgedrückt werden können, so daß das Produkt der rechten Seiten in die Form gesetzt werden kann: $f_P(J(C), J(PC))$. Ebenso erhalten wir durch Multiplikation von (96) für $k = 1, 2, \ldots, f$ für die rechten Seiten $f_P(J(C), J(P^{-1}C))$ mit derselben Funktion f_P. Auf der linken Seite dagegen heben sich Zähler und Nenner zum Teil weg, und es kommt:

$$\frac{\Delta(p^f c)}{\Delta(c)} \, p^{12f} = f_P(J(C), J(PC))$$

$$\frac{\Delta(p'^f c)}{\Delta(c)} \, p^{12f} = f_P (J(C), J(P^{-1}C)) \; .$$

Die linken Seiten lassen sich aber vereinfachen; da p^f ein Hauptideal $= (\pi)$ ist, so ist

$$\frac{\Delta(p^f c)}{\Delta(c)} = \frac{\Delta(\pi c)}{\Delta(c)} = \pi^{-12}; \quad \frac{\Delta(p'^f c)}{\Delta(c)} = \frac{\Delta(\pi' c)}{\Delta(c)} = \pi'^{-12}. \text{ Also ist}$$

$$(97) \qquad f_P(J(C), J(PC)) = \frac{p^{12f}}{\pi^{12}} = \pi'^{12}$$

$$(98) \qquad f_P(J(C), J(P^{-1}C)) = \frac{p^{12f}}{\pi'^{12}} = \pi^{12} \quad .$$

Hierin sind die rechten Seiten voneinander verschieden, wenn $p \neq p'$, d.h. p nicht in der Diskriminante von k aufgeht, also $(p, m) = 1$ ist. Diese Voraussetzung wollen wir daher machen.

Die Gleichung $f_P(J(C)), v) - \pi'^{12} = 0$ ist also richtig für $v = J(PC)$, aber nicht richtig für $v = J(P^{-1}C)$. Also hat die linke Seite als Funktion von v mit den schon betrachteten Gleichungen

$$H_m(v) = 0 \quad ; \quad F_p(v, J(C)) = 0$$

nur eine einzige Wurzel, nämlich $v = J(PC)$, gemein, und diese ist daher rational durch die Koeffizienten der drei Gleichungen, d.h. durch J(C) und π' ausdrückbar. Vertauschen wir aber in diesem Ausdruck π mit π', d.h. ersetzen die Irrationalität $\sqrt{-m}$ durch $-\sqrt{-m}$, so erhalten wir offenbar wegen (98) die Wurzel $J(P^{-1}C)$. - Daraus folgt:

<u>Wenn P eine ein zulässiges Primideal p enthaltende Ring-klasse der Diskriminante -m bedeutet</u>, so gilt

$$(99) \qquad \begin{cases} J(PC) \;\;\;\; = R_P(J(C), \sqrt{-m}) \\ J(P^{-1}C) = R_P(J(C), -\sqrt{-m}) \; . \end{cases}$$

(Wenn nämlich $P^2 = 1$, ist es durch den vorigen Paragraphen schon bewiesen, $\sqrt{-m}$ kommt alsdann in R_P garnicht vor.) R_P ist

hierbei eine rationale Funktion der beiden Argumente mit
rationalen Koeffizienten, deren Gestalt nur von p, also, da
links nur die Klasse P vorkommt, nur von der Klasse P abhängt,
aber für alle Klassen C dieselbe ist.

Sind ferner P_1, P_2 zwei den obigen Bedingungen genügende
Klassen, so ist, wenn man in (99) $P = P_1$ setzt und C
durch P_2C ersetzt,

$$J(P_1P_2C) = R_{P_1}(J(P_2C), \sqrt{-m}) = R_{P_1}[R_{P_2}(J(C), \sqrt{-m}), \sqrt{-m}]$$

aber auch $J(P_2P_1C) = R_{P_2}[R_{P_1}(J(C), \sqrt{-m}), \sqrt{-m}]$.

Die Funktionen R_P sind also vertauschbar. Jede Klasse A
läßt sich nun offenbar als Produkt von Klassen P_1, P_2, ...
darstellen, deren jede ein zu m teilerfremdes Primideal enthält. Also ergibt sich für <u>jede</u> Klasse A die Gleichung:

$$J(AC) \quad = R_A(J(C), \sqrt{-m})$$

(99a) $\qquad J(A^{-1}C) = R_A(J(C), -\sqrt{-m})$.

Daraus folgt: Die Klassengleichung ist in Bezug auf $k(\sqrt{-m})$
eine <u>abelsche</u> Gleichung. -

Aus den beiden Gleichungen kann man auch auf die <u>Realitäts-
verhältnisse</u> der Klasseninvarianten schließen. Für die <u>Haupt-
klasse</u> E ist J(E) <u>reell</u>. Denn eine Basis des Ringes wird gegeben durch $\frac{1 + \sqrt{-m}}{2}$, 1 bezw. $\frac{1}{2}\sqrt{-m}$, 1, die Hauptklasse der
Zahlen wird also repräsentiert durch $\tau = \frac{1 + \sqrt{-m}}{2}$ bezw. $\frac{1}{2}\sqrt{-m}$.
Hierfür ist die Größe $q = e^{2\pi i \tau}$ ersichtlich reell und $J(\tau)$ als
ganzzahlige q-Reihe ebenfalls reell. Folglich ist wegen

$$J(A) \quad = R_A(J(E), \sqrt{-m})$$
$$J(A^{-1}) = R_A(J(E), -\sqrt{-m})$$

<u>J(A) konjugiert imaginär zu $J(A^{-1})$</u>, insbesondere sind also die
<u>Invarianten zweiseitiger Klassen reell.</u>

Daß die Gleichung irreduzibel ist in $k(\sqrt{-m})$, ist damit
immer noch nicht gezeigt. Das wird erst durch Aufstellung der
Zerlegungsgesetze im nächsten Paragraphen bewiesen werden.

§ 29. Zerlegungsgesetze.

[23.VII.20.] Wir haben erkannt, daß die Klassengleichung $H_m(u) = 0$ zwar nicht im rationalen Grundkörper, aber im Ausgangskörper $k = k(\sqrt{-m})$ relativ abelsch wird; daß also der durch ihre Wurzeln erzeugte Körper, der Klassenkörper der Diskriminante $-m$, den wir durch Kk bezeichnen, abelsch ist. Das konnten wir erschließen, ohne etwas über die Irreduzibilität von $H_m(u)$ zu wissen. Wir wollen nun, - analog dem früher bei den Kreisteilungsgleichungen verwendeten Verfahren -, erst die Zerlegungsgesetze der Primideale beim Übergang von k zu Kk aufstellen und daraus dann die Irreduzibilität von $H_m(u)$ erschließen. Bei dieser Betrachtung haben wir aber von vornherein endlich viele Primideale auszuschließen, welche sich der Methode entziehen, nämlich diejenigen, die in m oder in der Diskriminante D der Klassengleichung, $D = \prod_{i<k} (u_i - u_k)^2$, aufgehen. Alle übrigen mögen "zulässige" Primzahlen bezw. -ideale heißen.

Wir haben in k Primideale ersten und zweiten Grades zu unterscheiden und diese im Folgenden auch gesondert zu behandeln. Wir haben für das Zerfallen einer rationalen Primzahl p im

1. Fall: $p = p \cdot p'$, wobei $p \neq p'$ (wegen $p \nmid m$); $n(p) = p$.

2. Fall: $p = p$ $; n(p) = p^2$.

Wir suchen also die Zerlegung von p in Kk: $p = P_1 \cdot P_2 \cdots$ Dabei haben wir von vornherein auch die Möglichkeit zuzulassen, daß mehrere dieser P_i einander gleich sind. Es wird sich zeigen, daß das für kein zulässiges p eintreten kann.

Wir leiten zunächst einige Beziehungen allgemeiner Art ab, welche mit der speziellen Beschaffenheit von Kk noch nichts zu tun haben.

Ist P eines der P_i, so haben wir durch Relativnormbildung, wie wir aus § 16 wissen: $N_k(P) = p^f$. f heißt der Relativgrad von P bezüglich k. Für die Absolutnorm folgt:

$$N(P) = n(N_k(P)) = n(p^f) = \begin{cases} 1) \ p^f \\ 2) \ p^{2f} \end{cases}$$

Dadurch haben wir ein Mittel, das f zu bestimmen, das wir auch anwenden wollen. Denn nach Fermat gilt für jedes ganze A aus Kk: $A^{N(P)} \equiv A \pmod{P}$. Und da die Restklassengruppe nach P zyklisch ist, so gibt es keinen Exponenten > 1 und $< N(P)$, der diese Kongruenz für alle Zahlen A befriedigt. Bestimmen wir also den kleinsten Exponenten > 1, der diese Kongruenz für alle A befriedigt, so haben wir damit auch f bestimmt.

Ist J eine Wurzel der Klassengleichung, so ist jede Zahl A aus Kk darstellbar:

$$A = \alpha_o + \alpha_1 J + \ldots + \alpha_{h-1} J^{h-1}$$

wo die α_i Zahlen aus k sind. Zwar können wir nicht schließen, daß für jedes ganze A auch die α_i ganz sind, vielmehr würde das voraussetzen, daß J, J^2, $\ldots$ eine Relativbasis wäre. Aber genau wie früher gilt: Damit A ganz ist, muß der Nenner der α_i <u>beschränkt</u> sein, er geht nämlich in der Diskriminante D der Klassengleichung auf. Wir haben also für ganze A die Darstellung mit <u>ganzen</u> γ aus k

$$A = \frac{\gamma_o + \gamma_1 J + \ldots + \gamma_{h-1} J^{h-1}}{D} \, .$$

Für ein zum Excludenten $m \cdot D$ teilerfremdes P können wir dann wieder $\frac{1}{D}$ mod P durch eine ganze Zahl ersetzen. Es gibt ein k, so daß $D^{p^k-1} \equiv 1 \pmod{P}$. Dann ist

$$D^{p^k-1} A = D^{p^k-2} (\gamma_o + \gamma_1 J + \ldots + \gamma_{h-1} J^{h-1}) \, .$$

Darin steht links eine Zahl aus der <u>Restklasse</u> von A mod P und rechts ein Polynom in J mit <u>ganzen</u> Koeffizienten. (Vgl. Seite 28/29.)

Wir können also aus jeder Restklasse mod P solche Zahlen A wählen, daß mit ganzen γ_i aus k gilt:

$$A = \gamma_o + \gamma_1 J + \ldots + \gamma_{h-1} J^{h-1} \, .$$

Dann folgt nach der früher (Seite 29/30) verwendeten Schlußweis die Kongruenz

$$A^p \equiv \gamma_0^p + \gamma_1^p J^p + \ldots + \gamma_{h-1}^p J^{(h-1)p} \pmod{p} .$$

1) Im _ersten_ Fall, wenn also $n(p) = p$, haben wir für jedes ganze γ die Kongruenz $\gamma^p = \gamma^{n(p)} \equiv \gamma \pmod{p}$, also folgt:

$$A^p \equiv \gamma_0 + \gamma_1 J^p + \ldots + \gamma_{h-1} J^{(h-1)p} \pmod{p} .$$

2) Im _zweiten_ Fall können wir das nicht schließen. Da aber $n(p) = p^2$ ist, potenzieren wir nochmals mit p und schließen

$$A^{p^2} \equiv \gamma_0^{p^2} + \gamma_1^{p^2} J^{p^2} + \ldots + \gamma_{h-1}^{p^2} J^{(h-1)p^2}$$

$$\equiv \gamma_0 + \gamma_1 J^{p^2} + \ldots + \gamma_{h-1} J^{h-1} \pmod{p} .$$

Durch Fortsetzung des Verfahrens erhalten wir in beiden Fällen

$$(100) \qquad A^{n(p)^k} \equiv \gamma_0 + \gamma_1 J^{n(p)^k} + \gamma_2 J^{2n(p)^k} + \ldots$$

$$+ \gamma_{h-1} J^{(h-1)n(p)^k}$$

Um zu zeigen, daß kein zulässiges p in Kk durch ein Quadrat P^2 teilbar sein kann, ziehen wir die Klassengleichung heran. Da $H_m(u)$ ein Polynom mit ganzen rationalen Koeffizienten ist, so gilt identisch in u

$$H_m(u)^p \equiv H_m(u^p) \pmod{p}$$

und durch weiteres Potenzieren:

$$H_m(u)^{N(P)} \equiv H_m(u^{N(P)}) \pmod{p} .$$

Setzen wir hierin u = einer Klasseninvariante , so folgt $0 \equiv H_m(J^{N(P)}) \pmod{p}$. D.h.

$$(J^{N(P)} - J_1)(J^{N(P)} - J_2) \ldots (J^{N(P)} - J_h) \equiv 0 \pmod{p} .$$

Wäre nun p durch P^2 teilbar, so gälte diese Kongruenz mod P^2, andererseits können nicht zwei der Faktoren links durch P teilbar sein, da sonst auch ihre Differenz d.h. ein Faktor der Diskriminante D durch P teilbar wäre, gegen die Voraussetzung. Also ist nur ein einziger Faktor links durch P teilbar, und dieser müßte dann also auch durch P^2 teilbar sein. Andererseits ist aber wegen des Fermatschen Satzes

$$J^{N(P)} \equiv J \qquad (\mathrm{mod}\ P)\ .$$

Mithin ist in dem Produkt derjenige der Faktoren durch P^2 teilbar, welcher der Wurzel J entspricht, d.h. $J^{N(P)} \equiv J\ (\mathrm{mod}\ P^2)$. Dann folgt aber für jede ganze Zahl A aus Kk

$$A^{N(P)} \equiv A \qquad (\mathrm{mod}\ P^2)$$

nach (100) wegen $P^2 | p$. Diese Kongruenz ist aber falsch für eine Zahl A, die durch P aber nicht durch P^2 teilbar gewählt wird. - Also existiert kein zulässiges p, welches in Kk durch ein Quadrat teilbar ist.

Um jetzt die Zerlegungsgesetze für ein p in Kk aufzustellen, machen wir von der oben benutzten Kongruenz

$$H_m(u)^p \equiv H_m(u^p) \quad (\mathrm{mod}\ p)$$

für jedes zulässige p Gebrauch, aus der wir wie oben schließen: Falls P ein beliebiges in p aufgehendes Primideal aus Kk ist, gibt es zu jeder Klasseninvariante J_1 eine solche J_2, so daß

$$J_1^p \equiv J_2 \qquad (\mathrm{mod}\ P)\ .$$

Oder auch: Zu jeder Klasse C gibt es eine einzige Klasse A, so daß

$$(101) \qquad J(C)^p \equiv J(AC) \quad (\mathrm{mod}\ P)\ .$$

Hieraus folgt das Zerlegungsgesetz für die Primideale 2. Grades p in k. Denn es ist

$$J(AC) = R_A(J(C),\ \sqrt{-m})\ .$$

R_A kann hierin als ganze rationale Funktion der beiden Argumente mit rationalen Koeffizienten geschrieben werden, in deren Nennern jedenfalls keine zulässigen Primzahlen vorkommen. - Da p ein Primideal 2. Grades ist, gilt $(\sqrt{-m})^p \equiv -\sqrt{-m}\ (\mathrm{mod}\ p)$, also:

$$J(AC)^p \equiv R_A(J(C)^p,\ (\sqrt{-m})^p) \equiv R_A(J(C)^p,\ -\sqrt{-m})\ (\mathrm{mod}\ p)$$

und dies ist wegen (101) $\qquad \equiv R_A(J(AC),\ -\sqrt{-m})\ (\mathrm{mod}\ P)\ .$

Dieser Ausdruck ist aber nach (99a) $= J(C)$. Also ist für jedes C

$$J(C)^{p^2} \equiv J(AC)^p \equiv J(C) \quad (\mathrm{mod}\ P)\ .$$

Da andererseits auch $(\sqrt{-m})^{p^2} \equiv \sqrt{-m} \pmod{P}$, so gilt für jedes ganze A in Kk

$$A^{p^2} \equiv A \pmod{P} .$$

Folglich ist $N(P) \leqq p^2$. Da aber andererseits $N(P) = n(p)^f = p^{2f}$ ist, so muß $\underline{f = 1}$ sein:

<u>Alle Primideale 2. Grades aus k zerfallen in Kk in lauter Primfaktoren vom Relativgrad 1.</u>

Um jetzt die Primideale 1. Grades aus k zu untersuchen, stellen wir zunächst fest, daß in

$$(102) \qquad J(C)^p \equiv J(AC) \pmod{P}$$

die Klasse A von C ganz unabhängig ist, wenn P in einem Ideal p vom 1. Grade aufgeht. In der Tat ist ja für jede Klasse Q

$$J(QC)^p = R_Q^p(J(C),\sqrt{-m}) \equiv R_Q(J(C)^p,\sqrt{-m}) \equiv R_Q(J(AC),\sqrt{-m})$$
$$\pmod{P} .$$

Also
$$J(QC)^p \equiv J(AQC) \pmod{P} .$$

Das ist die Kongruenz (102) mit QC an Stelle von C. Durch abermaliges Potenzieren mit p folgt daher weiter

$$J(C)^{p^2} \equiv J(AC)^p \equiv J(A^2C) \pmod{P} ,$$
allgemein:
$$J(C)^{p^\kappa} \equiv J(A^\kappa C) \pmod{P} .$$

Es bedeute jetzt f' den kleinsten positiven Exponenten derart, daß $A^{f'}$ = Hauptklasse. Dann ist

$$(103) \qquad J(C)^{p^{f'}} \equiv J(C) \pmod{P} .$$

Diese Kongruenz kann für keinen kleineren Exponenten als f' richtig sein, weil ja, wenn sie für κ richtig wäre, folgen würde: $J(A^\kappa C) \equiv J(C) \pmod{P}$, d.h. $J(A^\kappa C) = J(C)$, $A^\kappa = 1$, da ja P nicht in der Diskriminante der Klassengleichung aufgeht. Da endlich für jede Zahl ω aus k $\omega^p \equiv \omega \pmod{p}$ also auch $\pmod{P}$ gilt, so ist

$$A^{p^{f'}} \equiv A \pmod{P}$$

für jede ganze Zahl A aus Kk richtig; das ist aber nach (103) für A = J(C) nicht richtig für einen kleineren Exponenten als f'. D.h. es ist $\underline{N(P) = p^{f'}}$, wo f' der Grad der in (102) auftretenden Klasse A ist.

Der Relativgrad von P ist daher gleich dem Grad dieser Klasse A.

Die Bestimmung dieser Klasse A geschieht nun mit Hülfe der Transformationsgleichung der Ordnung p, wobei sich herausstellt:

A ist entweder die Klasse von p oder von p'.

Es existiert nämlich für jede Zahl τ der Diskriminante -m, welche zu einer gegebenen Klasse C gehört, eine Transformation der Ordnung p, welche τ wieder in eine Zahl derselben Diskriminante überführt, und zwar gehört eine solche der Klasse PC an, wenn P die Klasse von p ist. Folglich besteht die algebraische Gleichung $F_p(v, u) = 0$ für u = J(C) und v = J(PC). Andererseits ist identisch in u und v:

$$F_p(v,\, u) \equiv (v^p - u)(v - u^p) \pmod{p} .$$

Diese Kongruenz muß nun auch richtig bleiben, wenn man für u, v irgendwelche ganze algebraische Zahlen einsetzt. Setzt man u = J(C), v = J(PC), so folgt:

$$[J(PC)^p - J(C)][J(PC) - J(C)^p] \equiv 0 \pmod{p} .$$

Bedeutet also P irgend einen Primfaktor von p in Kk, so folgt

entweder   1) $J(PC)^p \equiv J(C)$ $\pmod{P}$

oder   2) $J(C)^p \equiv J(PC)$ $\pmod{P}$.

Im Falle 1) ist offenbar die oben mit A bezeichnete Klasse = P^{-1}, im Falle 2) = P. Der Exponent beider Klassen hat denselben Wert, und die oben mit f' bezeichnete Zahl ist also die kleinste positive Zahl derart, daß $p^{f'} \sim 1$.

Der Zerlegungssatz für p lautet also: $\underline{p\ \text{zerfällt in lauter}}$ $\underline{\text{verschiedene Faktoren vom Relativgrade f}}$, wobei f die kleinste positive Zahl mit der Eigenschaft $\underline{p^f \sim 1}$ (im Ringe mit der Diskriminante -m) ist. In dieser Form gilt offenbar derselbe

Satz auch für die Primideale zweiten Grades $p = p$, da diese
ja Hauptideale sind, also $f = 1$ haben.

Die Analogie zu den Zerlegungsgesetzen bei den Kreisteilungskörpern ist also sehr groß. Anstelle der dort verwendeten Gleichung $\zeta^\ell - 1 = 0$ haben wir hier die Kongruenz
$F_p(t, u) \equiv (t^p - u)(t - u^p)$ mod p. Das charakterisiert hier
den Körper, denn es läßt sich zeigen, daß durch die gefundenen
Zerlegungsgesetze der Körper völlig bestimmt ist.

Die Klasse A in (102) ist also P oder P^{-1}. Ob das eine oder
das andere eintritt, hängt von der Auswahl des Faktors P von p
ab. Ist sie P^{-1} für eine bestimmte Wahl von P, d.h. ist

$$J(C)^p \equiv J(P^{-1}C) \quad (\mathrm{mod}\ P)$$

so folgt durch Übergang zu konjugiert-komplexen Werten:

$$J(C^{-1})^p \equiv J(PC^{-1}) \quad (\mathrm{mod}\ \overline{P})$$

und, da C eine beliebige Klasse ist, auch

$$J(C)^p \equiv J(PC) \quad (\mathrm{mod}\ \overline{P}) \ .$$

Man kann also unter den Paaren konjugierter Primideale, die
Faktoren von p sind, stets solche P auswählen, daß
$J(C)^p \equiv J(PC) \ (\mathrm{mod}\ P)$, wenn P die Klasse des einen
fest gewählten Faktors p von p in k ist.

§ 30. Irreduzibilität der Klassengleichung.

Es sei etwa $H_m(u) = H(u) \cdot G(u)$ mit Koeffizienten aus k.

Seien $J(A_1)$, $J(A_2)$, ..., $J(A_\ell)$ die Nullstellen von H(u).
Sei P eine Klasse, die durch ein Primideal p ersten Grades re-
präsentiert wird, und $P\,|\,p$, P dabei unter den Paaren konjugiert-
komplexer so ausgewählt, daß P in (102) zu P gehört, daß also

$$J(PA_1) \equiv J(A_1)^p \quad (\mathrm{mod}\ P) \ .$$

Andererseits ist wieder

$$H(u)^p \equiv H(u^p) \ (\mathrm{mod}\ p\ \text{und mod}\ p') \ ,$$

also gibt es unter den <u>Wurzeln von H(u)</u> eine solche, etwa
$J(A_r)$, daß

$$J(A_1)^p \equiv J(A_r) \quad (\text{mod } P) \ .$$

Folglich ist

$$J(A_r) = J(PA_1) \ , \quad A_r = PA_1 \ .$$

D.h. die Substitution R_p, die den Übergang von $J(A_1)$ zu $J(A_r)$ vermittelt, gehört zur Gruppe des Faktors $H(u)$. – Wenn wir also als bekannt voraussetzen, daß es zu jeder Ringklasse zum Excludenten teilerfremde Primideale 1. Grades gibt, so folgt, daß alle Substitutionen zu dieser Gruppe gehören, daß also die Gleichung irreduzibel sein muß.

Aber es ist wünschenswert, von dieser Annahme unabhängig zu sein. Man kann sich da durch Benutzung der Tatsache helfen, daß jedenfalls jede Ringklasse sich als Produkt von solchen Ringklassen darstellen läßt, die Primideale 1. Grades enthalten, da das Entsprechende für die Ideale selbst gilt. Es sei für eine beliebige Klasse X: $X = P_1 \cdot P_2 \cdot \ldots \cdot P_s$, wo jede Klasse P durch ein zulässiges Primideal 1. Grades repräsentiert wird. R_{P_1}, R_{P_2}, ..., R_{P_s} gehören zur Gruppe von $H(u)$. Also gehört wegen der Gruppeneigenschaft auch $R_{P_1 P_2 \ldots P_s} = R_X$ dazu. Also hat $H(u)$ mindestens soviel Wurzeln, wie die Anzahl der Substitutionen R_X angibt, also h, und folglich ist $H(u)$ mit $H_m(u)$ identisch, d.h. $H_m(u)$ irreduzibel in k.

Wir haben also den Hauptsatz:

Die Klassengleichung definiert einen über $k(\sqrt{-m})$ stehenden Körper Kk, dessen Relativgrad gleich der Klassenzahl h des Ringes mit Diskriminante $-m$ ist. Seine Gruppe ist isomorph mit der Gruppe der Idealklassen dieses Ringes. Das Primideal p aus k zerfällt in Kk in $\frac{h}{f}$ Faktoren vom Relativgrad f, wenn f der kleinste Exponent ist, für den $p^f \sim 1$ im Ringe. Hiervon sind die endlich vielen Primideale ausgenommen, die in m oder der Diskriminante der Klassengleichung aufgehen; über ihr Verhalten läßt sich auf diesem Wege nichts aussagen.

Teil III. Die klassische Theorie der Dedekindschen Zetafunktion und die Bestimmung der Klassenzahl

<u>Einleitung:</u>

Die beiden ersten Teile der Vorlesung haben sich mit der Bedeutung der Exponentialfunktion e^z und den elliptischen Modulfunktionen, insbesondere der absoluten Invariante $J(z)$, in der Zahlentheorie befaßt. Auf Grund tiefliegender funktionentheoretischer Eigenschaften zeigt sich, daß e^z und $J(z)$ für bestimmte Werte des Argumentes z algebraische Zahlen liefern, die ein besonderes Interesse beanspruchen dürfen. Dieselben erzeugen nämlich gewisse Körper, die sich auch auf rein arithmetischem Wege definieren lassen und beide Erzeugungsarten kombiniert liefern wichtige Theoreme über diese Körper.

Jedoch kann man sich des Eindrucks nicht erwehren, daß diese schönen Resultate einem Zufall ihr Dasein verdanken, nämlich der (von der Arithmetik aus betrachtet zufälligen) Kenntnis,die die Funktionentheorie von e^z und $J(z)$ besitzt und ihren ebenfalls "zufälligen" willkommenen Eigenschaften.

Es drängt sich also die Frage auf: Sind diese Funktionen nicht von der Arithmetik her zu gewinnen? Kann die Fortentwicklung der analytischen Methoden in der Zahlentheorie nicht dadurch auf eine festere Basis gestellt werden, daß wir von der Arithmetik aus den Weg zu den schon bekannten Funktionen und damit die Richtung, in welcher neue ähnliche Funktionen gefunden werden können, aufsuchen?

Ein auf den ersten Blick ganz verschiedener Ideenkreis der analytischen Zahlentheorie gruppiert sich um die Riemannsche Zetafunktion

$$\zeta(s) = \sum_{n=1}^{\infty} \frac{1}{n^s} \quad ; \quad R(s) > 1 \quad ,$$

die bekanntlich bei den Fragen nach der Verteilung der rationalen Primzahlen eine wichtige Rolle spielt. Es ist nun eine fundamentale Einsicht, daß die Verallgemeinerung der Riemannschen Zetafunktion in der Theorie der algebraischen Zahlen den Schlüssel auch zu dem zuerst charakterisierten

Fragenkomplex liefert. Die Dedekindschen Zetafunktionen führen
mit innerer Notwendigkeit auf die Exponential- und Modulfunktionen in allen Fällen, wo diese eine ausgezeichnete Rolle im
Aufbau eines algebraischen Körpers spielen.

Der Darstellung dieses Zusammenhanges ist dieser Teil hauptsächlich gewidmet. Es wird sich dabei zunächst um das Problem
der Klassenzahlbestimmung handeln; denn diese Frage hat den
Anstoß zu der Verallgemeinerung der Zetafunktion gegeben.

§ 1. Definition und Grundeigenschaften der Dedekindschen Zetafunktion.

Die Riemannsche Zetafunktion $\zeta(s)$ ist für reelle Werte von
$s > 1$, auf die wir uns zunächst beschränken wollen, definiert
durch

$$\zeta(s) = \sum_{n=1}^{\infty} \frac{1}{n^s} \; .$$

Bekanntlich ist

$$\lim_{s=1} (s - 1) \cdot \zeta(s) = 1$$

und

$$\lim_{s=1} \left(\zeta(s) - \frac{1}{s-1} \right) = a \; ,$$

wo a eine endliche reelle Größe ist.

Schon Euler hat $\zeta(s)$ durch ein unendliches Produkt dargestellt und damit ihre engen Beziehungen zur Zahlentheorie in
ein helles Licht gesetzt. Es ist nämlich

$$\zeta(s) = \prod_p (1 - p^{-s})^{-1} \; ,$$

wo das Produkt über alle (rationalen) Primzahlen zu erstrecken
ist. Denn dieses Produkt ist gleich $\prod_p (1 + p^{-s} + p^{-2s} + \dots)$,
woraus durch Ausmultiplizieren sich eine Summe $\sum n^{-s}$ ergibt, in
welcher n alle Potenzprodukte der verschiedenen Primzahlen p
durchläuft. Da sich nun jede ganze Zahl auf eine und nur eine
Art als ein solches Potenzprodukt darstellen läßt, läuft n in
dieser Summe in der Tat von 1 bis ∞.

Die Produktdarstellung von $\zeta(s)$ zeigt, daß es unendlich
viele Primzahlen gibt. Denn gesetzt, es gäbe nur endlich viele,

so wäre das alsdann endliche Produkt als Funktion von s offenbar noch stetig für s > 0, könnte also bei Annäherung an s = 1 nicht über alle Grenzen wachsen. Das ist der berühmte und wegen seiner Verallgemeinerungsfähigkeit wichtige Eulersche Beweis.

Nun sei k ein algebraischer Zahlkörper, m sein Grad, a, b, ... (in deutscher Schrift) mögen Ideale, $N(a)$ die Norm von a bedeuten, p_1, p_2, ... mögen die Primideale in k sein. Dann wäre $\sum_a \frac{1}{N(a)^s}$, wo $\sum_a$ über alle Ideale in k zu erstrecken ist, eine naheliegende Verallgemeinerung von $\zeta(s)$, wenn diese Reihe konvergent wäre. Setzen wir das zunächst voraus, so erkennen wir auf Grund der eindeutigen Zelegbarkeit der Ideale in Primideale und der Beziehung $N(a \cdot b) = N(a) \cdot N(b)$, daß

$$\sum_a \frac{1}{N(a)^s} = \sum_{a_1, a_2, \ldots} \frac{1}{(N(p_1)^{a_1} \cdot N(p_2)^{a_2} \ldots)^s} \quad ,$$

wo rechts über alle Wertekombinationen der a_i (i = 1, 2, ...) zu summieren ist. Und wie oben ist daher

$$\sum_a \frac{1}{N(a)^s} = \prod_p (1 - N(p)^{-s})^{-s} \quad ,$$

wenn p alle Primideale von k durchläuft.

Die Konvergenz dieses Produkts läßt sich aber leicht beweisen. Fassen wir nämlich alle diejenigen Primideale p ins Auge, welche in einer bestimmten natürlichen Primzahl p aufgehen, deren Norm also eine Potenz von p ist, so ist deren Anzahl bekanntlich höchstens gleich dem Körpergrad m, also

$$\sum_{p | p} \frac{1}{N(p)^s} \leqq \frac{m}{p^s}$$

und da für s > 1 die über alle natürlichen Primzahlen p erstreckte Summe $\sum_p p^{-s}$ konvergiert, gilt das gleiche für $\sum_p N(p)^{-s}$, wenn $\sum_p$ über alle Primideale von k erstreckt wird. Daraus folgt bekanntlich die Konvergenz von $\prod_p (1 - N(p)^{-s})^{-1}$ für s > 1 und daraus dann die Konvergenz von $\sum_a N(a)^{-s}$ für dieselben Werte von s.

Wir bezeichnen die durch diese Reihe definierte Funktion, die "Dedekindsche Zetafunktion des Körpers k" mit $\zeta_k(s)$ und können somit setzen:

$$\zeta_k(s) = \sum_a N(a)^{-s} = \prod_p (1 - N(p)^{-s})^{-1} \quad , \quad s > 1 \; .$$

Diese Formel läßt sich jedoch nicht wie bei der Riemannschen Zetafunktion zu dem Nachweis benutzen, daß es unendlich viele Primideale p gibt. Denn wir wissen ja nicht, wie sich $\zeta_k(s)$ in der Umgebung des Punktes s = 1 verhält. Nun gibt es aber mindestens soviel Primideale wie Primzahlen im rationalen Körper, also unendlich viele, und man könnte meinen, daraus folgte, daß $\zeta_k(s)$ bei Annäherung an s = 1 über alle Grenzen wüchse. Selbst das ist nicht der Fall. Setzen wir nämlich in der Produktdarstellung $N(p) = p^f$ und nehmen an, daß der Grad von p, $f \geqq 2$ ist für alle p aus k, so wird

$$\prod_p (1 - N(p)^{-s})^{-1} = \prod (1 - p^{-f \cdot s})^{-1}$$

für $s > \frac{1}{2}$ konvergieren, also $\zeta_k(1)$ einen bestimmten endlichen Wert haben. Es erhellt, daß das Verhalten von $\zeta_k(s)$ in erster Linie abhängt von der Verteilung der Primideale ersten Grades. Erst bei feineren Untersuchungen spielen die Primideale höheren Grades eine Rolle.

§ 2. Gruppencharaktere und die zugehörigen Zetafunktionen.

Unter Heranziehung gewisser algebraischer und gruppentheoretischer Begriffe lassen sich Funktionen definieren, die wir als sinngemäße Verallgemeinerungen von $\zeta_k(s)$ ansprechen dürfen. - Sei nämlich $\chi(a)$ eine Funktion, welche jedem Ideale a eindeutig eine Zahl zuordnet und sei

$$(1) \qquad \begin{aligned} \chi(a \cdot b) &= \chi(a) \cdot \chi(b) \\ |\chi(a)| &\leqq 1 \end{aligned}$$

Dann konvergiert die Reihe $L(s, \chi) = \sum_a \chi(a) \cdot N(a)^{-s}$ absolut für s > 1 (denn $\zeta_k(s)$ ist ihre Majorante) und es ist

$$\sum_a \chi(a) \cdot N(a)^{-s} = \prod_p (1 - \chi(p) \cdot N(p)^{-s})^{-1} \; .$$

Funktionen dieser Art werden wir nun mit Hülfe der Klasseneinteilung der Ideale definieren.

Der Äquivalenzbegriff für Ideale, wie er in der Einleitung

zum 1. Teil der Vorlesung erörtert wurde, führte zu einer Einteilung der Ideale in Idealklassen: a und b gehören zu derselben Klasse, wenn 2 Hauptideale ($\neq 0$) existieren, so daß $(\alpha) \cdot a = (\beta) \cdot b$. Diese Klassen konnten wir durch Festsetzung einer Kompositionsregel zu einer <u>Abelschen Gruppe</u> vereinigen, der Gruppe der Idealklassen, deren Grad endlich gleich der Klassenzahl h des Körpers ist.

Wir stellen uns nun die Aufgabe, eine Funktion $\chi(C)$ der Elemente C einer endlichen Abelschen Gruppe so zu definieren, daß für je zwei Elemente B, C stets

$$(2) \qquad \chi(B \cdot C) = \chi(B) \cdot \chi(C) \; .$$

Zur Auffindung dient uns folgender <u>allgemeine Satz</u> über endliche Abelsche Gruppen: Es gibt in jeder solchen Gruppe eine Reihe von Elementen A_1, A_2, $\ldots$, A_r, derart, daß jedes Element C <u>eindeutig</u> in der Form

$$C = A_1^{n_1} \ldots A_r^{n_r}$$

darstellbar ist, wobei die Exponenten n an die Bedingung gebunden sind: n_k durchlaufe je ein vollständiges Restsystem mod c_k, worin c_k der kleinste positive Exponent mit $A_k^{c_k} = E = 1$. A_1, $\ldots$, A_r heißen ein System von Basiselementen. Offenbar ist $c_1 \cdot c_2 \ldots c_r = h$.

Sind $(n_1, \ldots, n_r)$ und $(n_1', \ldots, n_r')$ die zu 2 Elementen C und C' gehörigen Exponentensysteme, so ist $(n_1 + n_1', \ldots, n_r + n_r')$ offenbar das dem Produkt $C \cdot C'$ entsprechende Exponentensystem.

Ist nun $\chi(C)$ eine Funktion, wie wir sie suchen - sie sei übrigens nicht identisch null - so ist offenbar $\chi(C)$ für alle Elemente eindeutig bestimmt, wenn sie für ein System von Basiselementen bekannt ist, da ja wegen der Multiplikationseigenschaft

$$\chi(C) = \chi(A_1)^{n_1} \ldots \chi(A_r)^{n_r} \; .$$

Ferner muß $\chi(E) = 1$, da $\chi(A) = \chi(A \cdot E) = \chi(A) \cdot \chi(E)$. Folglich ist

$$1 = \chi(A_1)^{c_1} = \ldots = \chi(A_r)^{c_r}$$

also $\chi(A_k)$ notwendig eine c_k-te Einheitswurzel. Umgekehrt definiert eine jede solche Festsetzung auch in der Tat eine Funktion $\chi(C)$. Sei $\zeta_k = e^{\frac{2\pi i}{c_k}}$ und es werde mit einem ganzen rationalen Exponenten x_k

$$\chi(A_k) = \zeta_k^{x_k}$$

und allgemein

$$\chi(C) = \zeta_1^{n_1 x_1} \ldots \zeta_r^{n_r x_r}$$

gesetzt, dann erfüllt diese Festsetzung in der Tat Forderung (2). Es gibt also bei dieser Darstellung soviel verschiedene Funktionen $\chi(C)$, als es verschiedene Exponentensysteme $x_1, \ldots, x_r$ gibt, deren Anzahl, da x_k nur mod c_k in Betracht kommt, gleich h ist. Diese Funktionen sind aber auch alle verschieden; denn wenn 2 Systeme $(x_1, \ldots, x_r)$ und $(x_1', \ldots, x_r')$ in einem Exponenten sich unterscheiden, etwa $x_1 \not\equiv x_1'$ (mod c_1), so sind die beiden Charakterwerte für A_1 sicher verschieden.

Von Eigenschaften der $\chi(C)$ seien angeführt: Sind $\chi_1(C)$ und $\chi_2(C)$ Charaktere, so gilt von $\chi_1(C) \cdot \chi_2(C)$ und $\dfrac{\chi_1(C)}{\chi_2(C)}$ dasselbe. Die bei festem χ über sämtliche Elemente erstreckte Summe

$$\sum_C \chi(C) = \sum_{n_1 n_2 .. n_r} \zeta_1^{n_1 x_1} \ldots \zeta_r^{n_r x_r}$$

$$= \left(\sum_{n_1 \bmod c_1} \zeta_1^{n_1 x_1} \right) \ldots \left(\sum_{n_r \bmod c_r} \zeta_r^{n_r x_r} \right)$$

ist gleich null, wenn ein einziges $x_k \not\equiv 0$ (mod c_k) - denn $\sum_{n_k} \zeta_k^{n_k x_k}$ ist alsdann gleich null - und gleich $c_1 \cdot c_2 \ldots c_r = h$, wenn sämtliche $x_k \equiv 0$ (mod c_k), d.h. wenn $\chi(C) = 1$ für alle C, wenn $\chi(C)$ der sogenannte <u>Hauptcharakter</u> ist, also

$$(3) \qquad \sum_C \chi(C) = \begin{cases} 0 \\ h \end{cases} \text{je nachdem} \begin{cases} \chi \neq \text{Hauptcharakter} \\ \chi = \text{Hauptcharakter} \end{cases}$$

Ebenso erkennt man, daß die bei festem Element über

sämtliche Charaktere erstreckte Summe

$$(4) \qquad \sum_{\chi} \chi(C) = \left\{ \begin{matrix} 0 \\ h \end{matrix} \right. \text{ je nachdem } \left\{ \begin{matrix} C \neq E \\ C = E \end{matrix} \right.$$

Schließlich sei noch über die Werte der Gruppencharaktere für ein festes Element C das folgende bemerkt: Ist f der kleinste Exponent, für welchen $C^f = E$ ist, so gilt für jeden Charakter χ $\chi(C)^f = \chi(C^f) = 1$, d.h. $\chi(C)$ ist eine f-te Einheitswurzel. Durchläuft nun χ die Gesamtheit der Gruppencharaktere, so nimmt $\chi(C)$ den Wert <u>jeder</u> f-ten Einheitswurzel, und zwar jeden <u>gleich oft</u> an.

Bildet man nämlich die über sämtliche Charaktere erstreckte Summe $s = \sum_{\chi} (\zeta^{-1}\chi(C) + \zeta^{-2}\chi(C)^2 + \ldots + \zeta^{-f}\chi(C)^f)$, worin ζ eine beliebige f-te Einheitswurzel ist, so findet man einerseits nach (4)

$$s = \zeta^{-1} \sum_{\chi} \chi(C) + \zeta^{-2} \sum_{\chi} \chi(C^2) + \ldots + \zeta^{-f} \sum_{\chi} \chi(E) = h \ .$$

Andererseits sieht man, daß

$$\sum_{i=1}^{f} \zeta^{-i}\chi(C)^i = \left\{ \begin{matrix} 0 \\ f \end{matrix} \right. \text{ je nachdem } \left\{ \begin{matrix} \zeta \neq \chi(C) \\ \zeta = \chi(C) \end{matrix} \right.$$

daß also $s = e \cdot f$ ist, wenn die $\chi(C)$ e-mal den Wert ζ annehmen.

Nunmehr sind wir imstande Funktionen $L(s, \chi)$ von der zu Beginn dieses § geforderten Art anzugeben. Wir setzen $\chi(a) = \chi(A)$, wenn A die zu a gehörige Klasse ist; dann ist offenbar (1) erfüllt. Den h Gruppencharakteren $\chi(C)$ entsprechend gibt es h formal verschiedene Funktionen $L(s, \chi)$, von denen allerdings einige als Funktion von s identisch sein können; denn in der Reihe $\sum_{a} \chi(a) \cdot N(a)^{-s}$ können, wenn man die Glieder mit $N(a) = n$ zusammenfaßt, bei verschiedenem χ doch dieselben Koeffizienten bei $\dfrac{1}{n^s}$ auftreten.

Unter Heranziehung von verfeinerten Klasseneinteilungen der Ideale definieren wir weiter L-Reihen in folgender Weise:

Sei $\mathfrak{f}$ ein ganzes Ideal, $a, b, \ldots$; $\alpha, \beta, \ldots$ zu $\mathfrak{f}$ teilerfremde Ideale bezw. Zahlen, so soll $a \sim b \pmod{\mathfrak{f}}$ sein, wenn es Zahlen α, β gibt, für die $\alpha \cdot a = \beta \cdot b$ und $\alpha \equiv \beta \pmod{\mathfrak{f}}$. Die

mod $\mathfrak{f}$ äquivalenten Ideale vereinigen wir wiederum zu einer
Klasse und die neuen Klassen zu einer Abelschen Gruppe, indem
wir die Compositionsregel der Klassen wie bei der gewöhnlichen
Einteilung definieren. Man erkennt, daß mod $\mathfrak{f}$ äquivalente
Ideale auch im gewöhnlichen Sinne äquivalent sind, aber nicht
umgekehrt, daß also eine Klasse im alten Sinne in mehrere
Klassen der neuen Einteilung zerfällt, und zwar, wie gleich
hinzugefügt sei, in nur endlich viele.

Ist nämlich ρ_1, ρ_2, ..., ρ_m ein volles Repräsentantensystem
der teilerfremden Restklassen mod $\mathfrak{f}$, und c_1, c_2, ..., c_h ein
volles zu $\mathfrak{f}$ teilerfremdes Repräsentantensystem der Idealklassen im gewöhnlichen Sinne, so ist jedes zu $\mathfrak{f}$ teilerfremde
Ideal a einem der Ideale $...c_i\rho_k$ (i = 1,...,h; k = 1,...,m)
mod $\mathfrak{f}$ äquivalent. Denn sei

$$a \sim c_i \quad \text{(im gewöhnlichen Sinne)},$$

also $\alpha \cdot a = \beta \cdot c_i$; dabei können wir $(\alpha, \mathfrak{f})$ und $(\beta, \mathfrak{f})$ gleich 1
voraussetzen; alsdann gibt es ein ρ_k, so daß $\alpha\rho_k \equiv \beta \pmod{\mathfrak{f}}$.
Also ist

$$\alpha\rho_k \cdot a = \beta \cdot c_i\rho_k \quad \text{oder} \quad a \sim c_i\rho_k \pmod{\mathfrak{f}}.$$

Die Anzahl $h(\mathfrak{f})$ der neuen Idealklassen ist also $\leq m \cdot h$.

Zu den dieser Klasseneinteilung entsprechenden Funktionen
$\chi(a)$ gelangen wir nun, wenn wir für zu $\mathfrak{f}$ teilerfremde Ideale a
wieder $\chi(a) = \chi(A)$, worin A die zu a gehörige Idealklasse ist,
und für Ideale a mit $(a, f) > 1$ $\chi(a) = 0$ setzen. In der Tat
erfüllt alsdann $\chi(a)$ die Relation (1).

Die Äquivalenz mod $\mathfrak{f}$ läßt für Körper, unter deren konjugierten auch reelle vorkommen, noch eine weitere Verfeinerung
zu. Seien nämlich $k^{(1)}$, $k^{(2)}$, ..., $k^{(r_1)}$ die reellen unter den
konjugierten, so nenne ich eine Zahl α aus k total positiv
oder in Zeichen $\alpha \succ 0$, wenn $\alpha^{(i)} > 0$ (i = 1, ..., r_1).

Man sieht, daß die Aussage "α ist totalpositiv" vom Körper
abhängt, und daß z.B. -1 im Körper $k(1)$ negativ, im Körper
$k(i)$ totalpositiv ist.

Nunmehr definiere ich für zu $\mathfrak{f}$ teilerfremde Ideale

$a \sim b$ (mod $\mathfrak{h}$; im engsten Sinne), wenn es Zahlen α und β gibt, für die

$$\alpha \cdot a = \beta \cdot b \quad [(\alpha, \mathfrak{h}) = (\beta, \mathfrak{h}) = 1]$$

$$\alpha \equiv \beta \pmod{\mathfrak{h}}$$

$$\frac{\alpha}{\beta} \succ 0 .$$

Auch dieser "engste Äquivalenzbegriff" ermöglicht die Einteilung der zu $\mathfrak{h}$ teilerfremden Ideale in Klassen und die Vereinigung dieser Klassen zu einer abelschen Gruppe. Da jede Klasse der im früheren Sinne mod $\mathfrak{h}$ äquivalenten Ideale in höchstens 2^{r_1} neue Klassen zerfällt - denn es gibt in der Reihe $\frac{\alpha^{(1)}}{\beta^{(1)}}, \ldots, \frac{\alpha^{(r_1)}}{\beta^{(r_1)}}$ nur 2^{r_1} Vorzeichenkombinationen -, so ist auch die Anzahl der neuen Klassen endlich.

Einen speziellen Fall dieser Einteilung erhält man, wenn $\mathfrak{h} = 1$ gewählt wird, also Ideale äquivalent nennt, wenn es α und β gibt, für die $\alpha \cdot a = \beta \cdot b$ und $\frac{\alpha}{\beta} \succ 0$.

Eine etwas weniger feine Einteilung liefert folgende Definition der Äquivalenz mod $\mathfrak{h}$: es sei $a \sim b$ für zu $\mathfrak{h}$ teilerfremde Ideale, wenn es Zahlen α, β gibt, für die

$$\alpha \cdot a = \beta \cdot b \quad [(\alpha, \mathfrak{h}) = (\beta, \mathfrak{h}) = 1]$$

$$\alpha \equiv \beta \pmod{\mathfrak{h}}$$

$$N\left(\frac{\alpha}{\beta}\right) > 0 .$$

Die Definition der Funktion $\chi(a)$ erfolgt unter Heranziehung des engsten und "mittleren" Äquivalenzbegriffs mod $\mathfrak{h}$ genau wie beim gewöhnlichen "weitesten" Äquivalenzbegriff mod $\mathfrak{h}$ und führt alsdann jedesmal zu Reihen der gesuchten Art.

§ 3. Sätze über Dirichletsche Reihen.

Wir wollen zunächst folgenden von Dirichlet herrührenden Satz beweisen:

Sei $f(s) = \sum_{n=1}^{\infty} a_n \cdot n^{-s}$ eine für $s > 1$ konvergente Reihe mit konstanten Koeffizienten a_n, $\dfrac{\sum_{n=1}^{k} a_n}{k} = c_k$ und $\lim_{k=\infty} c_k = \gamma$, so ist

$$\lim_{s=1} (s - 1)\cdot f(s) = \gamma \quad .$$

Zum Beweis setzen wir $c_k = \gamma + \varepsilon_k$, wobei also $\lim\limits_{k=\infty} \varepsilon_k = 0$, und $\sum\limits_{n=1}^{k} a_n = k\gamma + k\varepsilon_k$, somit

$$a_k = \gamma + k\varepsilon_k - (k - 1)\varepsilon_{k-1} \quad .$$

Durch Eintragen dieser Werte für a_n erhalten wir

$$f(s) = \sum_{n=1}^{\infty} \gamma\cdot n^{-s} + \sum_{n=1}^{\infty} (n\varepsilon_n - (n-1)\varepsilon_{n-1})n^{-s}$$

$$f(s) - \gamma\cdot\zeta(s) = \sum_{n=1}^{\infty} (n\varepsilon_n - (n-1)\varepsilon_{n-1})n^{-s} = \sum_{n=1}^{\infty} n\varepsilon_n(n^{-s} - (n+1)^{-s})$$

$$= \sum_{n=1}^{\infty} \varepsilon_n\cdot n^{-s+1}(1 - (1 + \frac{1}{n})^{-s}) \quad .$$

Nach dem Mittelwertsatze ist nun

$$1 - (1 + \frac{1}{n})^{-s} = \frac{s}{n}(1 + \frac{\theta_n}{n})^{-s-1} \qquad (0 < \theta_n < 1) \quad .$$

Setzt man $s(1 + \frac{\theta_n}{n})^{-s-1} = v_n$, so ist ersichtlich v_n für alle n und $1 \leqq s \leqq 2$ beschränkt; $|v_n| < C_1$, und

$$f(s) - \gamma\cdot\zeta(s) = \sum_{n=1}^{\infty} \frac{v_n\varepsilon_n}{n^s} \quad ,$$

wobei $\zeta(s)$ die Riemannsche Zetafunktion bedeuten soll. Ist nun δ eine beliebig kleine positive Zahl, so gibt es wegen

$$\lim_{k=\infty} \varepsilon_k = 0$$

ein N derart, daß $|\varepsilon_n| < \delta$ für alle $n \geqq N$; also ist

$$|(s-1)f(s) - \gamma(s-1)\zeta(s)| = |(s-1)\sum_{n=1}^{\infty} \frac{\varepsilon_n v_n}{n^s}|$$

$$\leqq (s-1)\left(|\sum_{n=1}^{N-1} \frac{\varepsilon_n v_n}{n^s}| + |\sum_{n=N}^{\infty} \frac{\varepsilon_n v_n}{n^s}|\right)$$

$$< (s-1)C_2 \sum_{n=1}^{N-1} \frac{1}{n^s} + (s-1)C_1\cdot\delta\cdot\zeta(s) \quad .$$

Nun ist $\lim\limits_{s=1} (s-1)\cdot\zeta(s) = 1$, also $(s-1)\zeta(s)$ für $1 < s \leqq 2$ beschränkt; man wähle s so nahe an 1, daß

$$(s-1)\sum_{n=1}^{N-1} \frac{1}{n^s} < (s-1)\sum_{n=1}^{N-1} \frac{1}{n} < \frac{\delta}{C_2}$$

wird, dann ist für alle diese s

$$| (s-1)f(s) - \gamma(s-1)\cdot\zeta(s)| \leq \delta(1 + C_1(s-1)\zeta(s)) \; ,$$

d.h. die linke Seite hat den Limes 0 und daraus folgt die Behauptung. - Es sei hervorgehoben, daß die Umkehrung des Satzes <u>nicht richtig</u> ist.

Aus der zu Anfang des Beweises benutzten partiellen Summation folgt aber noch mehr; ist nämlich $\gamma = 0$ und macht man über das Abnehmen der ε_k die Voraussetzung: Für ein festes $b \geq 0$ ist $|\varepsilon_n \cdot n^b| < C$ für alle n, so erkennt man, daß die Reihe $\sum_{n=1}^{\infty} a_n \cdot n^{-s}$ auch noch konvergiert, wenn s nur $> 1 - b$ ist, da soweit ja die Reihe $\sum_{n=1}^{\infty} \varepsilon_n v_n n^{-s}$ konvergiert. Ist insbesondere $b = 1$, d.h.

$$\sum_{n=1}^{m} a_n \quad \text{beschränkt} \; ,$$

so konvergiert die Reihe $\sum_{n=1}^{\infty} a_n \cdot n^{-s}$ für $s > 0$.

Das trifft z.B. zu für die Reihen $\sum_{n=1}^{\infty} \chi(n) \cdot n^{-s}$, wo $\chi(n)$ ein vom Hauptcharakter verschiedener Charakter nach einem natürlichen ganzen k ist. Dann ist nämlich $\sum_{n=0}^{k-1} \chi(n) = 0$ und $\sum_{n=0}^{k-1} \chi(k \cdot a + n)$ für jedes ganze natürliche a ebenfalls gleich 0, also, wenn x das nächste Vielfache von k unterhalb m ist

$$\left| \sum_{n=1}^{m} \chi(n) \right| = \left| \sum_{n=1}^{x} \chi(x) + \sum_{n=x+1}^{m} \chi(n) \right| = \left| \sum_{n=x+1}^{m} \chi(n) \right|$$

$$\leq m - x \leq k \; .$$

§ 4. Asymptotische Verteilung der Ideale in den Klassen.

Wenden wir das Resultat des § 3 auf die Dedekindsche Zetafunktion $\zeta_k(s) = \sum_a N(a)^{-s}$ an! Bedeute $F(n)$ die Anzahl der Ideale a mit der Norm n, dann ist $\zeta_k(s) = \sum_{n=1}^{\infty} F(n) n^{-s}$ und es wird das Unendlichwerden von $\zeta_k(s)$ bei $s = 1$ in erster Annäherung von dem mittleren Werte von $F(n)$ abhängen. Wenn also der Grenzwert $\frac{1}{k} \sum_{n=1}^{k} F(n)$ für $k \to \infty$ existiert und gleich κ^* ist, so ist

$$\lim_{s=1} (s-1)\zeta_k(s) = \kappa^* \ .$$

$\sum\limits_{n=1}^{k} F(n) = Z(k)$ ist offenbar die Anzahl aller Ideale, deren Norm $\leq k$. In diesem § werden wir den einen nahe liegenden Weg zur Bestimmung von $Z(k)$ einschlagen, indem wir zunächst nur die Ideale einer festen Idealklasse abzählen und dann das Resultat für die Klassen addieren.

Wir verstehen unter $Z_\rho(k)$ die Anzahl der Ideale aus der Idealklasse A_ρ ($\rho = 1,\ldots, h$), deren Norm $\leq k$ ist, und suchen zunächst $\lim\limits_{k=\infty} \dfrac{Z_\rho(k)}{k}$ für ein beliebiges ρ zu bestimmen. Ist a ein Ideal aus der zu A_1 reziproken Klasse, so wird jedes Ideal x aus A_1 durch Multiplikation mit a zu einem Hauptideal, $a \cdot x = (\alpha)$. Und umgekehrt läßt sich jedes durch a teilbare Hauptideal (α^*) in die Form $(\alpha^*) = a \cdot x^*$ setzen, wo x^* ein Ideal aus der Klasse A_1 ist; die Anzahl der durch a teilbaren Hauptideale, deren Norm $\leq N(a) \cdot k$ ist, und die Anzahl der Ideale aus der Klasse A_1, deren Norm $\leq k$ ist, stimmen also miteinander überein.

Zwei verschiedene durch a teilbare Zahlen α und β führen dann und nur dann zu demselben Hauptideal (α), wenn α und β assoziiert sind, d.h. sich nur um einen Einheitsfaktor unterscheiden. Also ist $Z_1(k)$ identisch mit der Anzahl der nicht assoziierten Zahlen des Ideals a, deren Norm absolut genommen $\leq N(a) \cdot k$ ist.

Um von den assoziierten Zahlen ein bestimmtes Individuum zu isolieren, verfahren wir so: Es sei θ eine erzeugende Zahl von k; unter den Konjugierten, welche durch obere Indices unterschieden werden sollen, seien

$$\theta^{(1)}, \theta^{(2)}, \ldots, \theta^{(r_1)} \quad \text{reell}$$

$$\theta^{(r_1+1)}, \theta^{(r_1+2)}, \ldots, \theta^{(r_1+r_2)}, \ldots, \theta^{(n)} \quad \text{imaginär} ,$$

und zwar $\theta^{(p+r_2)}$ konjugiert imaginär zu $\theta^{(p)}$ für $p = r_1 + 1$, $r_1 + 2, \ldots, r_1 + r_2$. Ferner seien $\alpha_1^{(p)}, \alpha_2^{(p)}, \ldots, \alpha_n^{(p)}$

Basiszahlen des Ideals $a^{(p)}$, so daß also für jede Zahl μ
aus a die Gleichung

$$\mu^{(p)} = z_1 \alpha_1^{(p)} + z_2 \alpha_2^{(p)} + \ldots + z_n \alpha_n^{(p)} \qquad (p = 1, 2, \ldots, n)$$

mit ganzen rationalen z_i gilt.

Wir fassen nun die z_i als kartesische rechtwinklige Koordinaten eines Punktes in einem n-dimensionalen Raume auf. Jedem Punkt P dieses Raumes mit den beliebigen Koordinaten $(v_1, v_2, \ldots, v_n)$ ordnen wir die Werte der n linearen Formen

$$\ell_p(v) = v_1 \alpha_1^{(p)} + \ldots + v_n \alpha_n^{(p)} \qquad (p = 1, 2, \ldots, n)$$

zu, so daß jeder Punkt sowohl durch die reellen Koordinaten v_i wie auch durch die reellen oder komplexen Koordinaten $\ell_p(v)$ völlig bestimmt ist. Wir nennen 2 Punkte P und P' assoziiert, wenn, unter η eine beliebige Einheit aus k verstanden,

$$\ell_p(v') = \eta^{(p)} \ell_p(v) \qquad (p = 1, 2, \ldots, n) \ .$$

Die Gitterpunkte, d.h. die Punkte mit ganzen rationalen Koordinaten $(v_i = z_i)$, entsprechen den Körperzahlen und assoziierte Gitterpunkte liefern also assoziierte Zahlen $\mu^{(p)}$ des Ideals a; umgekehrt entsprechen assoziierten Zahlen $\mu^{(p)}$ stets assoziierte Gitterpunkte.

Einen Überblick über die Gesamtheit der zu einem P assoziierten Punkte verschaffen wir uns mit Hülfe des Dirichletschen Satzes über die Darstellung der Einheiten eines Körpers. Nach der Zusammenstellung Teil I, S. 16 ist jede Einheit η des Körpers durch $r = r_1 + r_2 - 1$ Grundeinheiten des Körpers $\varepsilon_1, \ldots, \varepsilon_r$ eindeutig in der Form

$$\eta = \zeta \cdot \varepsilon_1^{a_1} \ldots \varepsilon_r^{a_r}$$

so darstellbar, daß die $a_1, \ldots, a_r$ ganze rationale Zahlen und ζ eine Einheitswurzel ist. Wir erhalten also alle zu $P(v_1, \ldots, v_n)$ assoziierten Punkte, wenn wir die den Linearformen

$$\ell_p(v') = \zeta_\rho^{(p)} \varepsilon_1^{(p)a_1} \ldots \varepsilon_r^{(p)a_r} \cdot \ell_p(v) \qquad (p=1,\ldots,n; a_i=\pm 1, \pm 2, \ldots)$$

(wobei $\zeta_\rho^{(p)}$ die Einheitswurzeln von $k^{(p)}$ durchlaufe) entsprechenden Punkte $P'(v_1', \ldots, v_n')$ aufsuchen.

Ordnen wir jetzt den $r_1 + r_2$ absoluten Beträgen $|\ell_p(v)|$ $r + 1 = r_1 + r_2$ reelle Größen $u, x_1, \ldots, x_r$ zu durch die Gleichungen

$$|\ell_p(v)| = u \cdot |\epsilon_1^{(p)}|^{x_1} \ldots |\epsilon_r^{(p)}|^{x_r}$$

so wird

$$|\ell_p(v')| = u \cdot |\epsilon_1^{(p)}|^{x_1 + a_1} \ldots |\epsilon_r^{(p)}|^{x_r + a_r} .$$

Daß für jeden Punkt v ein und nur ein Wertesystem $u, x_1, \ldots, x_r$ existiert, wird sich nachher ergeben. - Offenbar kann man jeden Punkt mit den Koordinaten $\ell_1, \ldots, \ell_n$ durch Multiplikation derselben mit einem Potenzprodukt der $\epsilon_1, \ldots, \epsilon_r$ auf eine einzige Art in einen assoziierten verwandeln, dessen Exponentensystem $x_1, \ldots, x_r$ den Ungleichungen

$$0 \leqq x_i < 1 \quad (i = 1, \ldots, r)$$

genügt. Die Punkte $\ell_1, \ldots, \ell_n$ und $\zeta^{(1)}\ell_1, \ldots, \zeta^{(n)}\ell_n$, wo ζ eine Einheitswurzel des Körpers ist, haben offenbar das gleiche System $u, x_1, \ldots, x_r$. Haben umgekehrt 2 **assoziierte** Gitterpunkte das gleiche Exponentensystem $x_1, \ldots, x_r$ und gleiche "Norm" u^n, so unterscheiden sich dieselben nur um eine Einheitswurzel als Faktor. Sei w die (stets endliche) Anzahl der Einheitswurzeln des Körpers. Dann gibt es also zu jedem $P(v_1, \ldots, v_n)$ genau w assoziierte Punkte, für welche

$$|\ell_p(v')| = u|\epsilon_1^{(p)}|^{x_1'} \ldots |\epsilon_r^{(p)}|^{x_r'}$$

$$0 \leqq x_i' < 1 \quad (i = 1, 2, \ldots, r)$$

gilt. Solche Punkte wollen wir "reduzierte" nennen. Unter Benutzung dieses Begriffes können wir sagen:

$Z_1(k)$ ist Anzahl der reduzierten Gitterpunkte mit $|N(\ell_p(z))| \leqq N(a) \cdot k$ dividiert durch w.

Mit $P(v_1, \ldots, v_n)$ ist auch $P_c(cv_1, \ldots, cv_n)$ ein reduzierter Punkt. Denn es ist

$$|N(\ell_p(v))| = \ell_1(v) \cdot \ell_2(v) \ldots \ell_n(v) = u^n$$

also

$$u = |\sqrt[n]{N(\ell_p(v))}|$$

und die Gleichungen

$$\frac{|\ell_p(v)|}{|^n\sqrt{N(\ell_p(v))}|} = \varepsilon_1^{(p)x_1} \cdots \varepsilon_r^{(p)x_r}$$

zeigen, daß P_c dasselbe Wertsystem $x_1, \ldots, x_r$ liefert wie P.

Sei $N(a)\cdot k = t$ und $v_i = \dfrac{z_i}{^n\sqrt{t}}$ $(i = 1, \ldots, n)$. Dann entspricht jedem Punkte $(z_1, \ldots, z_n)$ mit $|N(\ell_p(z))| \leqq t$ eindeutig ein Punkt $(v_1, \ldots, v_n)$ mit $|N(\ell_p(v))| \leqq 1$. Die reduzierten Punkte $P(v_1, \ldots, v_n)$ liegen für alle t innerhalb eines <u>beschränkten</u> Gebietes. Denn aus

$$|N(\ell_p(v))| \leqq 1$$

folgt

$$0 \leqq u \leqq 1$$

und da auch

$$0 \leqq x_i < 1$$

so ist

$$|\ell_p(v)| < C_1 \qquad (p = 1, \ldots, n)$$

und folglich

$$|v_i| < C_2 \qquad (i = 1, \ldots, n) .$$

Also ist der Definition des Rauminhaltes zufolge

$$w\cdot\lim_{t=\infty} \frac{Z(t)}{t} = \iint\cdots\int_I dv_1\, dv_2 \cdots dv_n ,$$

dem Rauminhalt des Gebietes I, welches im Raum der $v_1, \ldots, v_n$ durch die Ungleichungen

$$0 \leqq u \leqq 1 \quad , \quad 0 \leqq x_i \leqq 1$$

bestimmt ist.

Das Integral werde zunächst unter der Voraussetzung berechnet, daß alle $k^{(p)}$ reell sind $(r_1 = n;\ r_2 = 0)$. Führen wir erst $y_p = \ell_p(v)$, dann $u, x_1, \ldots, x_{n-1}$ als Integrationsvariable ein, so wird

$$\iint\cdots\int dv_1 dv_2 .. dv_n = \iint\cdots\int \frac{\partial v_1 \cdots v_n}{\partial y_1 \cdots y_n} dy_1 dy_2 \cdots dy_n$$

$$= \frac{1}{N(a)|\sqrt{d}|} \iint\cdots\int dy_1 \cdots dy_n$$

- 192 -

$$\iint..\int dy_1...dy_n = \iint..\int \frac{\partial y_1...y_n}{\partial u x_1..x_{n-1}} du dx_1...dx_{n-1}$$

$$= \iint..\int \left| \begin{matrix} \frac{y_1}{u}, & y_1 \log|\epsilon_1^{(p)}|.. \\ \vdots & \vdots \\ \frac{y_n}{u}, & y_n \log|\epsilon_1^{(p)}|.. \end{matrix} \right| du dx_1...dx_{n-1}$$

Nun ist $y_1 y_2 \ldots y_n = u^n$ oder gleich $-u^n$. Da aber das Integrationsgebiet symmetrisch inbezug auf die $y_i = 0$ (i = 1,2,...n) ist, können wir $I = 2^n I^*$ setzen, wenn I^* das durch die weiteren Ungleichungen $y_i \geqq 0$ (i = 1, ..., n) eingeschränkte Gebiet bedeutet. Unter Δ verstehe ich die Determinante

$$\left| \begin{matrix} 1, & \log|\epsilon_1^{(1)}|, & \ldots, & \log|\epsilon_r^{(1)}| & \\ \vdots & & & \\ 1, & \log|\epsilon_1^{(r+1)}|, & \ldots, & \log|\epsilon_r^{(r+1)}| \end{matrix} \right|$$

In der Theorie der Einheiten wird gezeigt, daß $\Delta \neq 0$ und damit die Einführung der Variablen $u, x_1, \ldots, x_{n-1}$ gerechtfertigt, und es ergibt sich

$$\iint_I..\int dv_1..dv_n = \frac{2^n \cdot \Delta}{N(a)|\sqrt{d}|} \iint...\int_{\substack{0 \leqq u \leqq 1 \\ 0 \leqq x_i \leqq 1}} u^{n-1} du dx_1...dx_{n-1}$$

$$= \frac{2^n \cdot \Delta}{N(a)|\sqrt{d}|n} \quad .$$

Sind unter den Konjugierten r_1 reell, $2r_2$ imaginär, so spalte man die nicht reellen ℓ_p in ihre reellen und imaginären Bestandteile und setze also

$$\ell_p(z) = \ell_p'(z) + i\ell_p''(z) , \quad \ell_{p+r_2}(z) = \ell_p'(z) - i\ell_p''(z)$$

und für $\qquad 1 \leqq q \leqq r_1 \qquad y_q = \ell_q(z)$

" " $\qquad r_1+1 \leqq q \leqq r_1+r_2 \qquad y_q = \ell_q'(z)$

" " $\qquad r_1+r_2+1 \leqq q \leqq n \qquad y_q = \ell_q''(z)$

Alsdann ist

$$\frac{\partial y_1 \ldots y_n}{\partial z_1 \ldots z_n} = 2^{-r_2} N(a) | \sqrt{d} | \ .$$

Wir fügen zunächst für das Integrationsgebiet noch die Beschränkung $y_1 \geq 0 \ldots y_{r_1} \geq 0$ hinzu und multiplizieren dafür das Integral mit 2^{r_1}. Für je zwei der y_i, nämlich y_q und y_{q+r_2} ($q = r_1+1, \ldots, r_1+r_2$) führen wir Polarkoordinaten $\rho_q = |\ell_q(z)|$ und den entsprechenden Winkel φ_q durch

$$\sin\varphi_q = \frac{y_q}{\rho_q}, \quad \cos\varphi_q = \frac{y_{q+r_2}}{\rho_q}$$

ein, der von 0 bis 2π variiert, setzen der Symmetrie halber auch noch $\rho_q = y_q$ für $q = 1,\ldots,r_1$ und erhalten so

$$I = \frac{2^{r_1} \cdot (2\pi)^{r_2}}{N(a)|\sqrt{d}|2^{-r_2}} \int\int \ldots \int \rho_{r_1+1} \cdots \rho_{r_1+r_2} d\rho_1 \ldots d\rho_{r+1} \ ,$$

wo zu integrieren ist über den Teil des Gebietes $\rho_q \geq 0$, $\prod_{p=1}^{r_1+r_2} \rho_p^{e_p} \leq 1$, welcher überdies nur reduzierte Punkte enthält. Darin ist

$$e_p = \begin{cases} 1 & \text{für reelle } k^{(p)} \\ 2 & \text{für komplexe } k^{(p)} \end{cases}$$

Die Bedingungen des Reduziertseins werden durch die Einführung der $u, x_1, \ldots, x_r$ vermöge der Gleichungen

$$\rho_p = u \cdot e^{\sum_{k=1}^{r} x_k \log |\varepsilon_k^{(p)}|} \qquad (p = 1, \ldots, r_1+r_2)$$

durch die Forderung $0 \leq x_k \leq 1$ ($k = 1, \ldots, r$) ausgedrückt. Für die Funktionaldeterminante finden wir

$$\frac{\partial \rho_1 \cdots \rho_{r+1}}{\partial u x_1 \ldots x_r} = \frac{\rho_1 \cdots \rho_{r+1}}{u} \cdot \Delta \ ,$$

so daß das resultierende Integral $\int\int \ldots \int_{\substack{0 \leq u \leq 1 \\ 0 \leq x_i \leq 1}} u^{n-1} du dx_1 \ldots dx_r = \frac{1}{n}$

und das gesuchte Integral $I = \dfrac{2^{r_1} \cdot (2\pi)^{r_2} \cdot \Delta}{N(a) \cdot |\sqrt{d}| 2^{-r_2} \cdot n}$ wird. Der Regulator R des Körpers ist gleich der Determinante

$$\begin{vmatrix} e_1 \cdot \log\ |\varepsilon_1^{(1)}| & \cdots & e_1 \cdot \log\ |\varepsilon_r^{(1)}| \\ \vdots & & \\ e_r \cdot \log\ |\varepsilon_1^{(r)}| & \cdots & e_r \cdot \log\ |\varepsilon_r^{(r)}| \end{vmatrix}$$

Da $\prod\limits_{p=1}^{r+1} |\varepsilon^{(p)}|^{e_p} = 1$, also $\sum\limits_{p=1}^{r+1} e_p \log\ |\varepsilon^{(p)}| = 0$, folgt leicht

$$\Delta = \frac{n \cdot R}{2^{r_2}}, \text{ und}$$

$$I = \frac{2^{r_1+r_2} \pi^{r_2} \cdot R}{N(a) \cdot |\sqrt{d}|}$$

und da

$$I = w \cdot \lim_{t=\infty} \frac{Z_1(t)}{t} = \frac{w}{N(a)} \lim_{k=\infty} \frac{Z_1(k)}{k}$$

so folgt

$$\lim_{k=\infty} \frac{Z_1(k)}{k} = \frac{2^{r_1+r_2} \pi^{r_2} \cdot R}{w \cdot |\sqrt{d}|} = \kappa \ .$$

Die Hauptsache an diesem Resultat ist, daß κ von A_1 unabhängig ist. Wir erhalten also, wenn h die Klassenzahl bedeutet

$$\kappa^* = \lim_{k=\infty} \frac{Z(k)}{k} = \lim_{k=\infty} \sum_{\rho=1}^{h} \frac{Z_\rho(k)}{k} = h \cdot \kappa \ .$$

Nach Dedekind erhalten wir daraus für die Klassenzahl

$$h = \frac{1}{\kappa} \lim_{k=\infty} \frac{Z(k)}{k} = \frac{1}{\kappa} \lim_{\tau=\infty} \frac{1}{\tau} \left(\sum_{n=1}^{\tau} F(n) \right)$$

wenn $F(n)$ die Anzahl der Ideale mit der Norm n bedeutet.

Diese Gleichung ermöglicht die Bestimmung der Klassenzahl in allen jenen Fällen, wo $F(n)$ noch auf eine andere Art, aus der Kenntnis der Zerlegungsgesetze der Primzahlen in k, ermittelt werden kann. Und es sei besonders hervorgehoben, daß das einzige transzendente Element bei dieser Klassenzahlbestimmung die Ausführung des obigen Grenzüberganges $\tau = \infty$ ist. Es ist dabei von geringer Wichtigkeit, daß die Technik dieser Rechnung durch Benutzung von Zetafunktionen sehr erleichtert wird. Auf Grund jenes Dirichletschen Satzes folgt nämlich offenbar

$$\lim_{s=1} (s-1)\ \zeta_k(s) = h \cdot \kappa$$

und die daraus entstehende Gleichung

$$h = \frac{1}{\kappa} \lim_{s=1} (s-1) \prod_{p} (1 - N(p)^{-s})^{-1}$$

zeigt, wie man aus der <u>Verteilung der Primideale</u> auf die <u>Klassenzahl</u> schließen kann.

Wir bemerken noch zweierlei: Aus dem obigen Beweis folgt auch noch eine Abschätzung, mit welcher Genauigkeit die endliche Summe $\frac{1}{t} \cdot Z_\rho(t)$ den Grenzwert κ darstellt. Die Differenz ist offenbar von der Größenordnung des Inhalts derjenigen Würfel von der Kantenlänge $\frac{1}{\sqrt[n]{t}}$, die mit der Oberfläche unseres endlichen n-dimensionalen Raumstücks einen Punkt gemein haben, d.h. von der Größenordnung $t^{1 - \frac{1}{n}}$, so daß man erhält

$$Z_\rho(t) = \kappa \cdot t + O(t^{1 - \frac{1}{n}}) \ .$$

Ferner folgt auch für die Teilsummen über die Ideale einer festen Klasse A

$$\lim_{s=1} (s-1) \sum_{a \text{ aus } A} \frac{1}{N(a)^s} = \kappa$$

unabhängig von A.

§ 5. Bestimmung von $\varphi(Q)$ auf transzendentem Wege.

An einem einfachen Beispiele soll der Sinn der Methode, die zur Berechnung von h abgeleitet worden ist, noch einmal erläutert werden: es soll die Eulersche Funktion einer ganzen rationalen Zahl Q, $\varphi(Q)$, auf transcendentem Wege ermittelt werden. Wir fragen also nach der Anzahl der teilerfremden Restklassen mod Q. Die positiven Zahlen einer Restklasse sind

$$Q \cdot m + a \quad (m = 0, 1, 2, \ldots)$$

wobei a eine feste, die Klasse charakterisierende Zahl $(a, Q) = 1$ mit $0 < a < Q$ ist.

Die Anzahl der Zahlen $Q \cdot m + a \leqq x$ ist $[\frac{x - a}{Q}]$, wenn allgemein $[z]$ die größte ganze Zahl unterhalb z bedeutet. Es ist

$$\lim_{x = \infty} \frac{[\frac{x-a}{Q}]}{x} = \lim_{x = \infty} \frac{\frac{x-a}{Q} - \varepsilon_x}{x} = \frac{1}{Q} \ ,$$

also wieder unabhängig von der Restklasse a. Folglich ist die Anzahl aller zu Q teilerfremden positiven Zahlen $\leq$ x, $Z(x)$ asymptotisch gleich $\frac{\varphi(Q)}{Q}$ x.

Den $\lim\limits_{x=\infty} \frac{Z(x)}{x}$ gilt es jetzt auf eine zweite Art zu bestimmen. Dazu ziehen wir die Dirichletsche Reihe

$$f(s) = \sum \frac{a_n}{n^s} \quad \text{mit} \quad \begin{cases} a_n = 1, \text{ wenn } (n, Q) = 1 \\ a_n = 0, \text{ wenn } (n, Q) > 1 \end{cases}$$

heran. Offenbar ist $\lim\limits_{s=1} (s-1) \cdot f(s) = \frac{\varphi(Q)}{Q}$.

Für $f(s)$ gilt nun wieder eine unendliche Produktentwicklung. Denn $f(s)$ entsteht aus dem Produkte $\zeta(s) = \prod\limits_p \frac{1}{1-p^{-s}}$ durch Fortlassen aller jener Primzahlen p, die in Q aufgehen.

$$f(s) = \zeta(s) \cdot \prod\limits_{p \mid Q} (1 - p^{-s})$$

Folglich ist

$$\frac{\varphi(Q)}{Q} = \lim\limits_{s=1} (s-1)f(s) = \lim\limits_{s=1} (s-1)\zeta(s) \prod\limits_{p \mid Q} (1 - p^{-s})$$

$$\varphi(Q) = Q \prod\limits_{p \mid Q} (1 - \frac{1}{p}) \ .$$

Der Umweg über $f(s)$ läßt sich dabei ersparen, wenn man überlegt, daß $f(s)$ nur dazu dient, die Abzählung $\sum a_n$ leichter zu machen. Setzen wir nämlich

$$\prod\limits_{p \mid Q} (1 - p^{-s}) = \sum\limits_{m=1}^{\infty} \frac{c_m}{m^s}$$

so ist das eine endliche Dirichletsche Reihe und hieraus erhält man $f(s) = \zeta(s) \cdot \sum\limits_{m=1}^{\infty} \frac{c_m}{m^s} = \sum\limits_{n=1}^{\infty} \frac{1}{n^s} \sum\limits_{m=1}^{\infty} \frac{c_m}{m^s} = \sum\limits_{m,n} \frac{c_m}{(m \cdot n)^s}$

$$f(s) = \sum\limits_{k=1}^{\infty} \frac{\sum\limits_{m \mid k} c_m}{k^s} \ .$$

Da die Entwicklung einer Funktion in eine Dirichletsche Reihe, wenn überhaupt, nur auf eine Weise möglich ist, so ist

$$a_k = \sum\limits_{m \mid k} c_m$$

und

$$(1) \qquad Z(x) = \sum_{k \leq x} a_k = \sum_{k \leq x} \sum_{m \mid k} c_m = \sum_{m \leq x} c_m \left[\frac{x}{m}\right]$$

Wegen $\sum_{m \leq x} c_m \left[\frac{x}{m}\right] = x \sum_{m \leq x} c_m \frac{1}{m} - \sum_{m \leq x} c_m d_{mx}$, wo d_{mx} ein echter

Bruch, ist

$$\lim_{x = \infty} \frac{Z(x)}{x} = \lim_{x = \infty} \frac{1}{x} \sum_{m \leq x} c_m \left[\frac{x}{m}\right] = \sum_{1}^{\infty} \frac{c_m}{m} = \prod_{p \mid Q} \left(1 - \frac{1}{p}\right) \, .$$

Gleichung (1) enthält also in diesem Fall die zweite Methode
der Abzählung von $Z(x)$ auf Grund der Primzahlzerlegung und
$f(s)$ diente nur dazu diese Abzählung zu erleichtern.

§ 6. Die Klassenzahl quadratischer Zahlkörper.

Die Berechnung der Klassenzahl h eines quadratischen
Körpers $k(\sqrt{d})$ mit der Diskriminante d nach dieser Methode beruht wesentlich auf den Zerlegungsgesetzen für rationale Primzahlen in k, welche folgendermaßen lauten: p, q, r seien ungerade Primzahlen, p zerfällt in 2 verschiedene Primideale p_1
und p_2 dann und nur dann, wenn das Legendresche Symbol

$$\chi(p) = \left(\frac{d}{p}\right) = +1 \, .$$

r ist Quadrat eines Primideals $\mathfrak{r}$ dann und nur dann, wenn
$\chi(r) = \left(\frac{d}{r}\right) = 0$.

q zerfällt nicht dann und nur dann, wenn $\chi(q) = \left(\frac{d}{q}\right) = -1$.

2 zerfällt in 2 verschiedene, 2 gleiche Ideale oder zerfällt
nicht, je nachdem $\left(\frac{d}{2}\right)$ (ein Symbol, was erst durch die hier
folgende Festsetzung für d, welche Diskriminanten quadratischer
Körper, eine Bedeutung erhält) bzw. $\chi(2) = \left(\frac{2}{d}\right) = +1$, 0 oder -1
ist.

Für zusammengesetzte $n > 0$ definieren wir $\chi(n)$ mit Hülfe
der Funktionalgleichung $\chi(a \cdot b) = \chi(a) \cdot \chi(b)$.

Die für das folgende grundlegende Eigenschaft des Charakters
$\chi(n)$ ist nun die, welche das <u>quadratische Reziprozitätsgesetz</u>
ausdrückt: <u>$\chi(n)$ ist ein Restklassencharakter mod d</u>. Der Beweis
ergibt sich aus dem Reziprozitätsgesetz für verschiedene

ungerade Primzahlen

$$(1) \qquad \left(\frac{p}{q}\right)\cdot\left(\frac{q}{p}\right) = (-1)^{\frac{p-1}{2}\cdot\frac{q-1}{2}} \qquad\qquad (p,\ q > 0)$$

und dem Ergänzungssatz

$$(2) \qquad \left(\frac{-1}{p}\right) = (-1)^{\frac{p-1}{2}}$$

folgendermaßen.

Aus (1) folgt für positive ungerade Zahlen Q, P

$$(3) \qquad \left(\frac{P}{Q}\right)\cdot\left(\frac{Q}{P}\right) = (-1)^{\frac{P-1}{2}\cdot\frac{Q-1}{2}} \qquad\qquad \{(Q,\ P) = 1\}$$

und bei Zulassung negativer Zahlen folgt aus (1) und (2) mit
Hülfe der Definition $\left(\frac{P}{-n}\right) = \left(\frac{P}{n}\right)$

$$(4) \qquad \left(\frac{P}{Q}\right)\cdot\left(\frac{Q}{P}\right) = (-1)^{\frac{P-1}{2}\cdot\frac{Q-1}{2} + \frac{sg\ P-1}{2}\cdot\frac{sg\ Q-1}{2}} \ .$$

Bekanntlich ist nach einem zweiten Ergänzungssatze
$\left(\frac{2}{p}\right) = (-1)^{\frac{p^2-1}{8}}$ und man setzt, wenn $P \equiv 1 \pmod 4$ $\left(\frac{P}{2^k}\right) = \left(\frac{2}{P}\right)^k$,
dagegen wenn P gerade, $\left(\frac{P}{2^k}\right) = 0$, und definiert $\left(\frac{P}{2}\right)$ für die
Restklasse 3 (mod 4) überhaupt nicht.

Nehmen wir nun zunächst an, <u>d sei ungerade</u>, so folgt aus
(4) und der Kongruenz $d \equiv 1 \pmod 4$ für $n = 2^k\cdot m$ (m ungerade)

$$\chi(n) = \chi(2)^k\cdot\chi(m) = \left(\frac{2}{d}\right)^k\cdot\left(\frac{m}{d}\right)\cdot(-1)^{\frac{sg\ m-1}{2}\cdot\frac{sg\ d-1}{2}}$$

also

$$\left(\frac{d}{n}\right) = \left(\frac{n}{d}\right)(-1)^{\frac{sg\ n-1}{2}\cdot\frac{sg\ d-1}{2}} \ .$$

Somit ist in der Tat $\chi(n) = \chi(n')$, wenn $n \equiv n' \pmod d$ und
n, n' > 0, und wenn wir den bisher nur für positive n definierten Charakter für negative n durch die Festsetzung

$$\chi(n) = \left(\frac{d}{n}\right)(-1)^{\frac{sg\ n-1}{2}\cdot\frac{sg\ d-1}{2}}$$

erklären, so gilt für den so erweiterten Charakter allgemein

$\chi(n) = \chi(n')$, wenn $n \equiv n'$ (mod d). - Jetzt läßt sich z.B.
$\chi(|d| - 1)$ bequem ermitteln, es ist

$$\chi(|d| - 1) = \chi(-1) = \begin{cases} +1 \\ -1 \end{cases} \text{je nachdem d} \begin{cases} \text{pos.} \\ \text{neg.} \end{cases}$$

Ist <u>d gerade</u> gleich $2^k \cdot d'$ (d' ungerade, $k \geq 2$) so ist
nach (4), da n als ungerade vorausgesetzt werden kann,

$$\left(\frac{d}{n}\right) = \left(\frac{2}{n}\right)^k \left(\frac{d'}{n}\right)$$

$$= (-1)^{k \frac{n^2-1}{8}} \left(\frac{n}{d'}\right)(-1)^{\frac{d'-1}{2} \cdot \frac{n-1}{2} + \frac{sg\ n-1}{2} \cdot \frac{sg\ d-1}{2}}$$

$$= \left(\frac{(-1)^{\frac{n-1}{2}} n}{d}\right)(-1)^{\frac{n-1}{2} \cdot \frac{sg\ d-1}{2} + \frac{sg\ n-1}{2} \cdot \frac{sg\ d-1}{2}}$$

und somit gilt die behauptete Relation für den erweiterten
Charakter auch in diesem Fall. Da schließlich
$\chi(a \cdot b) = \chi(a) \cdot \chi(b)$, so ist $\chi(a)$ in der Tat ein Restklassencharakter mod d.

<u>Auf Grund der oben nachgewiesenen Eigenschaft</u> können wir
eine für die analytische Behandlung von $\chi(n)$ wichtige Darstellung für $\chi(n)$ mittels einer endlichen Fourierschen Reihe
angeben: Ist a eine ganze rationale Zahl, so ist für jede
Körperdiskriminante d

$$G(a) = \sum_{n \bmod d} \chi(n) e^{\frac{2\pi i n a}{d}}$$

offenbar eine wohl definierte Funktion von a; denn sie ist von
der Wahl der Restklassenrepräsentanten unabhängig. Dies be-
nützend ersetzen wir n durch $a' \cdot n$, wenn $(a,d) = 1$ derart, daß
$a \cdot a' \equiv 1$ (mod d). Dann wird

$$G(a) = \sum_n \chi(na') e^{\frac{2\pi i n a' a}{d}} = \chi(a') \sum_n \chi(n) e^{\frac{2\pi i n}{d}} = \chi(a') \cdot G(1) .$$

Da $\chi(a) \cdot \chi(a') = 1$, also $\chi(a) = \chi(a')$, so erhalten wir hieraus
in

$$\chi(a) = \frac{G(a)}{G(1)}$$

eine Darstellung für $\chi(a)$ mit $(a, d) = 1$ von der gewünschten Art, sobald wir gezeigt haben, daß $G(1) \neq 0$.

Ich behaupte, daß $|G(1)| = |\sqrt{d}|$ und beweise dies in 3 Schritten:

1. Ist $d = \ell$ eine ungerade Primzahl, so ist wie im ersten Teil (§ 13, Seite 84) abgeleitet wurde, die Behauptung in der Tat richtig.

2. Ist $d = \pm 2^k$, also gleich -4, +8, -8, so ist für $d = -4$

$$|G(1)| = |\chi(1)e^{\frac{\pi i}{2}} + \chi(3)e^{\frac{3\pi i}{2}}| = |e^{\frac{\pi i}{2}}(1 - e^{\pi i})| = 2$$

für $d = +8$

$$|G(1)| = |\chi(1)e^{\frac{\pi i}{4}} + \chi(3)e^{\frac{3\pi i}{4}} + \chi(5)e^{\frac{5\pi i}{4}} + \chi(7)e^{\frac{7\pi i}{4}}|$$

$$= |e^{\frac{\pi i}{4}}(1 - e^{\pi i})(1 - e^{\frac{\pi i}{2}})| = 2|\sqrt{2}|$$

für $d = -8$

$$|G(1)| = |e^{\frac{\pi i}{4}}(1 + e^{\frac{\pi i}{2}})(1 - e^{\pi i})| = 2|\sqrt{2}| \ .$$

3. Zeige ich, daß für zerlegbare Diskriminanten $d = d_1 \cdot d_2$, wo d_1, d_2 wiederum Diskriminanten sind, gilt

$$|G_d(1)| = |G_{d_1}(1)| \cdot |G_{d_2}(1)| \ .$$

Denn es ist $G_d(1) = \sum\limits_{n} (\frac{d_1 \cdot d_2}{n})(-1)^{\frac{\mathrm{sg}\, d_1 d_2 - 1}{2} \cdot \frac{\mathrm{sg}\, n - 1}{2}} e^{\frac{2\pi i n}{d_1 d_2}}$

Für n schreibe ich $d_1 n_2 + d_2 n_1$, worin n_1, n_2 bzw. mod d_1 oder mod d_2 ein volles Restsystem durchlaufen mögen, und zwar so, daß $n > 0$. Dann ist

$$G_d(1) = \sum\limits_{n} (\frac{d_1}{n}) \cdot (\frac{d_2}{n})\, e^{2\pi i(\frac{n_1}{d_1} + \frac{n_2}{d_2})}$$

und da $\chi_{d_1}(n) = (\frac{d_1}{n})(-1)^{\frac{\mathrm{sg}\, d_1 - 1}{2} \cdot \frac{\mathrm{sg}\, n - 1}{2}}$ und entsprechend $\chi_{d_2}(n)$ Restklassencharaktere mod d_1 bzw. mod d_2 sind,

$$G_d(1) = \sum_{n_1,n_2} \chi_{d_1}(d_2 n_1)\chi_{d_2}(d_1 n_2)e^{2\pi i\left(\frac{n_1}{d_1} + \frac{n_2}{d_2}\right)}$$

$$= \left(\frac{d_1}{d_2}\right)\left(\frac{d_2}{d_1}\right)G_{d_1}(1)\cdot G_{d_2}(1) \ .$$

Da nun jede Diskriminante d sich in die Form

$$d = \pm 2^k\cdot(-1)^{\frac{\ell_1-1}{2}}\ell_1\cdot(-1)^{\frac{\ell_2-1}{2}}\ell_2 \ldots \qquad (k = 0, 2, 3)$$

wo $(-1)^{\frac{\ell-1}{2}}\ell$ und $\pm 2^k$ (k = 0, 2, 3) Diskriminanten sind, für
welche $G(1) \neq 0$ bereits nachgewiesen, setzen läßt, so ist der
Satz allgemein bewiesen.

Ist (a, d) > 1, so gilt dieselbe Darstellung für $\chi(a)$; denn
alsdann ist $\chi(a) = 0$ und $G(a) = 0$. Man überzeugt sich nämlich
durch die für a = 1 benutzte Schlußweise, daß auch
$G_{d_1 d_2}(a) = G_{d_1}(a)\cdot G_{d_2}(a)$ und da der Satz für Primzahldiskriminanten trivial und für die Diskriminanten -4, ±8 leicht zu
bestätigen ist, folgt daraus seine allgemeine Gültigkeit.

Nunmehr können wir die Bestimmung von h auf beide gegen
Schluß von § 4 geschilderten Arten in Angriff nehmen.

Zunächst werde $\lim\limits_{x=\infty} \dfrac{\sum\limits_{n=1}^{x} F(n)}{x}$ direkt auf Grund der Primzahl-
zerlegungsgesetze umgeformt. Ich behaupte, daß

$$F(n) = \sum_{k|n} \chi(k) \ .$$

Zum Beweis zeige ich erstens, daß $F(a\cdot c) = F(a)\cdot F(c)$, wenn
(a, c) = 1. Ist n ein Ideal, dessen Norm $N(n) = a\cdot c$, so gibt
es stets eine und nur eine Zerlegung von n in Faktoren a und c
mit $N(a) = a$ und $N(c) = c$, und umgekehrt folgt natürlich aus
$N(a) = a$, $N(c) = c$ sofort $N(n) = a\cdot c$ für $n = a\cdot c$.

Eine solche Zerlegung läßt sich leicht angeben. Sei nämlich
a_1 bzw. c_1 das Produkt derjenigen in n aufgehenden Primideal-
potenzen, welche in a bezw. c aufgeben, so ist wegen (a, c) = 1
auch $(a_1, c) = 1$ und $(N(a_1), c) = 1$ und $(N(c_1), a) = 1$ während

$N(a_1) \cdot N(c_1) = a \cdot c$. Folglich muß $N(a_1) = a$ und $N(c_1) = c$ sein.

Sei nun a_2, c_2 eine zweite solche Zerlegung von $n = a_2 c_2$, so ist $a_1 c_1 = a_2 c_2$, und da $(a_2, c_2) = 1$ - denn $(N(a_1), N(c_1)) = 1$ - und $(a_1, c_2) = 1$, so folgt $a_1 = a_2$, $c_1 = c_2$.

Ich werde also $F(n)$ allgemein angeben können, wenn ich $F(p^a)$ beherrsche, und ich will demnach beweisen, daß

$$F(p^a) = \sum_{k \mid p^a} \chi(k) \ .$$

Der Beweis erfolgt durch direkte Berechnung.

a) Sei $(\frac{d}{p}) = -1$, also $p = p$. Ist a ein Ideal mit der Norm p^a, also $a \cdot a' = p^a$, so muß $a = p^x$, $a' = p^x$ und folglich a gerade sein. Also ist

$$F(p^a) = \left\{ \begin{array}{l} 1 \\ 0 \end{array} \right. \text{ je nachdem } \quad a \left\{ \begin{array}{l} \text{gerade} \\ \text{ungerade} \end{array} \right.$$

b) Sei $(\frac{d}{p}) = 0$, also $p = p^2$. Ist wiederum $a \cdot a' = p^a$, so muß $a = p^x, a' = p^x$ mit $x = a$ sein; also ist

$$F(p^a) = 1 \ .$$

c) Sei $(\frac{d}{p}) = +1$, also $p = p \cdot p'$ $(p \neq p')$. Wenn $N(a) = p^a$, so muß $a = p^x p'^y, a' = p'^x \cdot p^y$ und $x + y = a$ sein, somit ist

$$F(p^a) = a + 1 \ .$$

Man sieht, daß man die drei Ergebnisse allgemein in die Formel

$$F(p^a) = 1 + \sum_{x=1}^{a} \chi(p^x) = \sum_{m \mid p^a} \chi(m)$$

zusammenfassen kann, und alsdann allgemein für $F(n) = F(p_1^{a_1}) \cdot F(p_2^{a_2})$.

$$F(n) = \sum_{m_1 \mid p_1^{a_1}} \chi(m_1) \cdot \sum_{m_2 \mid p_2^{a_2}} \chi(m_2) \ldots = \sum_{m \mid n} \chi(m)$$

erhält. Alsdann wird

$$\sum_{n \leq x} F(n) = \sum_{n \leq x} \sum_{k \mid n} \chi(k) = \sum_{k \leq x} \chi(k) [\tfrac{x}{k}] \ .$$

Denn es gibt $[\tfrac{x}{k}]$ k', für die $k \cdot k' = n \leq x$. Demnach ist

$$\lim_{x=\infty} \frac{\sum\limits_{n\leq x} F(n)}{x} = \lim_{x=\infty} \frac{\sum\limits_{n\leq x} \chi(n)([\tfrac{x}{n}] - \tfrac{x}{n})}{x} + \sum\limits_{1}^{\leq x} \frac{\chi(n)}{n} .$$

Zur Auswertung dieses Limes ziehen wir folgenden Grenzwertsatz von Axer heran:

Sei $\lim\limits_{x=\infty} \dfrac{1}{x} \sum\limits_{n\leq x} f(n) = 0$ und $\sum\limits_{n\leq x} |f(n)| < c\cdot x$ für eine für ganzzahlige n definierte Funktion $f(n)$, so ist

$$\lim_{x=\infty} \frac{1}{x} \sum\limits_{n\leq x} f(n)(\tfrac{x}{n} - [\tfrac{x}{n}]) = 0 .$$

$\chi(n)$ erfüllt in der Tat die Voraussetzungen dieses Satzes, denn

$$\Big| \sum\limits_{n\leq x} \chi(n)\Big| = \Big| \sum\limits_{[\frac{x}{d}]\cdot d}^{\leq x} \chi(n)\Big| < d$$

und $\sum\limits_{n\leq x} |\chi(n)| \leq x$. Also ist

$$\lim_{x=\infty} \frac{\sum\limits_{n\leq x} F(n)}{x} = \lim_{x=\infty} \sum\limits_{1}^{\leq x} \frac{\chi(n)}{n} ; \text{ d.h. } = \sum\limits_{n=1}^{\infty} \frac{\chi(n)}{n} .$$

Setzen wir $L(s, \chi) = \sum\limits_{n=1}^{\infty} \dfrac{\chi(n)}{n^s}$, so folgt aus den eben angeführten Eigenschaften von $\chi(n)$ und dem gegen Schluß von § 3 bewiesenen Satz über Dirichletsche Reihen, daß $\sum\limits_{n=1}^{\infty} \dfrac{\chi(n)}{n^s}$ für $s > 0$ konvergiert und daher die in s stetige Funktion $L(s, \chi)$ bei $s = 1$ $L(1, \chi) = \sum\limits_{n=1}^{\infty} \dfrac{\chi(n)}{n}$ ist. Wir erhalten also

$$h\cdot\kappa = \lim_{x=\infty} \frac{\sum\limits_{n\leq x} F(n)}{x} = L(1, \chi) .$$

Es ist nützlich sich hieran klarzumachen, daß also das Klassenzahlproblem auf Grund der Abzählung der Ideale <u>auch ohne Einführung der Zetafunktion</u> zwangsläufig auf die L-Reihe führt.

Sehr viel schneller erhalten wir dasselbe Resultat, wenn wir die zweite Limesgleichung für $h\cdot\kappa$ zu Grunde legen,

$$h\cdot\kappa = \lim_{s=1} (s-1)\cdot\zeta_k(s) .$$

Aus den Zerlegungsgesetzen folgt nämlich

$$\zeta_k(s) = \prod_p \frac{1}{(1-N(p)^{-s})}$$

$$= \prod_p \frac{1}{(1-p^{-s})(1-p^{-s})} \prod_q \frac{1}{(1-q^{-s})(1+q^{-s})} \prod_r \frac{1}{(1-r^{-s})}$$

wo $\chi(p) = +1$, $\chi(q) = -1$, $\chi(r) = 0$, oder durch Einsetzen dieses Charakters

$$\zeta_k(s) = \zeta(s) \prod_p \frac{1}{1-\chi(p) \cdot p^{-s}} = \zeta(s) \cdot L(s, \chi)$$

worin $L(s, \chi)$ mit der bereits oben so bezeichneten Reihe identisch ist. Da $\lim_{s=1} (s-1)\zeta(s) = 1$, so ist

$$h \cdot \kappa = L(1, \chi) .$$

Zur Bestimmung von $L(1, \chi)$ ziehen wir die Darstellung von

$$\chi(n) = \frac{G(n)}{G(1)} = \frac{1}{G(1)} \sum_{k \bmod d} \chi(k) e^{\frac{2\pi i n k}{d}} \quad \text{heran. Sei } \zeta = e^{\frac{2\pi i}{|d|}}. \text{ Dann}$$

wird *)

$$L(1, \chi) = \frac{1}{G(1)} \sum_{k \bmod d} \chi(k) \sum_{n=1}^{\infty} \frac{\zeta^{k \cdot n}}{n} = \frac{-1}{G(1)} \sum_{k \bmod d} \chi(k) \log(1-\zeta^k)$$

Es ist derjenige Wert des Logarithmus gemeint, für den

$$-\pi < I(\log(1-\zeta^k)) \leqq \pi$$

d.h. es ist

$$L(1,\chi) = -\frac{1}{G(1)} \sum_k \chi(k)\left(\log 2 \cdot \sin \frac{\pi \cdot k}{|d|} + \frac{k\pi i}{|d|} - \frac{\pi i}{2}\right)$$
$$(0 < k < |d|)$$

und da ja $\sum_{\bmod d} \chi(k) = 0$, können wir $L(1, \chi)$ noch weiter vereinfachen zu

$$-\frac{1}{G(1)} \sum_k \chi(k)\left(\log \sin \frac{\pi \cdot k}{|d|} + \frac{k\pi i}{|d|}\right) .$$

Nun mögen 2 Fälle unterschieden werden:

a) Sei $d < 0$, dann ist $\chi(-1) = -1$ und daher

$$\sum_{k \bmod d} \chi(k) \cdot \log \sin \frac{\pi \cdot k}{|d|} = \sum_{k \bmod d} \chi(-k) \log \sin \frac{\pi \cdot k}{|d|}$$

$$= \chi(-1) \sum_{k \bmod d} \chi(k) \log \sin \frac{\pi \cdot k}{|d|} = 0 .$$

---

*) siehe Anmerkung 3.

Auf Grund der allgemeinen Formel ist hier $\kappa = \dfrac{2\pi}{w|\sqrt{d}|}$, wo w im allgemeinen gleich 2, im Körper der 4-ten Einheitswurzel gleich 4, im Körper der 3-ten Einheitswurzel gleich 0 ist. Also ist

$$h = \frac{-i \cdot w}{2G(1) \cdot |\sqrt{d}|} \sum_{\kappa \bmod d} k\chi(k) \qquad (0 < k < |d|) .$$

$|G(1)|$ ist nach obigem gleich $|\sqrt{d}|$. Wir nehmen jetzt ein Resultat über den Wert der Gauß-schen Summen vorweg, das wir erst später beweisen werden, nämlich $G(1) = +i\,|\sqrt{d}|$, also

$$h = \frac{w}{2d} \sum_{k \bmod d} \chi(k) \cdot k \qquad (0 < k < |d|) .$$

Es ist merkwürdig, daß dieses so überaus einfache Resultat nur auf dem gekennzeichneten Wege sich herleiten läßt. Selbst daß $\sum_{\bmod d} k\chi(k) < 0$, ist mit den heutigen Mitteln der __Arithme-__ __tik__ nicht nachzuweisen. Falls $d = -\ell$, einer Primzahl, ist, läßt sich auf elementarem Wege allerdings leicht zeigen, daß

$$\sum_{n \bmod \ell} n \cdot \chi(n) \neq 0 .$$

Es ist nämlich $\sum_{n=1}^{\ell-1} n \cdot (\frac{n}{\ell}) \equiv \sum_{n=1}^{\ell-1} n \pmod 2$, also, da $\ell = 4m+3$,

$$\equiv \frac{\ell(\ell-1)}{2} = \ell(2m+1) \equiv 1 \pmod 2 .$$

Für Primzahldiskriminanten ist $\chi(n) = (\frac{-\ell}{n}) = (\frac{n}{\ell})$, wenn $n > 0$, also $\sum_{n=1}^{\ell-1} n \cdot \chi(n) = \sum a - \sum b$, wo $0 < a, b < \ell$ und $(\frac{a}{\ell}) = +1$, $(\frac{b}{\ell}) = -1$ und da hier $w = 2$ folgt

$$h = \frac{\sum b - \sum a}{\ell} .$$

Zur numerischen Berechnung für h bei großen Diskriminanten bedient man sich bequemer einer anderen Methode. Bekanntlich (vergl. Einleitung zu Teil 1, 4), S. 13) gibt es in jeder Idealklasse A mindestens ein a mit

$$N(a) < |\sqrt{d}| .$$

Man wird also sicher ein volles Repräsentantensystem der h Idealklassen erhalten, wenn man aus den Idealen b mit $N(b) < |\sqrt{d}|$ die nichtäquivalenten heraussondert.

Dieselbe Methode kann man auch mit den Begriffen der Reduktionstheorie quadratischer Formen formulieren. Da sich nämlich (vergl. § 19 und § 20 des 1. Teiles) jeder Idealklasse eines Körpers $k(\sqrt{d})$ mit der Diskriminante d eindeutig eine Formenklasse der quadratischen Formen

$$ax^2 + bxy + cy^2 \quad \text{mit} \quad b^2 - 4ac = d$$

(a, b, c ganz rational; (a, b, c) = 1, a > 0) zuordnen läßt, und umgekehrt jeder solchen Formenklasse eine und nur eine Idealklasse entspricht, ist h auch zugleich die Anzahl der Formenklassen mit der Diskriminante d. Nun ist jede Form $ax^2 + bxy + cy^2$ durch die positiv imaginäre Wurzel τ_1 der Gleichung $a\tau^2 + b\tau + c = 0$ bestimmt, und da äquivalente Formen "Wurzeln" besitzen, welche nach der Modulgruppe äquivalent sind, so ist <u>h gleich der Anzahl der Zahlen</u>

$$\tau_{ab} = \frac{-b + i\,|\sqrt{d}|}{2a}$$

<u>mit ganzem rationalem a, b</u>, wo a > 0, $b^2 \equiv d \pmod{4a}$, welche überdies <u>in einem Fundamentalbereich der Modulgruppe</u> liegen, - oder anders gesprochen, welche für die absolute Invariante $J(\tau)$ verschiedene Werte liefern.

Die Punkte des Fundamentalbereichs lassen sich bekanntlich durch einfache Ungleichungen völlig charakterisieren, und so ergibt sich die Klassenzahl auch gleich der Anzahl der Lösungstripel a, b, c dieser Ungleichungen. Bisher hat sich aber hieraus nicht die oben auf transzendentem Wege gefundene Formel für die Klassenzahl ableiten lassen.

Endlich sei in diesem Zusammenhang darauf hingewiesen, daß wir zur Entscheidung der Frage, ob zwei Ideale äquivalent sind, auch ein transzendentes Hilfsmittel besitzen: Die absolute Invariante $J(\tau)$ (vergl. S. 157 des II. Teiles). Man bilde nämlich für jedes der beiden Ideale a, b die Basiszahlen (α_1, α_2) und (β_1, β_2) mit positiv imaginären Determinanten und dann $\frac{\alpha_2}{\alpha_1}$, $\frac{\beta_2}{\beta_1}$. a und b sind dann und nur dann äquivalent, wenn für die absolute Invariante $J(\frac{\alpha_2}{\alpha_1}) = J(\frac{\beta_2}{\beta_1})$.

b) Sei d > 0. Dann ist $\chi(-1) = +1$ und daher

$$\sum_{k=1}^{d-1} k\chi(k) = \sum_{k=1}^{d-1} (d-k)\chi(-k) = -\sum_{k=1}^{d-1} k\chi(k) = 0 \quad .$$

Für κ erhalten wir $\kappa = \dfrac{2\cdot\log\ \varepsilon}{\sqrt{d}}$ mit $\varepsilon > 1$, $\sqrt{d} > 0$, und $G(1) = \sqrt{d}$.
Also ist

$$h = \frac{-1}{2\cdot\log\ \varepsilon} \sum_{k=1}^{d-1} \chi(k)\log\ \sin\ \frac{\pi k}{d} \quad .$$

Setzen wir

$$\Pi_a = \prod_{\chi(a)=+1} \sqrt{\sin\ \frac{\pi a}{d}} \quad , \quad \Pi_b = \prod_{\chi(b)=-1} \sqrt{\sin\ \frac{\pi b}{d}}$$

so folgt

$$\varepsilon^h = \frac{\Pi_b}{\Pi_a} \quad .$$

An diesem Resultat ist wichtig, daß wir allein aus den Zerlegungsgesetzen schließen können: Die Zahl $\dfrac{\Pi_b}{\Pi_a}$ ist eine Zahl,
welche dem Zahlkörper angehört und welche sogar eine Einheit
ist. Wir haben sogar noch mehr bewiesen: Wenn in einem reellen
quadratischen Körper die rationalen Primzahlen so zerfallen,
wie es durch die Gleichung $\zeta_k(s) = \zeta(s)\cdot L(s,\chi)$ beschrieben
wird, dann gehört diesem Körper die Zahl $\dfrac{\Pi_b}{\Pi_a}$ an, welche mit
Hülfe der analytischen Funktionen $e^{2\pi iz}$ gebildet ist, und da
sie nicht rational ist, erzeugt sie diesen Körper, d.h. wir
haben aus den Zerlegungsgesetzen den Zahlkörper konstruiert.
Bei diesem einfachen Falle der Körper 2. Grades ist dieses
Resultat natürlich direkt zu erzielen, da wir ja einen Überblick über alle quadratischen Körper haben. Für höhere Fälle
haben wir aber damit ein heuristisches Prinzip, um Körper mit
bekannten Zerlegungsgesetzen zu konstruieren. Aus der Formel
$\varepsilon^h = \dfrac{\Pi_b}{\Pi_a}$ folgt ferner die Möglichkeit, die Pellsche Gleichung

$$x^2 - dy^2 = \pm 4 \quad ,$$

welche ja in $\dfrac{x+y\sqrt{d}}{2} = \eta$ alle Einheiten liefert, durch

trigonometrische Funktionen aufzulösen; zwar ist $\dfrac{\Pi_b}{\Pi_a}$ nicht die
Grundlösung; wenn wir die Klassenzahl kennen, ist diese als

$h\sqrt{\dfrac{\Pi_b}{\Pi_a}}$ zu berechnen. Wir können gleichzeitig h damit definieren

als die höchste Wurzel aus $\dfrac{\Pi_b}{\Pi_a}$, welche noch dem Körper angehört.

Aus der Theorie der Kreiskörper war die Möglichkeit der trigo-

nometrischen Auflösung der Pellschen Gleichung auch zu ent-

nehmen; für $e^{\frac{2\pi i}{d}} = \zeta$ ist nämlich

$$\left(\frac{\Pi_a}{\Pi_b}\right)^2 = \frac{\underset{a}{\Pi}(1-\zeta^a)}{\underset{b}{\Pi}(1-\zeta^b)} = \frac{\underset{a}{\Pi}\frac{1-\zeta^a}{1-\zeta}}{\underset{b}{\Pi}\frac{1-\zeta^b}{1-\zeta}} \quad \text{mit} \left\{ \begin{array}{l} \chi(a) = +1 \\[1ex] \chi(b) = -1 \end{array} \right.$$

und von jedem einzelnen Quotienten $\dfrac{1-\zeta^n}{1-\zeta}$ haben wir in Teil I

(S. 41) schon gezeigt, daß er eine Einheit ist. Aus gruppen-

theoretischen Prinzipien ergibt sich weiter, daß dieser Aus-

druck auch eine Zahl des Unterkörpers $k(\sqrt{d})$ des Körpers der

d-ten Einheitswurzel ist. Was aber neu und auf elementarem Wege

nicht bewiesen ist, ist die Ungleichung

$$\Pi_b > \Pi_a$$

welche der Ungleichung $\sum b > \sum a$ bei $d < 0$ entspricht.

§ 7. Berechnung der Klassenzahl für den Körper der ℓ-ten Einheitswurzel.

Die Zerlegungsgesetze für die rationalen Primzahlen be-

herrschen wir in allen absolut-abelschen Körpern, wenn wir für

jeden einzelnen Körper von endlich vielen Ausnahmeprimzahlen

absehen, und mit Hülfe derselben kann die Berechnung der

Klassenzahl für diese Körper nach derselben Methode wie für

quadratische durchgeführt werden. Für den allgemeinen abelschen

Körper ist diese Berechnung recht kompliziert; alle wesent-

lichen Gedanken lassen sich aber schon an dem Körper der ℓ-ten

Einheitswurzel - ℓ sei eine ungerade Primzahl - auseinander-

setzen. Das soll in diesem § geschehen, und zwar der Einfach-

heit halber nur unter direkter Benutzung der $\zeta_k(s)$-Funktion.

Die Zerlegungsgesetze in $k(\zeta)$ ($\zeta = e^{\frac{2\pi i}{\ell}}$; $\ell > 2$, Primzahl)

lauten bekanntlich (vergl. Teil I, § 2, S. 31) folgendermaßen:

a) Ist $(p, \ell) = 1$, so zerfällt p in e verschiedene

Primideale p_i $(i = 1, 2, \ldots, e)$ mit der Norm $N(p_i) = p^f$, wenn f die kleinste Zahl mit $p^f \equiv 1$ (mod ℓ) und $e = \frac{\ell - 1}{f}$ ist.

b) ℓ ist gleich $(1-\zeta)^{\ell-1}$.

Daher können wir einerseits $\zeta_k(s)$ als unendliches Produkt sofort angeben; es ist

$$(1) \qquad \zeta_k(s) = \prod_p \frac{1}{(1-N(p)^{-s})} = \frac{1}{1-\ell^{-s}} \prod_{(p,\ell)=1} \frac{1}{(1-p^{f \cdot s})^e} \; .$$

p durchläuft die Primideale in $k(\zeta)$, p die rationalen Primzahlen außer ℓ. Die Zerlegung von p hängt aber offensichtlich nur von der Restklasse ab, welcher p mod ℓ angehört, da das f die Eigenschaft hat. Da die teilerfremden Restklassen mod ℓ eine zyklische Gruppe $\{A_1, A_2, \ldots, A_{\ell-1}\}$ bilden, ordnen wir auf Grund der in § 2 auseinandergesetzten Überlegungen jedem p $\ell-1$ Charaktere $\chi(p)$ zu und definieren wieder für ganzes rationales n, falls $(n, \ell) = 1$

$$\chi(n) = \chi(A) \; ,$$

wenn n der Restklasse A angehört und $\chi(A)$ ein Charakter der Gruppe $\{A_1 \ldots A_{\ell-1}\}$ ist; falls $(n, \ell) = \ell$, setze ich

$$\chi(n) = \begin{cases} 0 \\ 1 \end{cases} \text{je nachdem} \quad \chi \begin{cases} \neq \text{Hauptcharakter } \chi_0 \\ = \text{Hauptcharakter } \chi_0 \end{cases}$$

- eine Festsetzung, die offenbar Forderung (1) § 2 erfüllt und daher zur Definition von Funktionen

$$(2) \qquad L(s,\chi) = \prod_p \frac{1}{(1-\chi(p)p^{-s})} = \sum_{n=1}^{\infty} \frac{\chi(n)}{n^s} \quad \begin{pmatrix} s > 0, \text{ falls } \chi \neq \chi_0 \\ s > 1, \text{ falls } \chi = \chi_0 \end{pmatrix}$$

verwendet werden kann.

Ich behaupte nun, daß

$$(3) \qquad \zeta_k(s) = \prod_\chi L(s, \chi) = \zeta(s) \cdot \prod_{\chi \neq \chi_0} L(s, \chi) \qquad (s > 1) \; .$$

$\prod_\chi$ ist über sämtliche Charaktere χ, $\prod_{\chi \neq \chi_0}$ über alle Charaktere mit Ausnahme von χ_0 zu erstrecken.

In der Tat, denken wir uns $L(s, \chi)$ als unendliches Produkt dargestellt und in $\prod_\chi L(s, \chi)$ die Glieder mit gleichem p zusammengefaßt, so ist

$$\prod_\chi L(s, \chi) = \prod_p \prod_\chi \frac{1}{(1-\chi(p)\cdot p^{-s})} \quad .$$

Ist nun $(p, \ell) = 1$, so nimmt nach § 2 $\chi(p)$ den Wert jeder f-ten Einheitswurzel gerade e-mal an; d.h. es ist, wenn ich

$$\rho = e^{\frac{2\pi i}{f}} \quad \text{setze}$$

$$\prod_\chi \frac{1}{(1-\chi(p)p^{-s})} = \prod_{n=1}^{f} \frac{1}{(1-\rho^n p^{-s})^e} = \frac{1}{(1-p^{-fs})^e} \quad .$$

Ist $p = \ell$, so ist

$$\prod_\chi \frac{1}{(1-\chi(\ell)\ell^{-s})} = \frac{1}{1-\ell^{-s}} \quad .$$

Daraus folgt durch Vergleich mit (1) die Richtigkeit unserer Behauptung.

Setzen wir das gefundene in die allgemeine Gleichung für h ein, so erhalten wir unter Berücksichtigung von (2)

$$h = \frac{1}{\kappa} \lim_{s=1}(s-1)\cdot\zeta_k(s) = \frac{1}{\kappa} \lim_{s=1} (s-1)\zeta(s)\cdot \prod_{\chi\neq\chi_0} L(s,\chi) = \frac{1}{\kappa} \prod_{\chi\neq\chi_0} L(1,\chi)$$

Die Behandlung der <u>L-Funktionen</u> erfolgt ganz parallel zu den Entwicklungen des vorigen §. Für alle χ bis auf den Hauptcharakter ist, wenn

$$G_\chi(a) = \sum_{n \bmod \ell} \chi(n)e^{\frac{2\pi i a n}{\ell}}$$

gesetzt wird und $\bar\chi(n)$ den zu χ konjugierten $(\bar\chi(n)\cdot\chi(n) = 1)$ bedeutet

$$\bar\chi(a) = \frac{G_\chi(a)}{G_\chi(1)} \quad \text{bzw.} \quad \chi(a) = \frac{G_{\bar\chi}(a)}{G_{\bar\chi}(1)}$$

und mithin $L(s, \chi) = \dfrac{1}{G_{\bar\chi}(1)} \displaystyle\sum_{k \bmod \ell} \bar\chi(k) \sum_{n=1}^{\infty} \frac{e^{\frac{2\pi i k n}{\ell}}}{n^s}$,

$$L(1,\chi) = -\frac{1}{G_{\bar\chi}(1)} \left\{ \sum_{k=1}^{\ell-1} \bar\chi(k) \log 2\cdot \sin \frac{\pi\cdot k}{\ell} + \pi i \sum_{k=1}^{\ell-1} \chi(k)\left(\frac{k}{\ell} - \frac{1}{2}\right) \right\}.$$

Bedeuten χ_1 die Charaktere, für die $\chi_1(-1) = +1$

χ_2 die Charaktere, für die $\chi_2(-1) = -1$

- die Anzahl der letzteren sei z -, so erkennt man gleichfalls durch ganz dieselben Schlüsse wie im vorigen §, daß

$$\sum_{k=1}^{\ell-1} \chi_1(k)k = 0 \quad \text{und} \quad \sum_{k=1}^{\ell-1} \chi_2(k)\cdot \log \sin \frac{\pi\cdot k}{\ell} = 0$$

und bedenken wir noch, daß mit $\bar{\chi}$ auch χ ein Charakter χ_1 bzw. χ_2 ist, so folgt, daß

$$\prod_{\substack{\chi\neq\chi_0}} L(1,\chi) = \frac{(-1)^{\ell-2}}{\prod_{\chi\neq\chi_0} G_\chi(1)} \cdot (\frac{\pi\cdot i}{\ell})^z \prod_{\chi_1} \sum_{k=1}^{\ell-1} \chi_1(k)\log\sin\frac{\pi\cdot k}{\ell}$$
$$\times \prod_{\chi_2}\sum_{k=1}^{\ell-1}\chi_2(k)\cdot k \ .$$

Die einzelnen Faktoren formen wir geeignet um.

a) Zunächst untersuchen wir die Glieder, die von den Charakteren χ_1 herrühren, näher. - Sei r eine Primitivzahl mod ℓ; dann ist $\chi_1(r^{\frac{\ell-1}{2}}) = \chi_1(-1) = +1$ und daher auch $\chi_1(r^{n_1}) = \chi_1(r^{n_2})$, wenn $n_1 \equiv n_2 \ (\text{mod } \frac{\ell-1}{2})$. Ferner zeigen diese Gleichungen, daß $\chi_1(r)$ eine $\frac{\ell-1}{2}$-te Einheitswurzel ist,

$$\chi_1(r) = e^{\frac{4\pi ik}{\ell-1}} = \rho^k \quad (k = 1, 2, \ldots, \frac{\ell-3}{2}) \ .$$

Daher können wir

$$\sum_{k=1}^{\ell-1} \chi_1(k)\log|1-\zeta^k| = \sum_{n \bmod \ell-1} \chi_1(r^n)\log|1-\zeta^{r^n}|$$

$$= 2 \sum_{n \bmod \frac{\ell-1}{2}} \chi_1(r^n)\log|1-\zeta^{r^n}|$$

setzen; denn $1-\zeta^{r^n}$ und $1-\zeta^{r^{n+\frac{\ell-1}{2}}}$ sind konjugiert imaginär. Daraus folgt

$$\prod_{\chi_1} L(1,\chi) = \prod_{k=1}^{\frac{\ell-3}{2}} \frac{(-2)\cdot}{1-\rho^k} \cdot \sum_{n=0}^{\frac{\ell-3}{2}} \rho^{kn}\log|\frac{1-\zeta^{r^n}}{1-\zeta^{r^{n-1}}}| \cdot \prod_{\chi_1} \frac{1}{G_{\chi_1}(1)}$$

$$= \frac{(-2)^{\frac{\ell-3}{2}}}{\frac{\ell-1}{2}\cdot \prod_{\chi_1} G_{\chi_1}(1)} \prod_{k=1}^{\frac{\ell-3}{2}} \sum_{n=0}^{\frac{\ell-3}{2}} \rho^{kn}\log|\frac{1-\zeta^{r^n}}{1-\zeta^{r^{n-1}}}| \ ,$$

wenn wir noch berücksichtigen, daß

$$\sum_{n \bmod \frac{\ell-1}{2}} x_1(r^n)\log|1-\zeta^{r^n}| = \sum_{n \bmod \frac{\ell-1}{2}} x_1(r^{n-1})\log|1-\zeta^{r^{n-1}}|$$

also

$$(1-x_1(r))\sum_n x_1(r^n)\log|1-\zeta^{r^n}|$$

$$= \sum_n x_1(r^n)\log|1-\zeta^{r^n}| - x_1(r)\sum_n x_1(r^{n-1})\log|1-\zeta^{r^{n-1}}|$$

$$= \sum_n x_1(r^n)\log\left|\frac{1-\zeta^{r^n}}{1-\zeta^{r^{n-1}}}\right| \quad .$$

Aus der Determinantentheorie entnehmen wir nun folgende Identität: Sei ρ eine primitive m-te Einheitswurzel, $a_0, a_1, \ldots, a_m$ Variable, so ist

$$\prod_{k=0}^{m-1} (a_0 + \rho^k a_1 + \rho^{2k} a_2 + \ldots + \rho^{(m-1)k} a_{m-1})$$

$$= (-1)^{\frac{(m-1)(m-2)}{2}} \begin{vmatrix} a_0 & , a_1 & , \ldots & , a_{m-1} \\ a_1 & , a_2 & , \ldots & , a_0 \\ \vdots & & & \\ a_{m-1} & , a_0 & , \ldots & , a_{m-2} \end{vmatrix}$$

Durch Abspaltung des Faktors $(a_0 + a_1 + \ldots + a_{m-1})$ folgt hieraus

$$\prod_{k=1}^{m-1} (a_0 + \rho^k a_1 + \rho^{2k} a_2 + \ldots + \rho^{(m-1)k} a_{m-1})$$

$$= (-1)^{\frac{(m-1)(m-2)}{2}} \begin{vmatrix} 1 & a_1 & , a_2 & , \ldots, & a_{m-1} \\ 1 & & & & \\ \vdots & & & & \\ 1 & a_0 & , a_1 & , \ldots, & a_{m-2} \end{vmatrix}$$

Und ist $a_0 + a_1 + a_2 + \ldots + a_{m-1} = 0$, so ergibt sich weiter

$$\prod_{k=1}^{m-1} (a_o + \rho^k a_1 + \cdots + \rho^{(m-1)k} a_{m-1})$$

$$= m \cdot (-1)^{\frac{(m-1)(m-2)}{2}+m-1} \begin{vmatrix} a_1 & , a_2 & , \cdots & , a_{m-1} \\ a_2 & , a_3 & , \cdots & , a_o \\ \vdots & & & \\ a_{m-1} & , a_o & , \cdots & , a_{m-3} \end{vmatrix}$$

Setzen wir $m = \frac{\ell-1}{2}$ und $a_n = \log\left|\frac{1-\zeta^{rn}}{1-\zeta^{rn-1}}\right|$, so ist in der Tat $a_1 + a_2 + \cdots + a_{m-1} = 0$ und bezeichnen wir für die so definierten a_n die Determinante

$$(-1)^{\frac{(m-1)(m-2)}{2}} \begin{vmatrix} a_1 & , a_2 & , \cdots, & a_{m-1} \\ a_2 & & & \\ \vdots & & & \\ a_{m-1} & , & \cdots, & a_{m-3} \end{vmatrix} \quad \text{mit } \Delta ,$$

so folgt

$$\prod_{x_1} L(1, x_1) = \prod_{x_1} \cdot \frac{1}{G_{x_1}(1)} \cdot 2^{\frac{\ell-3}{2}} \Delta .$$

Es bleibt noch $\prod_{x_1} G_{x_1}(1)$ zu berechnen. Für jeden Charakter x_1 ist nun

$$\overline{G_{x_1}} = \overline{x_1}(-1) G_{\overline{x_1}} = G_{\overline{x_1}} .$$

Ist also x_1 nicht reell, so ist es von $\overline{x_1}$ verschieden und unter den Faktoren von $\prod_{x_1} G_{x_1}$ kommt $G_{x_1} G_{\overline{x_1}} = |G_{x_1}|^2 = \ell$ vor; ein reeller Charakter x_{10} ist nun gleich ± 1 und daher ist in

$$x_{10}(r) = e^{\frac{4\pi i k}{\ell-1}}$$

$\frac{4k}{\ell-1} = n$ eine ungerade ganze Zahl; d.h. $n = 1$, $k = \frac{\ell-1}{4}$, ℓ also von der Form $\ell = 4k + 1$. Für diesen Fall ist aber

$$G_{x_{10}} = |\sqrt{\ell}|$$

positiv reell. Somit ist für jeden Fall

$$\prod_{\chi_1} G_{\chi_1} = \ell^{\frac{\ell-3}{4}}$$

und wir erhalten daher im Ganzen

$$\prod_{\chi_1} L(1, \chi_1) = \frac{2^{\frac{\ell-3}{2}}}{\ell^{\frac{\ell-3}{4}}} \cdot \Delta \ .$$

Hierin ist die linke Seite von Null verschieden und als Grenzwert der positiven Größen (für $s \to 1$) $\prod_{\chi_1} L(s, \chi_1)$ also positiv, woraus $\Delta > 0$ folgt. Im Fall $\ell = 3$ wo es keine Charaktere erster Art gibt, soll natürlich $\Delta = 1$ sein.

b) Für die Charaktere 2-ter Art ist $\chi_2(-1) = -1$ und $\chi_2(r) = e^{\frac{2\pi i n}{\ell-1}}$, wo n ungerade gleich 1, 3, 5, $\ldots$, $\ell-2$. Es gibt $\frac{\ell-1}{2}$ Charaktere zweiter Art. Ist $\chi_{20}(r)$ reell, also gleich -1, so muß $\frac{2n}{\ell-1}$ eine ungerade ganze Zahl sein, d.h. $n = \frac{\ell-1}{2}$ ungerade, ℓ also von der Form $4n + 3$. Wegen

$$G_{\chi_2} G_{\bar\chi_2} = \bar\chi_2(-1)|G_{\chi_2}|^2 = -|G_{\chi_2}|^2 = -\ell$$

ist also

$$\prod_{\chi_2} G_{\chi_2} = \begin{cases} (-1)^{\frac{\ell-1}{4}} \ell^{\frac{\ell-1}{4}} & , \text{ wenn } \ell \equiv 1 \ (\mathrm{mod}\ 4) \\ (-1)^{\frac{\ell-3}{4}} i\ell^{\frac{\ell-1}{4}} & , \text{ wenn } \ell \equiv 3 \ (\mathrm{mod}\ 4) \end{cases}$$

da im zweiten Fall die Gaußsche Summe $G_{\chi_{20}} = i|\sqrt{\ell}|$. Beides umfaßt also die Formel

$$\prod_{\chi_2} G_{\chi_2}(1) = i^{\frac{\ell-1}{2}} \ell^{\frac{\ell-1}{4}} \ .$$

Damit ist

$$\prod_{\chi_2} L(1,\chi_2) = \frac{(-\pi i)^{\frac{\ell-1}{2}} \prod_{\chi_2} \sum_{n=1}^{\ell-1} n\cdot\chi_2(n)}{i^{\frac{\ell-1}{2}}\cdot\ell^{\frac{\ell-1}{4}}\cdot\ell^{\frac{\ell-1}{2}}} = \frac{(-\pi)^{\frac{\ell-1}{2}}}{\ell^{3\frac{\ell-1}{4}}} \prod_{\chi_2} \sum_{n=1}^{\ell-1} n\cdot\chi_2(n).$$

Endlich ist die Konstante κ für den Körper der ℓ-ten Einheits-

wurzel $\kappa = \dfrac{(2\pi)^{\frac{\ell-1}{2}} \cdot R}{2\ell^{\frac{\ell}{2}}}$, da die Diskriminante $|d| = \ell^{\ell-2}$ und die

Anzahl der Einheitswurzeln $w = 2\ell$. Somit ist

$$h = \frac{1}{\kappa} \prod_{x \neq x_0} L(1,x) = \frac{2\ell^{\frac{\ell}{2}}}{(2\pi)^{\frac{\ell-1}{2}} \cdot R} \cdot \frac{(-\pi)^{\frac{\ell-1}{2}}}{3^{\frac{\ell-1}{4}} \ell} \cdot \prod_{x_2} \sum_{n=1}^{\ell-1} n \cdot x_2(n) \cdot \frac{2^{\frac{\ell-3}{2}}}{\ell^{\frac{\ell-3}{4}}} \cdot \Delta$$

$$= \frac{(-1)^{\frac{\ell-1}{2}} \prod_{x_2} \sum_{1}^{\ell-1} n \cdot x_2(n)}{\ell^{\frac{\ell-3}{2}}} \cdot \frac{\Delta}{R} \, .$$

Da sich nach Teil I, § 5 jede Einheit H von $k(\zeta)$ in die Form

$H = \pm e^{\frac{2\pi i k}{\ell}} \cdot (\text{reelle Einheit})$ setzen läßt, ist offenbar das
System der Grundeinheiten des größten reellen Unterkörpers
von $k(\zeta)$ auch ein solches in $k(\zeta)$ und nach der in § 4 gegebenen

Definition des Regulators $R = e_1 \cdot e_2 \cdots e_{\frac{\ell-3}{2}} \cdot R_r = 2^{\frac{\ell-3}{2}} R_r$,

wenn R_r der Regulator des größten reellen Unterkörpers ist.
Mithin ist

$$h = \frac{(-1)^{\frac{\ell-1}{2}}}{(2\ell)^{\frac{\ell-3}{2}}} \prod_{x_2} \sum_{1}^{\ell-1} n \cdot x_2(n) \cdot \frac{\Delta}{R_r} \, .$$

Nach Kummer nennt man $\dfrac{(-1)^{\frac{\ell-1}{2}}}{(2\ell)^{\frac{\ell-3}{2}}} \prod_{x_2} \sum_{1}^{\ell-1} n \cdot x_2(n)$ den ersten, $\dfrac{\Delta}{R_r}$

den zweiten Faktor der Klassenzahl; es läßt sich zeigen, daß
der zweite Faktor für sich - und also auch der erste - ganze

rationale Zahlen sind. Es ist nämlich $\log\left|\dfrac{1-\zeta^{r^n}}{1-\zeta^{r^{n-1}}}\right|$ gleich dem

Logarithmus einer reellen Einheit, nämlich einer sog. Kreisein-
heit (vergl. Teil I, Seite 40). Setzen wir

$$\log\left|\frac{1-\zeta^{r^n}}{1-\zeta^{r^{n-1}}}\right| = \log \eta_n \qquad (n = 1, 2, \ldots, \tfrac{\ell-3}{2})$$

und bemerken noch, daß die zu η_n konjugierten Zahlen

$n_n^{(i)}$ (i = 1, ..., $\frac{\ell-1}{2}$) gerade wieder die Zahlen $\left|\frac{1-\zeta^{r^{n+k}}}{1-\zeta^{r^{n+k-1}}}\right|$

(k = 1, 2, ..., $\frac{\ell-1}{2}$) sind, so erkennt man, daß

$$|\Delta| = \begin{vmatrix} \log n_1^{(1)} , & \log n_1^{(2)} , & ..., & \log n_1^{(\frac{\ell-3}{2})} \\ \vdots & & & \\ \log n_{\frac{\ell-3}{2}}^{(1)} , & \log n_{\frac{\ell-3}{2}}^{(2)} , & ..., & \log n_{\frac{\ell-3}{2}}^{(\frac{\ell-3}{2})} \end{vmatrix}$$

Die <u>Kreiseinheiten</u> sind also <u>unabhängige Einheiten</u> und $\frac{\Delta}{R_r}$ eine <u>ganze rationale Zahl</u>.

Damit haben wir h in die endgültige Gestalt gesetzt. (Es sei darauf aufmerksam gemacht, daß in der Formel § 117 in Hilberts Zahlbericht bei der Klassenzahl im ersten Faktor der Klassenzahl $(-1)^{\frac{\ell-1}{2}}$ fehlt und im zweiten Faktor irrtümlich R anstelle des Regulators R_r des reellen Unterkörpers steht.)

Die Berechnung der Klassenzahl für allgemeine Abelsche Körper unterscheidet sich, wie schon erwähnt, prinzipiell nicht von der für $k(e^{\frac{2\pi i}{\ell}})$. Auch hier beherrschen wir die Zerlegungsgesetze für alle Primzahlen bis auf endlich viele; diese endlich vielen lassen sich allgemein nicht angeben und noch weniger ihre Zerlegung; wir können daher nur sagen: es ist

$$\zeta_k(s) = \zeta(s) \cdot \prod_{\chi \neq \chi_0} L(s, \chi) \cdot F(s)$$

$$F(s) = \prod_q \frac{(1-q^{-fs})^e}{(1-q^{-f's})^{e'}}$$

q durchlaufe die Ausnahmeprimzahlen; f, e sind die Exponenten, mit denen q in $\zeta(s) \cdot \prod_{\chi \neq \chi_0} L(s, \chi)$, - f', e' die Exponenten, mit denen q in $\zeta_k(s)$ auftritt. Jedenfalls ist F(1) ein Ausdruck elementar arithmetischer Natur, und es zeigt sich, daß auch hier ein "erster" und ein "zweiter Faktor der Klassenanzahl" unterschieden werden kann, die beide ganzzahlig sind; der erste ist elementar arithmetischer Natur, der zweite von der Form $\frac{\Delta}{R}$, wo Δ eine ähnlich gebaute Determinante wie bei $k(e^{\frac{2\pi i}{\ell}})$ ist.

Unter den Folgerungen, die man aus der Formel für die Klassenzahl gezogen hat, seien die Untersuchungen von Kummer über den Fermatschen Satz genannt. Kummer nennt eine Primzahl ℓ "regulär", wenn die Klassenzahl von $k(e^{\frac{2\pi i}{\ell}})$ zu ℓ teilerfremd ist. Auf Grund dieser Formel für h läßt sich zeigen, daß $(h, \ell) = 1$ dann und nur dann gilt, wenn ℓ in gewissen Bernoullischen Zahlen nicht aufgeht und daß für solche ℓ in der Tat $a^{\ell} + b^{\ell} = c^{\ell}$ mit ganzen rationalen a, b, c nicht auflösbar ist.

Außerdem sei noch einmal auf den Gedanken hingewiesen, der im Anschluß an die Bestimmung von h für quadratische k ausgeführt wurde: Wir haben h bestimmt allein unter Benutzung der Zerlegungsgesetze für rationale Primzahlen und der Diskriminante von $k(\zeta)$ ($\zeta = e^{\frac{2\pi i}{\ell}}$) und sind dabei auf die Determinante Δ geführt worden. Wenn wir also einen Körper zu diesen Zerlegungsgesetzen und dieser Diskriminante suchen, so liegt es nahe zu vermuten, daß er die Zahlen $\eta_n^{(i)}$ enthalten wird, ja daß er durch dieselben erzeugt werden kann; - es ist damit ein heuristisches Prinzip gegeben, das in höheren Fällen wichtige Fingerzeige zum funktionentheoretischen Aufbau algebraischer Zahlkörper mit bestimmten Eigenschaften geben mag. -

Um die Analogie zu den Untersuchungen des nächsten § deutlicher hervortreten zu lassen, möge die Bestimmung von $L(1, \chi)$ noch einmal etwas anders formuliert werden: Es war

$$L(s, \chi) = \sum_{n=1}^{\infty} \frac{\chi(n)}{n^s} = \sum_{a=1}^{\ell-1} \chi(a) \sum_{m=0}^{\infty} \frac{1}{(\ell m + a)^s} \ .$$

Nehmen wir als bekannt an, daß $\sum_{0}^{\infty} \frac{1}{(\ell m + a)^s}$ $(a > 0)$ als Funktion von s in der Umgebung von $s = 1$ analytisch ist und in $s = 1$ einen Pol besitzt, so ist

$$\sum_{m=0}^{\infty} \frac{1}{(m\ell + a)^s} = \frac{g_{-1}(a)}{s-1} + g_0(a) + \{s - 1\} \ .$$

Hierin ist nach § 5 $g_{-1}(a)$ von a unabhängig, daher hat $L(s, \chi)$ wegen $\sum\limits_{a=1}^{\ell-1} \chi(a) = 0$ bei $s = 1$ keinen Pol mehr und es ist

$$L(1, \chi) = \sum_{a=1}^{\ell-1} \chi(a) \cdot g_0(a) .$$

$k(\zeta)$ ist nun offenbar der zu der Restklasseneinteilung mod ℓ gehörige Klassenkörper über dem rationalen Körper, und $\sum\limits_{m=0}^{\infty} \dfrac{1}{(m\ell+a)^s}$ die über sämtliche "Ideale" einer solchen Klasse erstreckte Summe. Die Berechnung von $L(1, \chi)$ ist also im wesentlichen identisch mit der Berechnung von $\underline{g_0(a)}$, dem 2. $\underline{\text{Koeffizienten}}$ von $\sum\limits_{m=0}^{\infty} \dfrac{1}{(m\ell+a)^s}$ nach steigenden Potenzen von $(s-1)$.

Nunmehr wenden wir uns dem zweiten Typus von Körpern, in denen wir die Zerlegungsgesetze für die rationalen Primzahlen beherrschen, den Klassenkörpern der komplexen Multiplikation zu.

§ 8. Die Dedekindsche Formel für die Klassenkörper der komplexen Multiplikation.

Die Arithmetik der Klassenkörper der komplexen Multiplikation ist in Teil II ausführlich besprochen; hier sei nur kurz das folgende zusammengestellt.

$k = k(\sqrt{d})$ sei ein imaginär quadratischer Körper $(d < 0)$ und τ eine nicht rationale Zahl aus k, welche der Gleichung

$$A\tau^2 + B\tau + C = 0 \qquad (A, B, C) = 1$$

mit ganzen rationalen Koeffizienten genügt. Dann ist die Diskriminante von τ $B^2 - 4AC = Q^2 d$ und wenn $J(z)$ die absolute Invariante bedeutet, so ist $J(\tau)$ eine algebraische Zahl. Der Körper $k(\sqrt{d}, J(\tau))$ ist ein Klassenkörper über $k(\sqrt{d})$. Ist R_Q der Ring in k mit dem Führer Q und h(Q) die Anzahl der Ring-idealklassen, so ist die in $k(\sqrt{d})$ irreduzible Gleichung $H(x) = 0$, welcher $J(\tau)$ genügt vom Grade h(Q). H(x) ist eine relativ abelsche Gleichung und ihre Gruppe ist isomorph mit der Gruppe der Idealklassen des Ringes R_Q. Die Zerlegungs-gesetze für die Primideale p von $k(\sqrt{d})$, welche zu Q teilerfremd sind, lauten folgendermaßen:

Ist f der kleinste Exponent, für welchen p^f in die Haupt-ringidealklasse fällt und $\frac{h(Q)}{f} = e$, so zerfällt p in e ver-schiedene Primideale $P_1 \cdot P_2 \ldots P_e$, deren Relativnorm $N_k(P_i)$ gleich p^f.

Ausgenommen hiervon sind nur endlich viele Primideale q, für welche wir die Zerlegungsgesetze auf funktionentheore-tischem Wege nicht ableiten konnten. Da der Klassenkörper aber relativ abelsch, also relativ galois'sch ist, zerfällt auch ein Ideal q in Primideale Q_1, Q_2, $\ldots$, $Q_{e'}$, deren Rela-tivnormen alle einander gleich, $N_k(Q_i) = q^f$ (i = 1, 2, $\ldots$, e').

Bedeutet $n(a)$ die Norm eines Ideals a in k, $N(A)$ die Norm eines Ideals A in $K = k(\sqrt{d}, J(\tau))$, so ist bekanntlich $N(A) = n(N_k(A))$. Daher ist

$$\zeta_K(s) = \prod_P{}' \frac{1}{(1-N(P)^{-s})} \cdot \prod_Q \frac{1}{(1-N(Q)^{-s})}$$

$$= \prod_p{}' \frac{1}{(1-n(p)^{-fs})^e} \prod_q \frac{1}{(1-n(q)^{-f's})^{e'}}$$

wenn Q bzw. q die Ausnahmeprimideale und P bzw. p die übrigen Primideale durchläuft. Definieren wir f und e für die Prim-ideale q, für welche $(q, Q) > 1$ durch f = 0, e = 0, so ist das über sämtliche Ideale p erstreckte Produkt

$$\prod_p \frac{1}{(1-n(p)^{-fs})^e}$$

erklärt und ersichtlich

$$\zeta_K(s) = \prod_p \frac{1}{(1-n(p)^{-fs})^e} \cdot F(s)$$

wo die Korrekturfunktion $F(s) = \prod_q \frac{(1-n(q)^{-fs})^e}{(1-n(q)^{-f's})^{e'}}$.

Die Zerlegung von p hängt nur von der Ringidealklasse A_i (i = 1, 2, $\ldots$, h(Q)) ab, welcher p zugehört. Diese Klassen lassen sich zu einer Abelschen Gruppe vereinigen und wir ordnen wieder jedem p h(Q) Charaktere $\chi(p)$ zu und definieren $\chi(p) = \chi(A)$, wenn p zur Klasse A gehört und $\chi(A)$ ein Charakter der Gruppe $\{A_1, \ldots, A_{h(Q)}\}$ ist; falls $(p, Q) > 1$, sei

$$\chi(p) = \left\{ \begin{array}{c} 0 \\ 1 \end{array} \right. \text{ je nachdem } \chi \left\{ \begin{array}{l} \neq \text{ Hauptcharakter } \chi_0 \\ = \text{ Hauptcharakter } \chi_0 \end{array} \right. ,$$

eine Festsetzung, die offenbar Forderung 1, § 2 erfüllt und
daher zur Definition von Funktionen

$$L(s, \chi) = \prod_p \frac{1}{1-\chi(p)n(p)^{-s}} = \sum_n \frac{\chi(n)}{n(n)^s} \quad (s > 1) \text{ verwendet werden}$$

kann.

Dann ist wieder auf Grund der schon bei $k(\zeta)$ durchgeführten
Überlegungen

$$\prod_p \frac{1}{(1-n(p)^{-fs})^e} = \prod_\chi L(s, \chi) = \zeta_k(s) \cdot \prod_{\chi \neq \chi_0} L(s, \chi) .$$

($\prod_\chi$ ist über sämtliche Charaktere χ zu erstrecken, $\prod_{\chi \neq \chi_0}$ über
sämtliche mit Ausnahme des Hauptcharakters.) und daher

$$\zeta_K(s) = \zeta_k(s) \cdot \prod_{\chi \neq \chi_0} L(s, \chi) \cdot F(s) ,$$

also

$$\lim_{s=1} (s-1)\zeta_K(s) = \lim_{s=1} (s-1)\zeta_k(s) \cdot \prod_{\chi \neq \chi_0} L(1, \chi) \cdot F(1)$$

oder unter Benutzung für die allgemeine Formel für die Klassenzahl

$$H \cdot K = h \cdot \kappa \cdot \prod_{\chi \neq \chi_0} L(1, \chi) \cdot F(1) .$$

Darin soll H, h die Klassenzahl von K bzw. k und K, κ die bekannten Konstanten für die beiden Körper bedeuten.

Die Behandlung der L-Funktionen erfordert hier aber weiter-
greifende analytische Methoden. Setzen wir

$$\sum_{a \mid A} \frac{1}{n(a)^s} = \frac{g_{-1}(A)}{s-1} + g_0(A) + \{s-1\}$$

wo $\sum_{a \mid A}$ über alle Ideale einer Ringidealklasse zu erstrecken
ist und $\{s-1\}$ eine mit s = 1 verschwindende Funktion andeutet,
so ist nach Dedekind $g_{-1}(A)$ von A unabhängig und daher

$$L(1, \chi) = \sum_A g_0(A) \cdot \chi(A)$$

(A durchlaufe die Ringidealklassen). Wir wollen uns daher zunächst mit der Frage beschäftigen, den Koeffizienten $g_0(A)$
einer solchen Reihe zu ermitteln.

§ 9. Die Kroneckersche Grenzformel.

Dies leistet die Kroneckersche Grenzformel allgemein für Reihen vom Typus $D(s) = \sum' (Am^2 + Bmn + Cn^2)^{-s} = \sum' Q(m, n)^{-s}$ $(s > 1)$ mit $A > 0$, $B^2 - 4AC = -M$, $M > 0$. $\sum'$ ist über sämtliche Gitterpunkte mit Ausnahme von $(0, 0)$ zu erstrecken.

Zur Ableitung dieser Formel pflegt man das Γ-Integral $\frac{1}{k^s} = \frac{1}{\Gamma(s)} \int_0^\infty e^{-xk} x^{s-1} dx$ heranzuziehen, entweder indem man k gleich den beiden konjugiert-komplexen Faktoren von Q oder gleich Q selber wählt. Ich gebe hier eine direkte und natürlichere Methode zur Umformung unserer Reihe, welche von vornherein von der Gestalt der Reihe als einer Summe über Gitterpunkte ausgeht. Es ist

$$\sum' \frac{1}{Q^s} = \frac{2}{A^s} \sum_{m=1}^\infty \frac{1}{m^{2s}} + 2 \sum_{n=1}^\infty \sum_{m=-\infty}^{+\infty} \frac{1}{Q(m,n)^s} \; .$$

Hier schreiben wir in der zweiten Summe $m + u$ anstelle von m und erkennen, daß bei festem n $\sum_{m=-\infty}^{+\infty} Q(m+u,n)^s = \varphi_n(u)$ eine periodische Funktion von u mit der Periode 1 ist, die überdies beliebig oft differenzierbar ist. Diese Tatsache bringen wir dadurch zum Ausdruck, daß wir die Funktion in eine <u>Fouriersche Reihe</u> entwickeln,

$$\varphi_n(u) = \sum_{k=-\infty}^{+\infty} A_k e^{-2\pi iku} \quad ; \quad A_k = \int_0^1 e^{2\pi iku} \varphi_n(u) du$$

und hernach darin $u = 0$ setzen. Wegen gleichmäßiger Konvergenz von $\varphi_n(u)$ in u für $s > 1$, darf bei der Berechnung von A_k Summation und Integration vertauscht werden; also ist

$$A_k = \sum_{m=-\infty}^{+\infty} \int_0^1 \frac{e^{2\pi iku} du}{Q(m+u,n)^s} \; .$$

Führen wir $m + u$ anstelle von u als Integrationsvariable ein, so wird wegen der absoluten Konvergenz

$$A_k = \sum_{m=-\infty}^{+\infty} \int_m^{m+1} \frac{e^{2\pi iku} du}{Q(u,n)^s} = \int_{-\infty}^{+\infty} \frac{e^{2\pi iku} du}{Q(u,n)^s} \; .$$

Setzen wir weiter $u' = \frac{u}{n}$, so kommt $A_k = \frac{1}{n^{2s-1}} \int_{-\infty}^{+\infty} \frac{e^{2\pi iknu'} du'}{Q(u',1)^s}$

und somit

$$\sum{}' \; Q(m,n)^{-s} \;=\; \frac{2}{A^s}\cdot \zeta(2s) \;+\; 2 \sum_{n=1}^{\infty} \frac{1}{n^{2s-1}} \sum_{k=-\infty}^{\infty} \int_{-\infty}^{+\infty} \frac{e^{2\pi i k n u}\,du}{Q(u,1)^s} \; .$$

Um die Konvergenz der neuen Reihe zu erweisen, setzen wir
$Q(u,1) = A(u - \tau)(u - \bar{\tau})$, wo $\tau = \alpha + i\beta$ mit $\beta > 0$ sei. Dann
wird

$$n^{2s-1} A_0 = \int_{-\infty}^{+\infty} \frac{du}{Q(u,1)^s} = \frac{1}{A^s} \int_{-\infty}^{+\infty} \frac{du}{[(u-\tau)(u-\bar{\tau})]^s} =$$

$$= \frac{1}{A^s} \int_{-\infty}^{+\infty} \frac{du}{[(u-i\beta)(u+i\beta)]^s} = \frac{1}{A^s \beta^{2s-1}} \int_{-\infty}^{+\infty} \frac{du}{(u^2+1)^s}$$

$$= \frac{1}{A^s \beta^{2s-1}} \cdot \frac{\Gamma(1/2)\cdot\Gamma(s-1/2)}{\Gamma(s)} \; .$$

Die Koeffizienten bei den A_k $(k \neq 0)$ sind von der Gestalt
$I_c = \int_{-\infty}^{+\infty} \dfrac{e^{icu}\,du}{[(u-\tau)(u-\bar{\tau})]^s}$. Wir können sie bequem durch Ver-

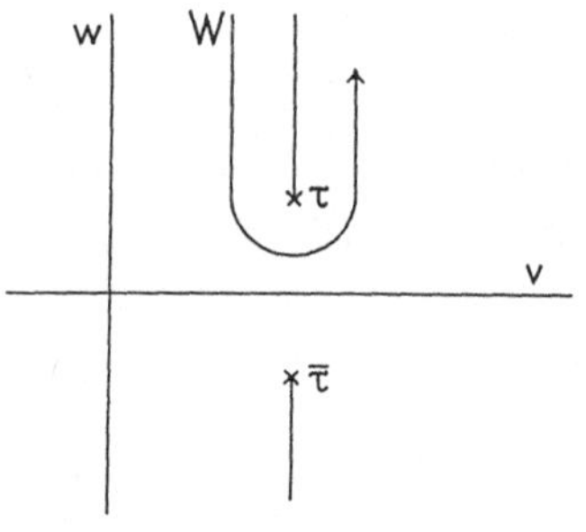

schiebung des Integrationsweges
in das Komplexe abschätzen. Die
komplexe u-Ebene $(u = v + iw)$
schneiden wir zunächst durch
2 Halbgerade, von τ und $\bar{\tau}$ aus
ins Unendliche gehend $(v = \alpha,$
$w \geq \beta$ bzw. $v = \alpha, \; w \leq -\beta)$ auf.
In der aufgeschnittenen Ebene
ist $\log (u - \tau)(u - \bar{\tau})$ eindeutig; wir meinen damit denjenigen Wert, der für reelle u
selbst reell ist, und setzen $[(u-\tau)(u-\bar{\tau})]^s = e^{s \, \log(u-\tau)(u-\bar{\tau})}$.
Ist nun $c > 0$, so können wir zur Berechnung von I_c
den Integrationsweg von der reellen Achse auch in die obere
Halbebene verschieben, so daß er den von τ ausgehenden Schnitt
in positivem Sinne umkreist, etwa so, daß er durch den Punkt
$\alpha + i\frac{\beta}{2}$ geht und längs dieses ganzen Weges W stets $w \geq \frac{\beta}{2}$ und
$|(u-\tau)(u-\bar{\tau})| > \rho > 0$. Hierfür ist dann auch für komplexe
$s = \sigma + it$

$$|I_c| \leq \int_W \frac{e^{-cw}\,dw}{\rho^\sigma e^{-2\pi|t|}} \leq \frac{e^{-c\frac{\beta}{2}}}{\rho^\sigma e^{-2\pi|t|}} \int_W e^{-c(w-\frac{\beta}{2})}\,dw$$

wenn dw das Bogenelement von W bedeutet. Schreiben wir dann

$c = 2\pi k n$ $(kn \geq 1)$, so ist das Integral kleiner als eine von n, k, s unabhängige Konstante und wenn noch das komplexe s als $|s| <$ const. angenommen wird, so ist hierfür

$$|I_c| < e^{-\pi k n \beta} \cdot \text{const.}$$

Ebenso erhalten wir für $c < 0$ durch Umbiegen des Integrationsweges in die untere Halbebene $|I_c| < e^{-\pi |kn| \beta} \cdot$ const.

Hiernach ist die Reihe $D^*(s) = 2 \sum_{n=1}^{\infty} \sum_{k=1}^{\infty} (A_k + A_{-k})$ für alle Werte von s absolut konvergent, und gleichmäßig für $|s| <$ const. konvergent, stellt also eine ganze Funktion der komplexen Variablen s vor.

Für $s = 1$ lassen sich die Integrale I_c leicht auswerten. Es ist $\frac{I_c}{2\pi i}$ gleich dem Residuum des alsdann eindeutigen Integranden bei dem Pole $u = \tau$, wenn $c > 0$, und gleich dem negativen Residuum bei $u = \bar{\tau}$, wenn $c < 0$. D.h. es ist:

$$\lim_{s=1} D^*(s) = D^*(1) = \frac{2 \cdot 2\pi i}{A(\tau - \bar\tau)} \sum_{n=1}^{\infty} \sum_{k=1}^{\infty} \frac{e^{2\pi i n k \tau} + e^{-2\pi i n k \bar\tau}}{n}$$

und

$$\lim_{s=1} \left[D(s) - \frac{2\Gamma(\tfrac{1}{2}) \cdot \Gamma(s-\tfrac{1}{2})}{A^s \beta^{2s-1} \Gamma(s)} \zeta(2s-1) \right] = \frac{2}{A} \zeta(2) + D^*(1)$$

$$= \frac{\pi^2}{3A} + D^*(1) .$$

Nun benutzen wir die Tatsache, daß die Riemannsche ζ-Funktion bei $s = 1$ einen Pol 1. Ordnung hat und zwar $\lim_{s=1} (\zeta(s) - \frac{1}{s-1})) = \gamma$, wo γ die Eulersche Konstante ist. Daraus folgt

$$\zeta(2s-1) = \frac{1}{2(s-1)} + \gamma + \{s-1\} .$$

Ferner ist

$$\Gamma(s-\tfrac{1}{2}) = \Gamma(\tfrac{1}{2}+s-1) = \Gamma(\tfrac{1}{2}) + (s-1)\Gamma'(\tfrac{1}{2}) + \ldots$$

$$= \sqrt{\pi} - (s-1)\sqrt{\pi}(2 \log 2 + \gamma) + \ldots$$

also

$$\frac{2\Gamma(\tfrac{1}{2}) \cdot \Gamma(s-\tfrac{1}{2})}{A^s \beta^{2s-1} \Gamma(s)} \cdot \zeta(2s-1) = \frac{\pi}{A\beta(s-1)} + \frac{2\pi\gamma}{A \cdot \beta} - \frac{\pi}{A \cdot \beta} \log(4A\beta^2) + \{s-1\}$$

woraus folgt:

$$\lim_{s=1} \left(D(s) - \frac{\pi}{A\cdot\beta(s-1)}\right) = \frac{2\pi\gamma}{A\beta} - \frac{\pi}{A\beta} \log(4A\beta^2) + \frac{\pi^2}{3A} + D^*(1) \; .$$

$D^*(1)$ läßt sich einfach durch die aus der Theorie der Modul-funktionen bekannte $\eta(\tau)$ ausdrücken. Setzen wir nämlich $q = e^{2\pi i\tau}$, $\bar{q} = e^{-2\pi i\bar\tau}$, so ist

$$D^*(1) = \frac{2\pi}{A\beta} \sum_{k,n>0} \frac{q^{nk}+\bar{q}^{-nk}}{n} = -\frac{2\pi}{A\beta} \sum_{k=1}^{\infty} \log (1-q^k) + \log (1-\bar{q}^{-k})$$

$$= -\frac{2\pi}{A\beta} \log \prod_{k=1}^{\infty} (1-q^k)(1-\bar{q}^{-k}) = -\frac{2\pi}{A\beta} \log \left| \prod_{k=1}^{\infty} (1-q^k)\right|^2 \; .$$

Nun ist $\eta(\tau) = q^{\frac{1}{24}} \prod_{k=1}^{\infty} (1-q^k)$ und daher

$D^*(1) = -\frac{2\pi}{A\beta}(\log |\eta(\tau)|^2 + \frac{\pi\beta}{6})$. Somit erhalten wir die Kronecker-sche Grenzformel in ihrer endgültigen Gestalt

$$\lim_{s=1} \left(D(s) - \frac{\pi}{A\beta(s-1)}\right) = \frac{2\pi\gamma}{A\cdot\beta} - \frac{2\pi}{A\beta} \log(2A\beta) - \frac{\pi}{A\beta} \log \frac{|\eta(\tau)|^4}{A}$$

Es ist nun höchst interessant und für die Fortentwicklung der Theorie von größter Bedeutung, zu bemerken, daß sich <u>alle wesentlichen Eigenschaften der Funktion $\eta(\tau)$ aus der Kroneckerschen Grenzformel</u> ablesen lassen. In der Tat:

1) verschwindet $\eta(\tau)$ nirgends für endliche Werte von τ, denn $\log |\eta(\tau)|$ ist überall endlich.

2) multipliziert sich $\eta(\tau)^{24}$ bei Modulsubstitutionen $\begin{pmatrix} a & b \\ c & d \end{pmatrix}$ mit dem Faktor $(c\tau + d)^{12}$. Setzen wir nämlich $Am^2 + Bmn + Cn^2 = (\alpha_1 m - \alpha_2 n)(\bar\alpha_1 m - \bar\alpha_2 n)$, so ist $A = \alpha_1 \cdot \bar\alpha_1$ und

$$\tau - \bar\tau = 2\beta i = \frac{\alpha_2}{\alpha_1} - \frac{\bar\alpha_2}{\bar\alpha_1} = \frac{\alpha_2\bar\alpha_1 - \bar\alpha_2\alpha_1}{A} \; .$$

Also bleibt $A\cdot\beta$ ungeändert, wenn wir α_1, α_2 durch

$$\alpha_2' = a\alpha_2 + b\alpha_1 \; , \quad \alpha_1' = c\alpha_2 + d\alpha_1$$

ersetzen, wo a, b, c, d ganze Zahlen mit $\left|\begin{smallmatrix} a & b \\ c & d \end{smallmatrix}\right| = +1$ sind. Ebenfalls bleibt $D(s)$ ungeändert; denn die Transformationen der α lassen sich auch als Transformationen der Summationsbuchstaben auffasen. τ geht in $\frac{a\tau + b}{c\tau + d}$ über und setzen wir noch

$$\Delta(\alpha_1, \alpha_2) = \frac{\eta^{24}(\frac{\alpha_2}{\alpha_1})}{\alpha_1^{12}}$$

so zeigt die Kroneckersche Grenzformel, daß

$$\left|\frac{\Delta(c\alpha_2 + d\alpha_1, a\alpha_1 + b\alpha_1)}{\Delta(\alpha_1, \alpha_2)}\right| = 1$$

bzw.

$$\left|\frac{\eta^{24}(\frac{a\tau + b}{c\tau + d})}{(c\tau + d)^{12} \cdot \eta^{24}(\tau)}\right| = 1 \quad .$$

Eine analytische Funktion von konstantem absolutem Betrage ist aber selbst eine Konstante. Denn ist $\Phi(\tau)$ eine solche, so ist der reelle Teil der analytischen Funktion $\log \Phi(\tau)$ offenbar konstant, d.h. auch $\Phi(\tau)$. Also ist

$$\frac{\eta^{24}(\frac{a\tau + b}{c\tau + d})}{(c\tau + d)^{12} \cdot \eta^{24}(\tau)} = M(a, b, c, d) \quad ,$$

wo M nur von a, b, c, d abhängig ist; für die Substitution $S(\tau' = \tau + 1)$ und $T(\tau'' = -\frac{1}{\tau})$ läßt sich M sofort zu 1 bestimmen; denn es ist $\eta^{24}(\tau + 1) = \eta^{24}(\tau)$ und für $\tau = i$ ist $\eta^{24}(-\frac{1}{\tau}) = \eta^{24}(\tau)$. Da sich alle Substitutionen $\begin{pmatrix} a & b \\ c & d \end{pmatrix}$ aus S und T und deren Reziproken zusammensetzen lassen, so ist allgemein $M(a, b, c, d) = 1$.

§ 10. Die Klassenzahl der Klassenkörper der komplexen Multiplikation.

Die für beliebige komplexe α_1, α_2 (mit Im $\frac{\alpha_2}{\alpha_1} > 0$) gewonnenen Resultate wenden wir nunmehr auf das Problem der Klassenzahlbestimmung an, bezw. zur Auswertung der in § 8 eingeführten L-Funktionen für den Fall, daß Q = 1, daß also der dem Klassenkörper zugeordnete Ring mit dem Körper $k(\sqrt{d})$, die Ringidealklassen mit den gewöhnlichen Idealklassen identisch sind. Sei b_k (k = 1, 2, ..., h) ein Repräsentantensystem der Idealklassen. Alsdann ist

$$L(s,\bar{\chi}) = \sum_{m} \frac{\bar{\chi}(m)}{N(m)^s} = \sum_{k=1}^{h} \chi(b_k)N(b_k)^s \sum_{(u)\equiv o(b_k)} \frac{1}{|N(u)|^s} \ .$$

Ist β_{k1}, β_{k2} eine Basis des Ideals b_k und w die Anzahl der Einheitswurzeln in $k(\sqrt{d})$, so ist

$$w \cdot N(b_k)^s \sum_{(u)\equiv o(b_k)} \frac{1}{|N(u)|^s} = \sideset{}{'}\sum_{m_1,m_2} \frac{1}{\left[\dfrac{(\beta_{k1}m_1 - \beta_{k2}m_2)(\bar{\beta}_{k1}m_1 - \bar{\beta}_{k2}m_2)}{N(b_k)}\right]^s}$$

eine Reihe von gleichem Typus wie $D(s)$. Es ist hier

$$\alpha_1 = \frac{\beta_{k1}}{\sqrt{N(b_k)}} \quad , \quad \alpha_2 = \frac{\beta_{k2}}{\sqrt{N(b_k)}} \quad , \quad 2A\beta i = i|\sqrt{d}| \ .$$

Wir konstatieren das schon durch Dedekind bekannte Resultat, daß der Koeffizient von $\frac{1}{s-1}$ in der Entwicklung von $D(s)$ nur von d abhängt und für alle Klassen denselben Wert besitzt. Wegen $\sum_{k=1}^{h} \chi(b_k) = 0$ ergibt sich daher aus der Kroneckerschen Grenzformel

$$w \cdot L(1,\bar{\chi}) = -\frac{\pi}{6|\sqrt{d}|} \sum_{k=1}^{h} \chi(b_k) \log\left|\Delta\left(\frac{\beta_{k1}}{\sqrt{N(b_k)}}, \frac{\beta_{k2}}{\sqrt{N(b)}}\right)\right|^2 \ .$$

Aus der Definition von Δ folgt sofort die Homogenitätseigenschaft $\Delta(\lambda\alpha_1, \lambda\alpha_2) = \lambda^{-12}\Delta(\alpha_1, \alpha_2)$ für $\lambda \neq 0$, also

$$\Delta\left(\frac{\beta_{k1}}{\sqrt{N(b_k)}}, \frac{\beta_{k2}}{\sqrt{N(b_k)}}\right) = N(b_k)^6 \, \Delta(\beta_{k1}, \beta_{k2}) \ .$$

Wie in § 31 des ersten Teiles schreiben wir, da ja Δ bei der homogenen Modulgruppe invariant ist

$$\Delta(\beta_{k1}, \beta_{k2}) = \Delta(b_k)$$

und erhalten

$$w \cdot L(1,\bar{\chi}) = -\frac{\pi}{6|\sqrt{d}|} \sum_{k=1}^{h} \chi(b_k) \log |\Delta(b_k)^2 N(b_k)^{12}| \ .$$

Da nach der Herleitung die Summe von der Auswahl des Repräsentantensystems unabhängig ist und bei beliebigen a ($\neq 0$) auch $a \cdot b_k$ ein volles Repräsentantensystem durchläuft, ist auch

$$w \cdot L(1,\bar{\chi}) = -\frac{\pi}{6|\sqrt{d}|} \chi(a) \sum_{k=1}^{h} \chi(b_k) \log |\Delta(ab_k)^2 N(ab_k)^{12}|$$

und damit

$$w \cdot L(1,\bar{\chi}) = \frac{1}{1 - \chi(a)} \; \frac{\pi}{6|\sqrt{d}|} \; \sum_{k=1}^{h} \chi(b_k)\log\left|\frac{\Delta(ab_k)}{\Delta(b_k)}\right|^2$$

falls $\chi(a) \neq 1$.

Hierin sind nach § 31 die Zahlen $\frac{\Delta(ab_k)}{\Delta(b_k)}$ ($k = 1, \ldots, h$) zwar noch keine Einheiten, aber <u>assoziierte ganze Zahlen des Klassen-körpers</u>, welche alle gleich dem Ideal a'^{12} sind. Ersetzen wir hierin noch einmal das System b_k durch ab_k, so erfolgt endlich wie oben

$$w \cdot L(1,\bar{\chi}) = - \frac{\pi}{(1-\chi(a))^2 6|\sqrt{d}|} \; \sum_{k=1}^{h} \chi(b_k)\log\left|\frac{\Delta(ab_k)^2}{\Delta(b_k)\cdot\Delta(a^2 b_k)}\right|^2$$

Die Zahlen $\dfrac{\Delta(ab_k)^2}{\Delta(b_k)\cdot\Delta(a^2 b_k)}$ sind Einheiten des Klassenkörpers.

Für die weitere Berechnung beschränken wir uns auf den Fall, daß die <u>Idealklassengruppe</u> des Unterkörpers $k(\sqrt{d})$ eine <u>zyklische Gruppe</u> ist, daß also alle Klassen als Potenz einer Primitivklasse A dargestellt werden können. - Sei a ein Ideal aus A und $b_k = a^k$, dann ist

$$w \cdot L(1,\chi) = \frac{-\pi}{6|\sqrt{d}|} \; \frac{1}{(1-\bar{\chi}(a))^2} \; \sum_{k=1}^{h} \bar{\chi}(a)^k\log\left|\frac{\Delta(a^{k+1})}{\Delta(a^k)\cdot\Delta(a^{k+2})}\right|^2 \; .$$

Ist $\rho = e^{\frac{2\pi i}{h}}$, so ist $\bar{\chi}(a) = \rho^m$ von 1 verschieden, wenn $\chi \neq \chi_o$ und es ergibt sich wie bei $k(\zeta)$

$$w^{h-1} \prod_{\chi \neq \chi_o} L(1,\chi) = \left(\frac{-\pi}{6|\sqrt{d}|}\right)^{h-1} \frac{1}{h^2} \prod_{1}^{h} \sum \rho^{mk} \log\left|\frac{\Delta(a^{k+1})^2}{\Delta(a^k)\cdot\Delta(a^{k+2})}\right|^2$$

Setzen wir $\dfrac{\Delta(a^i)^2}{\Delta(a^i)\Delta(a^{i+2})} = E_i$, so sind $\dfrac{\Delta(a^{k+1})}{\Delta(a^k)\cdot\Delta(a^{k+2})} = E_i^{(k)}$

($k = 1, \ldots, h$) die zu E_i relativ konjugierten Zahlen, wie sich aus der in Teil II, § 24 dargestellten Theorie der Multiplator-gleichung ergibt; ist

$$\Delta = \begin{vmatrix} E_1^{(1)} & E_1^{(2)} & \cdots & E_1^{(h-1)} \\ \vdots & & & \\ E_{h-1}^{(1)} & & & E_{h-1}^{(h-1)} \end{vmatrix}$$

so folgt aus der in § 8 für H abgeleiteten Formel

$$H = \frac{\kappa \cdot h}{K} F(1) \cdot \Pi\, L(1,\chi) = \frac{\sqrt{D}}{|\sqrt{d}|^h} \frac{2W}{(2w)^h} \frac{1}{6^{h-1}} F(1) \cdot \frac{\Delta}{R}$$

wenn $\sqrt{D}$ die Diskriminante, W die Anzahl der Einheitswurzeln von K und R der Regulator von k ist.

Die Rechnung für den allgemeinen Fall, die sich im Prinzip von der hier ausgeführten nicht unterscheidet, ist zuerst von Fueter in den Rendiconti del Circ. Math. d. Palermo 1910, Bd. I, S. 29 durchgeführt.

Das wichtigste Ergebnis dieser Überlegungen ist - wie schon mehrfach betont wurde - daß es gelungen ist, die für die untersuchten Körper charakteristischen Funktionen $J(\tau)$ und e^Z von der Arithmetik her - nämlich aus den Zetafunktionen dieser Körper - zu gewinnen. Und es fragt sich, ob dieser Weg nicht auch in anderen Fällen gangbar bleibt, um algebraische Zahlkörper mit Hülfe von Funktionen aufzubauen. Bisher liegt nur ein neues Resultat in dieser Richtung vor, über welches hier referiert sei:

Wir legen als Grundbereich zunächst einen reellen quadratischen Körper $k(\sqrt{D})$ zu Grunde. Als Modulgruppe dieses Körpers bezeichnet man die Gruppe der simultanen Transformationen der Variablen τ, τ'

$$\tau_1 = \frac{\alpha\tau + \beta}{\gamma\tau + \delta} \quad , \quad \tau_1' = \frac{\alpha'\tau' + \beta'}{\gamma'\tau + \delta'}$$

mit konjugierten Koeffizienten aus k und Determinante 1. Analytische Funktionen von τ, τ', welche bei dieser Gruppe invariant bleiben (Modulfunktionen im Körper k) existieren nun in der Tat, wie zuerst von Blumenthal (Math. Ann. 56 und 58) gezeigt worden ist. Hilbert hat dann ferner durch einen sehr allgemeinen Ansatz diese Funktionen mit Thetafunktionen von 2

Variablen in Verbindung gebracht (vergl. Blumenthal, Jahres-
ber. d. Deutschen Math. Ver., Bd. 13). Danach lassen sich
solche Funktionen durch Thetanullwerte von 2 Variablen gewinnen,
genau wie die elliptischen Modulfunktionen sich aus Theta-
nullwerten einer Variablen aufbauen lassen. Die vorkommenden
Thetareihen sind von dem Typus

$$\theta(\tau, \tau') = \sum_\mu e^{\pi i \frac{\mu^2 \tau - \mu'^2 \tau'}{2\sqrt{D}}}$$

woran die Summation über alle ganzen Körperzahlen μ zu erstrecken ist. Wenn der imaginäre Teil von τ positiv, der von
τ' negativ ist, so konvergiert die Reihe und stellt eine analytische Funktion von τ, τ' dar, welche bei den Substitutionen
der Modulgruppe sich so verändert

$$\theta(\frac{\alpha\tau + \beta}{\gamma\tau + \delta}, \frac{\alpha'\tau' + \beta'}{\gamma'\tau' + \delta'}) = (\gamma\tau + \delta)^4 (\gamma'\tau + \delta')^4 \theta(\tau, \tau') .$$

Die Analogie mit den elliptischen Thetafunktionen ist hier
evident. Blumenthal zeigt nun, daß die Modulfunktionen in k,
bei geeigneter Festsetzung der zulässigen Singularitäten,
sich durch eine endliche Anzahl von Grundfunktionen rational
ausdrücken lassen (diese Anzahl nehmen wir hier der Einfach-
heit halber gleich 2 an). Für diese Grundfunktionen $\varphi_1(\tau, \tau')$
und $\varphi_2(\tau, \tau')$ läßt sich nun eine Transformationstheorie aufbauen, wonach z.B. wenn π eine totalpositive Primzahl in k ist,
die Werte von φ_1 für die $N(\pi) + 1$ Argumentpaare

$$(\pi\tau, \pi'\tau') \quad \text{und} \quad (\frac{\tau+\lambda}{\pi}, \frac{\tau'+\lambda'}{\pi'})$$

(λ durchläuft ein volles Restsystem mod π) Wurzeln einer algebraischen Gleichung vom Grade $N(\pi) + 1$ sind, deren Koeffizienten
rationale Funktionen von φ_1, φ_2 sind. Diese Theorie, für welche
die Feststellung der arithmetischen Eigenschaften der hier auftretenden Zahlkoeffizienten das Hauptproblem ist, ist von <u>Hecke</u>
(Math. Ann. 71 und 73) entwickelt und dann auf die Theorie der
"komplexen Multiplikation" angewendet worden.

Die ausgezeichneten Werte τ, τ', wofür die φ_1, φ_2 arithmetisch wichtige Eigenschaften haben, erhält man wieder dadurch,
daß man die Fixpunkte der Transformationen höherer Stufe, die

Lösungen von

$$\tau = \frac{\alpha\tau + \beta}{\gamma\tau + \delta} \quad , \quad \tau' = \frac{\alpha'\tau' + \beta'}{\gamma'\tau' + \delta'}$$

aufsucht, wobei die Determinante $\alpha\delta - \beta\gamma$ eine beliebige total-positive Körperzahl sein darf. Offenbar definiert ein solches τ einen zu $k(\sqrt{D})$ <u>relativquadratischen Körper</u> $K(\sqrt{\mu})$, wobei μ eine totalnegative Zahl aus $k(\sqrt{D})$ ist, und τ' definiert $K(\sqrt{\mu'})$. Es wird dann gezeigt, daß für solche Argumente φ_1, φ_2 Wurzeln je einer algebraischen Gleichung vom Grade h' mit folgenden Eigenschaften sind:

1) Die Gleichung für eines der φ, $H(\varphi)=0$, hat Koeffizienten, welche dem reellen quadratischen Körper $k(\sqrt{\mu\cdot\mu'})$ angehören. (Dabei ist angenommen, daß τ' nicht dem Körper $k(\tau)$ angehört.)

2) Der Grad h' ist gleich der Anzahl der Idealklassen in $k(\tau)$, deren Relativnorm bezüglich $k(\sqrt{D})$, der engeren Haupt-klasse angehört.

3) Nach Adjunktion der symmetrischen Funktionen von τ und τ', d.h. Übergang zu dem bezüglich $k(\sqrt{\mu\cdot\mu'})$ relativ quadra-tischen Körper $k(\sqrt{\mu} + \sqrt{\mu'})$ wird die Gleichung $H = 0$ eine abelsche Gleichung in diesem Körper 4. Grades.

4) Die Gruppe dieser Gleichung ist isomorph mit der unter 2) genannten Gruppe von Idealklassen.

Anmerkungen

<u>Anmerkung 1. (Zu Seite 6.)</u>

Es ist uns nicht klar, was Hecke gemeint haben könnte mit
der Bemerkung, daß man "auf diesem Wege alle Gleichungen dieser Art erhält". Würde man diese Aussage aus dem Zusammenhang
in der nächstliegenden Weise interpretieren, so ergäbe sich,
daß "alle abelschen Gleichungen über einem imaginär-quadratischen Körper (hier am Beispiel von $K(\sqrt{-3})$) durch Adjunktion
der zugehörigen singulären Werte $j(\tau)$ auflösbar sind
$(\tau \in K, I(\tau) > 0)$." Das ist aber nicht der Fall: Hecke selbst
belegt ja in Teil II seiner Vorlesung (und diesmal sehr ausführlich auch in den Details), daß man durch Adjunktion der
singulären Werte $j(\tau)$ eben nur genau die Ringklassenkörper
der imaginär-quadratischen Körper erhält. Zur Erzeugung auch
der Strahlklassenkörper benötigt man bekanntlich außer der
j-Funktion noch gewisse andere analytische Funktionen; es ist
aber nicht recht klar, ob Hecke an dieser Stelle in der Einleitung darauf hat hinweisen wollen. Später, in Teil II, ist
er auf diese Frage nicht mehr zurückgekommen.

<u>Anmerkung 2. (Zu Seite 98.)</u>

Das von Hecke angegebene Zerlegungsgesetz für Primzahlen
in abelschen Körpern ist in dieser Form offenbar nicht korrekt:
Der Zerlegungstypus von p hängt nicht nur, wie bei Hecke angegeben, von dem Grad n und dem Führer m des Körpers ab, sondern
auch von der dem Körper zugeordneten Kongruenzklassengruppe
mod m . Nur wenn man annimmt, daß es sich auch hier wieder um
einen zyklischen Körper mit nur einem, und zwar ungeraden,
Diskriminanten-Primteiler handelt, wäre das Zerlegungsgesetz
in der angegebenen Form korrekt. Diese Annahme würde zwar
durchaus den sonstigen Gepflogenheiten in Teil II der Vorlesung entsprechen; andererseits legt Hecke an dieser Stelle
und, noch einmal wiederholt, auf den Seiten 102-103 ausdrücklich Wert darauf, daß er nunmehr auch Körper mit mehreren
Diskriminantenteilern betrachten möchte. Es geht also aus dem
Text nicht hervor, was Hecke hier gemeint haben könnte.

Anmerkung 3. (Zu Seite 204.)

Offenbar hat Hecke an dieser Stelle bemerkt, daß seine auf Seite 199 gegebene Definition der Gaußschen Summe $G(a)$ nicht mit der üblichen Definition übereinstimmt. Üblicherweise legt man nämlich die analytisch normierte Einheitswurzel $\zeta = e^{\frac{2\pi i}{|d|}}$ zugrunde und setzt

$$G(a) = \sum_{n \bmod d} \chi(n)\zeta^{na} .$$

Dagegen hatte Hecke auf Seite 199 seine Definition mit Hilfe der Einheitswurzel $\zeta' = e^{\frac{2\pi i}{d}}$ statt ζ gegeben; für $d < 0$ bedeutet das einen Unterschied im Vorzeichen von $G(a)$. Die Rechnungen auf Seite 204 ff. sind jedoch im Vorzeichen nur dann korrekt, wenn man die Gaußschen Summen gemäß der üblichen Definition mit Hilfe von ζ versteht. In seinem Zahlentheorie-Lehrbuch benutzt Hecke ebenfalls die übliche Definition der Gaußschen Summen. Somit dürfte der Passus:

"Sei $\zeta = e^{\frac{2\pi i}{|d|}}$. Dann wird ..."

hier wie folgt zu verstehen sein:

"Wir verabreden, die Definition der Gaußschen Summen $G(a)$ auf Seite 199 abzuändern, indem wir die analytisch normierte Einheitswurzel $\zeta = e^{\frac{2\pi i}{|d|}}$ verwenden. Die auf den Seiten 199-201 durchgeführten formalen Rechnungen für die Gaußschen Summen gelten dann *mutatis mutandis* auch im Sinne der abgeänderten Definition; insbesondere gilt jetzt:

$$\chi(n) = \frac{G(n)}{G(1)} = \frac{1}{G(1)} \sum_{k \bmod d} \chi(k)\zeta^{nk} .$$

Dann wird ..."

Übrigens wird die Vorzeichenbestimmung der Gaußschen Summe $G(1)$ zwar auf den Seiten 205 und 207 angekündigt, in der Vorlesung dann aber doch nicht durchgeführt; offenbar ist Hecke dazu aus Zeitgründen nicht mehr gekommen.

Lebenslauf Erich Heckes*

Am 20. September 1887 wurde Hecke in Buk Kreis Grätz als Sohn
des Baumeisters Heinrich Hecke geboren. Er besuchte das König-
liche Friedrich Wilhelms Gymnasium in Posen, welches er 1905
nach bestandenem Abitur verließ, um Mathematik und Naturwissen-
schaften zu studieren. Er hörte zunächst in Breslau im zweiten
Semester u. a. Landsberg über Algebraische Funktionen und Kneser
über Funktionentheorie. Mit Beginn seines dritten Semesters
siedelte er nach Berlin über. Hier hörte er Vorlesungen bei
Frobenius (Determinanten), Planck (Theoretische Physik), Knob-
lauch (Differentialgeometrie), Landau (Zahlentheorie, Va-
riationsrechnung, Integralgleichungen), Valentiner (Kinetische
Gastheorie), Schwarz (Elliptische Funktionen), Schottky (Differentialgleichungen), Wilbrandt (Nationalökonomie).

Hecke promovierte bei Hilbert in Göttingen mit einer Disserta-
tion über das Thema: "Höhere Modulfunktionen und ihre Anwen-
dungen auf die Zahlentheorie". Als Assistent von Hilbert ha-
bilitierte er sich in Göttingen Ende des Sommersemesters 1912.
Die Habilitationsschrift hat den Titel: "Über die Konstruktion
relativ Abelscher Zahlkörper durch Modulfunktionen von 2 Va-
riabeln".

Im Jahre 1915 wurde Hecke zunächst außerordentlicher und dann
ordentlicher Professor in Basel. Spätere Berufungen nach Karls-
ruhe und Breslau lehnte er ab. Im Herbst 1918 jedoch nahm
Hecke den Ruf als ordentlicher Professor nach Göttingen an, um
allerdings schon 1919 an die damals neuentstandene Universität
Hamburg überzusiedeln, deren guten mathematischen Ruf er wesentlich mitbegründen half. In Hamburg blieb er, abgesehen von
vielen Reisen nach Skandinavien und einer Vortragsreise durch
Amerika, bis zu seinem Tode, obwohl ihm noch verschiedene andere Lehrstühle so in Berlin, Heidelberg und Leipzig angeboten
wurden. - Die Gesellschaft der Wissenschaften zu Göttingen, die
Bayrische Akademie der Wissenschaften, die Kgl. Danske Videns-
kabernes Selskab ernannten Hecke zu ihrem Mitglied.

---

*) verfaßt von H. Maak, abgedr. in Abh. Math. Sem. Hamburg 16
   (1949)

Schon gegen Ende des Krieges mußte sich Hecke mehrfach Operationen unterziehen, die leider das Umsichgreifen eines tücki-
schen Krebsleidens nicht verhindern konnten. Als 1946 in Däne-
mark bekannt wurde, unter welch *schwierigen Bedingungen Hecke*
in Hamburg zu leben hatte, richteten die Kopenhagener Mathematiker an ihn die Einladung, einige Zeit in ihrer Stadt zuzu-
bringen. Hecke reiste daraufhin nach Kopenhagen, als es sein
Gesundheitszustand zu erlauben schien. So war es möglich, ihm
die letzten Monate seines Lebens einigermaßen erträglich zu
gestalten, wenn es auch nicht gelang, ihn zu retten. Am
13. Februar 1947 starb Hecke in Kopenhagen.

Dokumente zur Geschichte der Mathematik

Im Auftrag der Deutschen Mathematiker-Vereinigung
herausgegeben von Winfried Scharlau

In der Reihe werden bisher unveröffentlichte Vorlesungsmanuskripte und Briefwechsel aus dem 19. und 20. Jahrhundert publiziert, die im deutschen Sprachraum entstanden sind. Maßgebend für die Auswahl ist der mathematische Wert der Dokumente: ihre Bedeutung für die Entwicklung der Unterrichtspraxis oder Fortschritte in der Forschung.

Richard Dedekind

Vorlesung über Differential- und Integralrechnung 1861/62

In einer Mitschrift von Heinrich Bechtold. Bearb. von Max-Albert Knus und Winfried Scharlau. 1985. XIV, 349 S. 16,2 x 22,9 cm. (Dokumente zur Geschichte der Mathematik, Bd. 1.) Geb.
Die in diesem Band abgedruckte Vorlesung über Differential- und Integralrechnung wurde im Wintersemester 1861/62 von Richard Dedekind an der damaligen eidgenössischen polytechnischen Schule in Zürich, der heutigen ETH gehalten. Sie wandte sich an Ingenieure im ersten Studienjahr und unterschied sich in ihrem Aufbau kaum von den bis heute üblichen Vorlesungen. Insbesondere können die zahlreichen von Dedekind diskutierten Beispiele noch heute mit Gewinn studiert werden.

Rudolf Lipschitz

Briefwechsel mit Cantor, Dedekind, Helmholtz, Kronecker, Weierstrass und anderen

Bearbeitet von Winfried Scharlau. 1986. XVIII, 253 S. 16,2 x 22,9 cm. (Dokumente zur Geschichte der Mathematik, Bd. 2.) Geb.
Der Band enthält einen wesentlichen Teil der wissenschaftlichen Korrespondenz des Mathematikers Rudolf Lipschitz, vor allem Briefe von Cantor, Dedekind, v. Helmholtz, Hermite, Kronecker, Weber und Weierstrass aus den Jahren 1860 bis 1900. In diesen Briefen werden zahlreiche wichtige mathematische Probleme und Entwicklungen dieser Zeit angesprochen. Außerdem vermittelt der Band ein lebhaftes Bild von den Persönlichkeiten vieler bedeutender Mathematiker des 19. Jahrhunderts, von ihren Beziehungen untereinander und vom Leben an den deutschen Universitäten ganz allgemein.

Friedr. Vieweg & Sohn Verlagsgesellschaft mbH Braunschweig/Wiesbaden

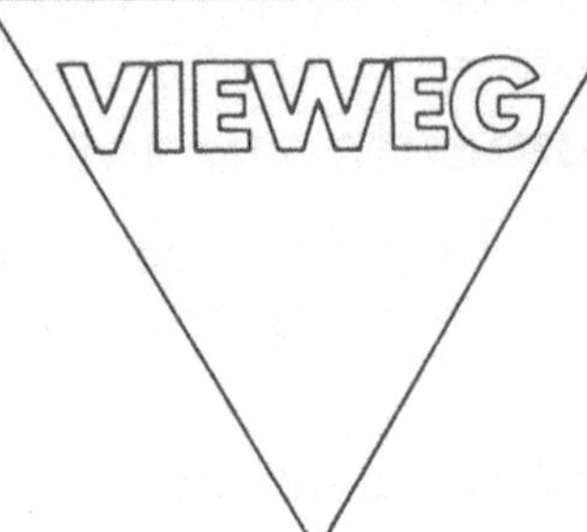

Winfried Scharlau (Hrsg.)

Richard Dedekind 1831–1981

Eine Würdigung zu seinem 150. Geburtstag.
1981. VIII, 146 S. 14,8 x 21 cm. Kart.

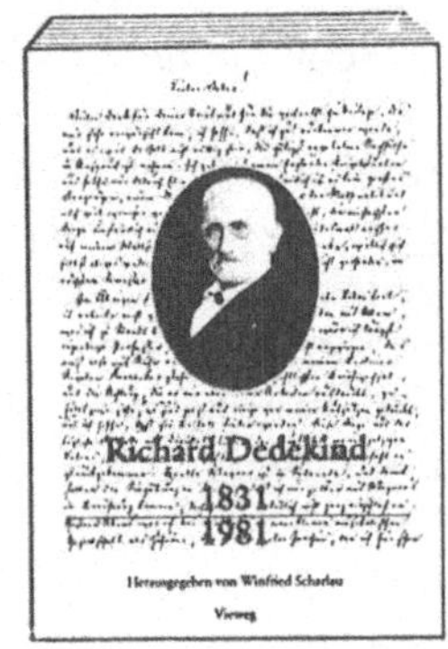

<u>Inhalt:</u> Richard Dedekind. Aus seiner Familie und seinem Leben *(Ilse Dedekind)* – Nachrufe – Aus Briefen Richard Dedekinds an seine Familie *(Winfried Scharlau)* – Eine Vorlesung über Algebra *(Richard Dedekind)* – Erläuterungen zu Dedekinds Manuskript über Algebra *(Winfried Scharlau)* – Die Theorie der algebraischen Funktionen einer Veränderlichen nach Dedekind und Weber *(Wulf-Dieter Geyer)* – Richard Dedekind et l'application comme fondement des mathématiques *(Pierre Dugac)*.

Dieser Band soll dazu beitragen, unsere Kenntnis vom Leben und der mathematischen Arbeit Richard Dedekinds (1831–1916) zu erweitern, und zwar hauptsächlich dadurch, daß er selbst zu Wort kommt: Es werden Auszüge aus bisher unbekannten (von seiner Großnichte Ilse Dedekind dem Verlag zur Verfügung gestellten) Briefen an Familienangehörige veröffentlicht, die viel biographisch Interessantes enthalten, aber auch sein Verhalten zu den Mathematikern Dirichlet und Riemann erhellen. Aus seinem wissenschaftlichen Nachlaß wird eine bisher nur in Auszügen bekannte Ausarbeitung über Algebra und Galois-Theorie abgedruckt und vom Herausgeber kommentiert. Der Band enthält außerdem biographische Beiträge und einige weitere Arbeiten, die wesentliche Aspekte seines Werkes aus heutiger Sicht behandeln.